多智能体系统分布式协调控制理论与方法

Distributed Control Theory and Method of Multi-agent Systems

马 倩 徐胜元 著

科 学 出 版 社

北 京

内 容 简 介

本书旨在介绍作者及其研究团队在多智能体系统的分布式协调控制理论方面的最新研究成果. 全书共 6 章，第 1 章为绪论；第 2 章为具有采样数据的多智能体系统分布式一致；第 3 章为具有时滞的多智能体系统分布式一致；第 4 章为异质多智能体系统分布式一致；第 5 章为高阶非线性多智能体系统的固定时间一致；第 6 章为高阶非线性多智能体系统的分布式优化. 全书理论分析与实验仿真相结合，深入浅出，图文并茂，可读性强，相关结论可以为解决移动机器人、智能电网、传感器网络等实际应用领域的分布式协调控制问题提供借鉴和指导.

本书适合自动控制、信息工程、计算机科学与技术等相关专业的本科生、研究生、教师及相关领域工程技术人员学习或参考.

图书在版编目（CIP）数据

多智能体系统分布式协调控制理论与方法 / 马倩，徐胜元著. -- 北京 : 科学出版社，2024. 6. -- ISBN 978-7-03-079040-8

Ⅰ. TP273

中国国家版本馆 CIP 数据核字第 20241KM275 号

责任编辑：李涪汁　高慧元 / 责任校对：郝璐璐

责任印制：张　伟 / 封面设计：许　瑞

科学出版社 出版

北京东黄城根北街 16 号

邮政编码: 100717

http://www.sciencep.com

三河市骏杰印刷有限公司印刷

科学出版社发行　各地新华书店经销

*

2024 年 6 月第　一　版　开本：720×1000　1/16

2024 年 6 月第一次印刷　印张：11 1/4

字数：226 000

定价：119.00 元

(如有印装质量问题，我社负责调换)

前　言

多智能体系统广泛存在于人类社会与自然界中. 典型的多智能体系统包括多无人机系统、多机器人系统、智能电网和无线传感器网络等. 在多智能体系统中, 单个智能体具备一定的计算能力、决策能力、通信和执行能力, 能够感知周围其他智能体, 并通过综合分析自身和其周围智能体的状态信息对自身状态做出有效调整, 从而实现控制目的. 正是这种自主性和分布式的特点, 使得每个智能体无须进行复杂的计算和通信, 却可以让整个系统实现复杂的配合从而高质量地完成任务. 此外, 多个智能系统的组成结构能够避免因为某个或某一小部分的智能体运行故障而对整个多智能体系统的运行造成影响. 因此, 与单一系统相比, 多智能体系统不仅能够完成单一个体难以完成甚至无法完成的任务, 并拥有更好的容错性、可拓展性和鲁棒性.

进入 21 世纪以来, 伴随着通信技术行业及计算机网络的飞速发展, 多智能体系统的协调控制吸引了国内外众多学者的广泛关注. 一般来说, 多智能体系统的协调控制是指基于智能体间信息的局部交互规则, 通过设计合适的控制算法, 系统中所有智能体实现某种期望的整体协同行为. 研究多智能体系统的协调控制不仅有助于增进人们对自然界中生物群体协同行为（如编队迁徙的鸟群、结队巡游的鱼群、聚集而生的细菌群落及共同觅食的蚁群等）的认识, 而且能够为人造多智能体系统的协调控制（如多移动机器人系统搜索与救援、无人飞行器的编队、卫星簇姿态控制等）提供有效的理论指导和技术支持. 这正是本书的研究出发点.

本书作者长期从事无人系统协同控制理论和方法的研究工作, 本书是作者多年来在这一领域的相关研究成果的工作总结和提炼. 本书的研究成果得到多个项目的支持, 其中特别感谢国家自然科学基金面上项目（62173183）、江苏省自然科学基金杰出青年项目（BK20190020）和教育部长江学者奖励计划. 感谢博士生孟庆坦、熊春萍在相关内容的研究和书稿整理方面所做的贡献, 以及对本书提出建设性意见的同行, 在此一并致谢.

由于作者水平有限, 书中难免存在疏漏之处, 恳请广大读者批评指正.

作　者

2023 年 12 月于南京

前言

符　号　表

$\in$	属于
$\mathbb{R}$	实数集
$\mathbb{R}_+$	正实数集
$\mathbb{R}^n$	n 维欧几里得空间
$\mathbb{R}^{n\times m}$	n 行 m 列实值矩阵集合
$\mathbb{N}$	非负整数集
$\mathbb{Z}$	整数集
$\mathbb{Z}_+$	正整数集
I	适维单位矩阵
I_n	n 维单位矩阵
A^{T}	矩阵 A 的转置
A^{-1}	矩阵 A 的逆
$\|a\|$	标量 a 的模
$\\|x\\|$	向量 x 的欧几里得范数
$\\|A\\|$	矩阵 A 的谱范数
$\\|x\\|_2$	向量 x 的 $\mathcal{L}_2$ 范数 (连续情形) 或 l_2 范数 (离散情形)
$\lfloor a \rfloor$	向下取实数 a 的整数部分
$l_2[0,\infty)$	平方可积无穷向量序列空间
$\mathcal{L}_2[0,\infty)$	平方可积无穷向量函数空间
$\mathcal{E}\,()$	求数学期望
$\mathrm{tr}\,(A)$	矩阵 A 的迹
$\lambda\,(A)$	方阵 A 的特征值
$\lambda_{\max}\,(A)$	方阵 A 的最大特征值
$\lambda_{\min}\,(A)$	方阵 A 的最小特征值

$\max()$	求最大值
$\min()$	求最小值
$\mathrm{diag}(A_1, A_2, \cdots, A_n)$	主对角线元素为 $A_1, A_2, \cdots, A_n$ 的对角矩阵
$\mathrm{col}(x_1, x_2, \cdots, x_n)$	元素为 $x_1, x_2, \cdots, x_n$ 的列向量
$P > (\geqslant, <, \leqslant)\ 0$	P 为正定 (半正定, 负定, 半负定) 矩阵
$P > (\geqslant, <, \leqslant)\ Q$	$P - Q$ 为正定 (半正定, 负定, 半负定) 矩阵
$\begin{bmatrix} X & Y \\ * & Z \end{bmatrix}$	$\begin{bmatrix} X & Y \\ Y^{\mathrm{T}} & Z \end{bmatrix}$

目　录

第 1 章 绪　　论

随着网络通信和计算机技术的迅速发展, 多智能体系统的协调控制研究引起了越来越多科研工作者的研究兴趣. 多智能体系统的概念产生于计算机领域, 20 世纪 80 年代, 美国 MIT 的 Minsky 教授最早提出了智能体的概念. 每一个能够感知环境并反作用于环境的物理的或虚拟的实体都可以看作智能体, 而多智能体系统是由一系列相互作用的智能体组成的系统. 多智能体系统可以通过智能体之间或者智能体与环境之间的交互作用而产生宏观的协调合作行为, 如自然界中的鸟群编队迁徙、蚁群协同分工、鱼类群集觅食. 在控制科学领域, 我们往往希望用多个小型设备相互协调来实现原本造价昂贵、设计复杂的大型集中式控制设备的功能. 例如, 车辆队形自动控制中, 通过相邻的车辆协调来保持一定的队形. 因此, 多智能体系统的协调控制问题逐渐成为控制科学领域的研究热点, 如一致性、群集、蜂拥、编队等. 目前, 多智能体系统协调控制已经在分布式传感器网络[1]、无人飞行器编队控制[2]、多机器人合作控制[3] 等领域得到了广泛的应用.

1.1　多智能体系统的分布式一致

多智能体系统的一致性是协调控制研究中最为根本也是最重要的研究方向, 指的是智能体在某一状态量上趋于相等. 当一组智能体共同去完成一项任务时, 智能体必须对任务及环境等状态量有共同的认识, 即所有智能体应该在共同关心的某个量上达成一致. 分布式一致指在多智能体网络中, 每个智能体通过它和邻居智能体间的信息交流, 对自身状态进行调整, 从而使得所有智能体在某个量上趋于一致. 近年来, 一致性问题在多智能体系统中研究的兴起很大程度上源自文献 [4] 和文献 [5] 的工作. 文献 [4] 提出了一个用计算机来模拟群体行为的 Boid 模型, 并给出了智能体群体行为应满足的规则. 文献 [5] 简化了文献 [4] 的模型, 提出了一种离散多智能体模型来模拟大量粒子涌现出一致行为的现象. 随后, 文献 [6] 用矩阵方法和图论知识给出了该模型收敛性的理论证明. 文献 [7] 在文献 [6] 的基础上针对无向图从控制理论的角度建立了解决一致性问题的理论框架, 指出如果网络拓扑是强连通的, 则智能体能实现一致. 文献 [8] 则将强连通的拓扑条件弱化为在一段时间内网络拓扑子图的联合图包含一条有向生成树, 则系统可实现一致. 在上述工作的基础上, 涌现出了大量多智能体一致性的研究成果, 这些成果中讨论的多智能体模型主要以一阶积分器模型、二阶积分器模型、高阶积分器模型、线性系统模型、非线性系统模型为主.

一阶积分器动态方程为

$$\dot{x}_i(t) = u_i, \quad i = 1, 2, \cdots, N \tag{1.1}$$

其中, $x_i \in \mathbb{R}^n$ 为智能体 i 的状态变量; u_i 为控制输入. 常用的一致性协议为

$$u_i(t) = \sum_{j=1, j\neq i}^{N} a_{ij}(x_j(t) - x_i(t)) \tag{1.2}$$

其中, a_{ij} 为网络邻接矩阵中的第 (i, j) 个元素.

二阶积分器动态方程为

$$\begin{cases} \dot{x}_i(t) = v_i(t) \\ \dot{v}_i(t) = u_i(t), \quad i = 1, 2, \cdots, N \end{cases} \tag{1.3}$$

其中, $x_i, v_i \in \mathbb{R}^n$ 分别为智能体 i 的位置状态和速度状态. 常用的二阶一致性协议为

$$u_i(t) = \sum_{j=1, j\neq i}^{N} a_{ij}(\alpha(x_j(t) - x_i(t)) + \beta(v_j(t) - v_i(t))) \tag{1.4}$$

其中, α, β 为协议控制参数.

高阶积分器动态方程为

$$\begin{cases} \dot{x}_i^{(1)}(t) = x_i^{(2)}(t) \\ \qquad \vdots \\ \dot{x}_i^{(m-1)}(t) = x_i^{(m)}(t) \\ \dot{x}_i^{(m)}(t) = u_i(t), \quad i = 1, 2, \cdots, N \end{cases} \tag{1.5}$$

其中, $x_i^{(l)} \in \mathbb{R}^n$, $l = 2, \cdots, m$, $m \geqslant 3$, 为智能体 i 的状态. 常用的一致性协议为

$$u_i(t) = \sum_{j=1, j\neq i}^{N} a_{ij} \sum_{k=1}^{m} \alpha_k (x_j^{(k)}(t) - x_i^{(k)}(t)) \tag{1.6}$$

其中, α_k 为协议控制参数.

线性系统模型为

$$\dot{x}_i(t) = Ax_i(t) + Bu_i(t), \quad i = 1, 2, \cdots, N \tag{1.7}$$

其中, $A \in \mathbb{R}^{n\times n}$; $B \in \mathbb{R}^{n\times m}$. 显然, 式 (1.1) 和 式 (1.3) 均是式 (1.5) 的特殊形式. 常用的线性系统一致性协议为

$$u_i(t) = K \sum_{j=1, j\neq i}^{N} a_{ij}(x_j(t) - x_i(t)) \tag{1.8}$$

其中, K 为需要设计的反馈增益.

由于非线性系统本身没有固定的表达形式, 我们将在本书后续章节对具体的非线性多智能体系统进行具体分析.

1.2 多智能体系统的分布式优化

近年来, 多智能体系统的分布式优化问题引起了国内外学者的广泛关注. 此类问题产生的动机来自于无线传感器网络中估计环境参数或解决某些类似温度和源定位的问题. 例如, 含有 N 个传感器的无线传感器网络的参数估计问题[9] 可以转化为一个分布式优化问题, 其中目标函数 $f(\theta)$ 具有下面的形式:

$$f(\theta) = \frac{1}{N}\sum_{i=1}^{N} f_i(\theta)$$

其中, θ 是被估计的未知参数; $f_i(\theta)$ 是仅依赖于传感器 i 的测量数据的局部目标函数, $i = 1, 2, \cdots, N$. $f(\theta)$ 和 $f_i(\theta)$ 可以分别取作下面的平均值函数:

$$f(\theta) = \frac{1}{mN}\sum_{i=1}^{N}\sum_{j=1}^{m}(x_{ij} - \theta)^2$$

$$f_i(\theta) = \frac{1}{m}\sum_{j=1}^{m}(x_{ij} - \theta)^2$$

其中, x_{ij} 是在第 i 个传感器得到的第 j 个测量值.

以上给出的分布式优化问题的特点是, 其目标函数在各个节点局部目标函数的和, 即 N 个相互协作的个体组成一个动态系统, 这个系统中每个具有决策能力的个体对应于连通系统的网络中的一个节点, 每个节点都有自己的一个目标函数 $f_i : \mathbb{R}^n \to \mathbb{R}$.

整个系统的目标函数 $F(x)$ 是 N 个局部目标函数的和, 即 $F(x)=\sum_{i=1}^{N}f_i(x)$. 因此, 所有节点的共同任务是找到一个最优值 x^*, 即求解如下的优化问题[10]:

$$\begin{cases}\min & \sum_{i=1}^{N}f_i(x)\\ \text{s. t.} & x\in\mathbb{R}^m\end{cases}$$

该问题中每个节点 i 仅知道自己的目标函数 f_i, 因此对每个节点来说都无法单独计算出 $F(x)$ 的最优值 x^*, 这就需要节点之间通过网络与其他节点之间相互交流信息, 利用自身的信息和接收到的信息调整自身的状态, 从而协调合作完成整个系统的目标. 若令 $f_i(x)=\|x-\theta_i\|^2$, 则 $x^*=\dfrac{1}{N}\sum_{i=1}^{N}\theta_i$. 若 $\theta_i=x_i(0)$, 则实现最优解即达到了系统的平均一致性.

1.3 相关基础知识

1.3.1 图论相关知识

本书中, 采用图 $\mathcal{G}=\{\mathcal{V},\mathcal{E},\mathcal{A}\}$ 来表示智能体间的通信网络. 其中, $\mathcal{V}=\{1,2,\cdots,N\}$ 为节点集, 边集 $\mathcal{E}\subseteq\mathcal{V}\times\mathcal{V}$, 邻接矩阵 $\mathcal{A}=(a_{ij})_{N\times N}$. 边 $(j,i)\in\mathcal{E}$ 表示节点 i 可以获得节点 j 的信息. 如果节点 i 可以获得 j 的信息但反之未必成立, 称 $(j,i)\in\mathcal{E}$ 是有向的. 如果节点 i 和 j 可以相互得到对方信息, 称 $(j,i)\in\mathcal{E}$ 是无向的. 对于领导者-追随者多智能体系统, 我们将领导者标记为 0. 增广图 $\hat{\mathcal{G}}$ 用 $\hat{\mathcal{L}}=\mathcal{L}+\mathcal{B}$ 来描述, 其中 $\mathcal{B}=\mathrm{diag}(a_{10},\cdots,a_{N0})$, 如果追随者 i 可以直接从领导者处获取信息, 则 $a_{i0}>0$, 否则 $a_{i0}=0$. 邻接矩阵 $\mathcal{A}$ 的非对角线元素定义如下: $a_{ij}>0\Leftrightarrow(j,i)\in\mathcal{G}$; $a_{ij}=0\Leftrightarrow(j,i)\notin\mathcal{G}$; $a_{ii}=0$.

图 $\mathcal{G}$ 的拉普拉斯矩阵 $L=(l_{ij})_{N\times N}$ 定义如下:

$$\begin{aligned}l_{ii}&=-\sum_{j=1,j\neq i}^{N}l_{ij}\\ l_{ij}&=-a_{ij},\quad i\neq j;\ i,j=1,2,\cdots,N\end{aligned}$$

显然, 拉普拉斯矩阵满足行和为零 $\sum_{j=1}^{N}l_{ij}=0$, 即对于列向量 1_N, 有 $L1_N=0$. 对于无向图来说, 其拉普拉斯矩阵为行和为零的对称矩阵, 即 $L1_N=0,1_N^{\mathrm{T}}=0$.

从节点 j 到 i 的有向路径是指有向图 $\mathcal{G}$ 的一系列边的集合 $(j,i_1),(i_1,i_2),\cdots,(i_l,i)$, 其中节点 $i_k(k=1,\cdots,l)$ 各不相同. 对于有向图 $\mathcal{G}$, 如果对于任意两个不同节点 j 与 i 都存在一条从 j 到 i 的有向路径, 则称图 $\mathcal{G}$ 为强连通的. 如果图中至少存在一个节点 i, 其到任意节点都有一条有向路径, 则称图 $\mathcal{G}$ 包含有向生成树. 如果在任意两个不同的顶点之间存在一条路径, 则有向图 $\mathcal{G}$ 称为强连通图. 此外, 如果存在标量 $p_i>0$ 使得 $p_i a_{ij}=p_j a_{ji}$, 则认为有向图满足完全平衡条件. 不失一般性地, 我们假设 $0<p_i\leqslant 1$ 并且定义 $P=\mathrm{diag}(p_1,\cdots,p_n)$.

引理 1.1[8] 系统的拉普拉斯矩阵具有一个单特征值 0 且其他特征值具有负实部当且仅当系统拓扑含有有向生成树. 并且存在 $p=[p_1\ \cdots\ p_N]^{\mathrm{T}}\in\mathbb{R}^N$ 使得 $p^{\mathrm{T}}L=0_N^{\mathrm{T}}$, $p^{\mathrm{T}}1_N=1$.

1.3.2 克罗内克积

定义 1.1 对于 $A\in\mathbb{R}^{m\times n}$ 和 $B\in\mathbb{R}^{p\times q}$, A 和 B 的克罗内克 (Kronecker) 积定义为

$$A\otimes B=\begin{bmatrix} a_{11}B & \cdots & a_{1n}B \\ \vdots & & \vdots \\ a_{m1}B & \cdots & a_{mn}B \end{bmatrix}\in\mathbb{R}^{mn\times pq}$$

克罗内克积具有以下性质[11]:

(1) $(A\otimes B)(C\otimes D)=(AC)\otimes(BD)$ (假设 AC 和 BD 都是允许的);

(2) $A\otimes B+A\otimes C=A\otimes(B+C)$ (其中 B 和 C 具有相同的维数);

(3) $(A\otimes B)^{\mathrm{T}}=A^{\mathrm{T}}\otimes B^{\mathrm{T}}$;

(4) $A\otimes B$ 的奇异值等于 A 与 B 的奇异值之积.

1.3.3 稳定性理论

首先考虑如下微分方程系统:

$$\dot{x}=f(x),\quad x(0)=x_0 \tag{1.9}$$

其中, $x\in\mathbb{R}^n$; $f:\mathbb{R}^n\to\mathbb{R}^n$ 表示一个非线性函数. 对于此类系统, 引入以下定义和引理.

定义 1.2[12] 针对系统 (1.9), 如果对每个 $\varepsilon>0$ 都存在 $\delta=\delta(\varepsilon)$ 使得 $\|x(0)\|<\delta\Rightarrow\|x(t)\|<\varepsilon\,(\forall t\geqslant 0)$, 则系统是稳定的. 如果系统稳定且满足 $x(0)<\delta\Rightarrow\lim\limits_{t\to\infty}x(t)=0$, 则系统是渐近稳定的.

定义 1.3[12]　针对系统 (1.9), 如果存在正常数 α 和 β, 对于任意的 $\gamma \in (0,\beta)$, 存在 $T = T(\alpha,\gamma) \geqslant 0$ 满足 $\|x(0)\| \leqslant \alpha \Rightarrow \|x(t)\| \leqslant \beta\ (\forall t \geqslant T)$, 则系统是一致有界的. 若上述结果对任意大的 α 均成立, 则系统是全局一致有界的.

引理 1.2[12]　针对系统 (1.9), 如果存在正定函数 $V(x):\mathbb{D}\subset\mathbb{R}^n$ 使得对所有的 $x\in\mathbb{D}$ 都满足 $V(0)=0, V(x)>0, \dot{V}(x)<0\ (\forall x\neq 0)$, 则系统是渐近稳定的. 若 $\mathbb{D}=\mathbb{R}^n$ 且 $V(x)$ 是径向无界的, 则系统是全局渐近稳定的.

引理 1.3[13]　针对系统 (1.9), 如果存在正定函数 $V(x):\mathbb{D}\subset\mathbb{R}^n$ 使得对所有的 $x\in\mathbb{D}$ 都满足 $V(0)=0, V(x)>0, \dot{V}(x)\leqslant -cV(x)$, 其中 $c>0$, 则系统是指数稳定的. 若 $\mathbb{D}=\mathbb{R}^n$ 且 $V(x)$ 是径向无界的, 则系统是全局指数稳定的.

引理 1.4[13]　针对系统 (1.9), 如果存在正定函数 $V(x):\mathbb{D}\subset\mathbb{R}^n$ 使得对所有的 $x\in\mathbb{D}$ 都满足 $V(0)=0, V(x)>0, \dot{V}(x)\leqslant -cV(x)+d$, 其中 $c>0, d>0$, 则系统是一致有界的. 若 $\mathbb{D}=\mathbb{R}^n$ 且 $V(x)$ 是径向无界的, 则系统是全局一致有界的.

引理 1.5[14]　针对系统 (1.9), 如果存在正定函数 $V(x)$ 使得对于所有的 x 都有 $\dot{V}(x)+cV^{\alpha}(x)\leqslant 0$, 其中 $c>0$, $\alpha\in(0,1)$, 则系统是有限时间稳定的, 并且有限的收敛时间上界为 $T(x_0)\leqslant \dfrac{V(x(0))^{1-\alpha}}{c(1-\alpha)}$.

引理 1.6[15]　针对系统(1.9), 如果存在正定函数 $V(x)$ 使得 $\dot{V}(x)\leqslant -\tau_1V^p(x) - \tau_2V^q(x)$, 其中 $\tau_1>0$, $\tau_2>0$, $0<p<1$, $q>1$, 则系统是固定时间稳定的, 并且有限的收敛时间上界为 $T\leqslant \dfrac{1}{\tau_1(1-p)}+\dfrac{1}{\tau_2(q-1)}$. 如果 $\dot{V}(x)\leqslant -\tau_2V^q(x)$, 则我们可以得出当 $t\geqslant T=\dfrac{1}{\tau_2(q-1)}$ 时 $V(x)\leqslant 1$.

引理 1.7[15]　针对系统 (1.9), 如果存在一个正定且光滑的函数 $V(x)$ 使得 $\dot{V}(x)\leqslant -\tau_1V^p(x)-\tau_2V^q(x)+\rho$, 其中 $\tau_1>0$, $\tau_2>0$, $0<p<1$, $q>1$, $\rho>0$, 则系统是实际固定时间稳定的. 定义 $\varOmega_Z = \left(Z|V(Z)\leqslant \min\left(\left(\dfrac{\rho}{(1-\varepsilon)\tau_1}\right)^{\frac{1}{p}}, \left(\dfrac{\rho}{(1-\varepsilon)\tau_2}\right)^{\frac{1}{q}}\right)\right)$, $0<\varepsilon<1$. 则系统 (1.9) 的状态将在区间 $[0,T_f]$ 内收敛到 $\varOmega_Z$, 其中 $T_f\leqslant T_{\max}=\dfrac{1}{(1-p)\varepsilon\tau_1}+\dfrac{1}{(q-1)\varepsilon\tau_2}$.

引理 1.8[16]　(杨氏不等式) 对于任意的非负实值 x 和 y 及实数 $m>1, n>1$ 满足 $\dfrac{1}{m}+\dfrac{1}{n}=1$, 以下不等式成立:

$$xy \leqslant \frac{x^m}{m}+\frac{y^n}{n} \tag{1.10}$$

引理 1.9[17] 对于任意的实值 x 和 y 及正实数 m, n, 连续函数 $a(x,y)>0$, 以下不等式成立:

$$|x|^m|y|^n \leqslant \frac{m}{m+n}a(x,y)|x|^{m+n}+\frac{n}{m+n}a^{-\frac{m}{n}}(x,y)|y|^{m+n} \tag{1.11}$$

引理 1.10[17] 令 p 为两个正奇数的比率且 $p\geqslant 1$, 对于任意的 x 和 y, 以下不等式成立:

$$\left|x^{\frac{1}{p}}-y^{\frac{1}{p}}\right| \leqslant 2^{1-1/p}|x-y|^{\frac{1}{p}} \tag{1.12}$$

$$|x-y|^p \leqslant 2^{p-1}|x^p-y^p| \tag{1.13}$$

引理 1.11[18] 对于任意的实值 x 和 y 及正实数 m, n, b, 连续函数 $a(\cdot)\geqslant 0$, 以下不等式成立:

$$a(\cdot)x^m y^n \leqslant b|x|^{m+n}+\frac{n}{m+n}(\frac{m+n}{m})^{-\frac{m}{n}}a^{\frac{m+n}{n}}(\cdot)b^{-\frac{m}{n}}|y|^{m+n}$$

引理 1.12[19] 令 $z_1,z_2,\cdots,z_n\geqslant 0$. 对于任意的 $p\geqslant 1$, 不等式 $(|z_1|+\cdots+|z_n|)^p\leqslant n^{p-1}(|z_1|^p+\cdots+|z_n|^p)$ 和 $(|z_1|+\cdots+|z_n|)^{\frac{1}{p}}\leqslant |z_1|^{\frac{1}{p}}+\cdots+|z_n|^{\frac{1}{p}}$ 成立.

引理 1.13[20] 令 p 为两个正奇数的比率并且 $p\geqslant 1$. 则对于任意的 x 和 y, 以下不等式成立:$\forall x,y\in$: $|x^p-y^p|\leqslant l|x-y|^p+l|x-y||y|^{p-1}$, 其中 $l=p(2^{p-2}+2)$.

引理 1.14[12] (Barbalat 引理) 假设 $\phi:\mathbb{R}\to\mathbb{R}$ 是 $[0,+\infty)$ 上的一致连续函数. 如果 $\lim\limits_{t\to+\infty}\int_0^t\phi(\tau)\mathrm{d}\tau$ 存在且有限, 则 $\lim\limits_{t\to+\infty}\phi(t)=0$.

1.3.4 凸优化相关知识

定义 1.4[21] 对于一个集合 $C\subseteq\mathbb{R}^n$, 如果集合中任意两点的连线仍然都在集合 C 中, 即对任意的 $x_1,x_2\in C$, 任意的 $0\leqslant\theta\leqslant 1$, 都有 $\theta x_1+(1-\theta)x_2\in C$ 成立, 则这个集合为凸集.

定义 1.5[21] 对任意的 $x,y\in\mathbb{R}^n$, 任意的 $\alpha\in\mathbb{R}$, $0<\alpha<1$, 如果函数 $f(x):\mathbb{R}^n\to\mathbb{R}$ 满足下面的不等式:

$$f(\alpha x+(1-\alpha)y)\leqslant\alpha f(x)+(1-\alpha)f(y) \tag{1.14}$$

则称函数 f 为凸函数.

定义 1.6[21] 对二次连续可微函数 $f:\mathbb{R}^n\to\mathbb{R}$, 如果存在一个常数 $\theta>0$, 使得对任意的 $x,y\in\mathbb{R}^n$, 下面的条件成立:

$$f(y)-f(x)-\nabla f(x)^{\mathrm{T}}(y-x) \geqslant \frac{\theta}{2}\|y-x\|^2 \tag{1.15}$$

$$\nabla^2 f(x) \geqslant \theta I_n \tag{1.16}$$

则称函数 f 是强凸函数.

1.4　本书内容安排

本书共 6 章. 第 1 章是绪论, 对多智能体系统协调控制理论进行了简要的介绍, 并对图论、稳定性理论等基础知识和书中用到的一些重要定义及引理进行介绍; 第 2 章给出了具有采样数据的多智能体系统分布式一致, 分别就仅依赖于采样位置信息的线性多智能体系统分布式一致, 依赖于采样位置信息和采样速度信息的线性多智能体系统分布式一致, 以及具有采样数据的非线性多智能体系统分布式一致展开研究; 第 3 章针对具有时滞的二阶多智能体系统的分布式一致, 具有时滞的一阶多智能体系统的分布式 PID 控制, 以及具有通信时滞和输入时滞的多智能体系统的分布式一致进行了研究; 第 4 章研究了异质多智能体系统的分布式输出一致, 分别考虑了线性异质多智能体系统、广义线性异质多智能体系统、具有未知控制方向的多智能体系统以及模型未知的异质多智能体系统; 第 5 章研究了高阶非线性多智能体系统的固定时间一致性问题; 第 6 章研究了不确定高阶非线性多智能体系统以及上三角结构非线性多智能体系统的分布式优化问题.

第 2 章　具有采样数据的多智能体系统分布式一致

2.1　引　　言

随着数字传感器和控制器的发展，具有零阶保持器的采样系统作为一种混合系统已得到了大量研究. 采样控制系统占用较低的通信信道容量，节省资源，并且在控制精确度和控制性能上也占有优势. 文献 [22]～[25] 将采样控制引入了多智能体系统的一致性研究，只利用离散采样点上的状态信息而非整个连续状态构造一致性协议. 在文献 [23] 中，作者利用周期采样技术，针对一阶智能体实现一致的充分必要条件得以提出. 在文献 [25]、[24] 中，作者利用矩阵谱分析方法和双线性变化技术，获得了二阶多智能体系统实现一致的采样一致性协议. 文献 [26]～[28] 讨论了具有切换拓扑的采样多智能体的分布式一致性.

在实际应用中，智能体的速度或邻居智能体间的相对速度是难以测量的，因此有必要研究如何仅利用采样时间点上的位置信息来构造一致性协议. 文献 [29]～[31] 基于采样的位置信息研究了多智能体系统的一致性问题. 在文献 [29] 中，位置信息的当前状态和采样的状态都必须可知，基于混合微分方程的分析方法获得了一致性条件. 文献 [30] 中提出的方法仅能处理网络拓扑为无向图的情况. 文献 [31] 利用等价状态转换方法获得了拓扑为有向图的系统达到一致的充分条件. 并且，文献 [29]～[31] 均没有获得系统达到一致的最终一致性状态. 因此，如何在有向拓扑结构下仅利用采样的位置信息获得系统实现一致的充分必要条件？如何进一步获得系统的最终一致性状态？另外，很多多智能体系统中含有本质非线性，而本质非线性的存在使得以上的离散化方法难以运用，因此针对具有非线性动态的多智能体系统，寻求合适的采样控制方法也是本章的另一个研究目的.

本章首先讨论仅有采样点上的位置信息可知的情形下，研究二阶多智能体系统的一致性充分必要条件. 另外，对于采样的位置状态和速度状态均可知的情形，研究了系统一致性问题. 提出的一致性判据仅要求系统具有一般的拓扑结构，即包含有向生成树. 继而，针对具有非线性动态的系统，区别于离散化方法，利用输入时滞方法将采样数据转换为时变时滞数据，运用混合 Lyapunov 函数方法给出了系统达到分布式一致的条件.

2.2　具有采样数据的二阶多智能体系统分布式一致

考虑具有二阶积分器的多智能体系统 (1.3). 这里, 我们只考虑每个智能体的控制输入依赖于离散采样点上的邻居信息, 而不是整个连续的过程.

定义 2.1　如果对于任意初始条件, 下面的式子成立:

$$\begin{cases} \lim\limits_{t\to\infty} \|x_i(t)-x_j(t)\|=0 \\ \lim\limits_{t\to\infty} \|v_i(t)-v_j(t)\|=0, \quad \forall i,j=1,2,\cdots,N \end{cases} \tag{2.1}$$

则称多智能体系统 (1.3) 达到一致.

2.2.1　仅依赖于采样位置信息的多智能体系统的一致性研究

在很多实际应用中, 相邻多智能体间的速度差值很难测量, 因此设计出仅依赖于采样位置信息的一致性协议具有重要的实际意义. 对于任意 $t\in[t_k,t_{k+1})$, 我们提出以下一致性协议：

$$\begin{aligned} u_i(t)=&-\alpha\sum_{j=1,j\neq i}^{N} a_{ij}(x_i(t_k)-x_j(t_k)) \\ &-\beta\sum_{j=1,j\neq i}^{N} a_{ij}\frac{(x_i(t_k)-x_j(t_k))-(x_i(t_{k-1})-x_j(t_{k-1}))}{h} \end{aligned} \tag{2.2}$$

其中, α 和 β 为耦合强度; $h=t_{k+1}-t_k$ 为采样间隔; a_{ij} 为网络邻接矩阵 $\mathcal{A}$ 中的第 (i,j) 个元素, 邻接矩阵 $\mathcal{A}$ 及拉普拉斯矩阵 L 定义见第 1 章; t_k 为采样时间点, 且满足 $0=t_0<t_1<\cdots<t_k<\cdots$. 简便起见, 假设 $x_i(t_{-1})=x_i(t_0)$, 并记 k 为 t_k, $k+1$ 为 t_{k+1}, $k-1$ 为 t_{k-1}. 由协议 (2.2) 并通过直接的离散化方法[22,23], 系统 (1.3) 可以描述为

$$\begin{cases} x_i(k+1)=x_i(k)+hv_i(k)-\dfrac{h^2\alpha+h\beta}{2}\sum\limits_{j=1}^{N} l_{ij}x_j(k)+\dfrac{h\beta}{2}\sum\limits_{j=1}^{N} l_{ij}x_j(k-1) \\ v_i(k+1)=v_i(k)-(h\alpha+\beta)\sum\limits_{j=1}^{N} l_{ij}x_j(k)+\beta\sum\limits_{j=1}^{N} l_{ij}x_j(k-1) \\ i=1,\cdots,N, \quad k=0,1,\cdots \end{cases} \tag{2.3}$$

令

$$x(k)=[x_1^{\mathrm{T}}(k)\ x_2^{\mathrm{T}}(k)\ \cdots\ x_N^{\mathrm{T}}(k)]^{\mathrm{T}}$$

$$v(k) = [v_1^{\mathrm{T}}(k)\ v_2^{\mathrm{T}}(k)\ \cdots\ v_N^{\mathrm{T}}(k)]^{\mathrm{T}}$$
$$\omega(k+1) = [x(k+1)^{\mathrm{T}}\ v(k+1)^{\mathrm{T}}\ x(k)^{\mathrm{T}}\ v(k)^{\mathrm{T}}]^{\mathrm{T}}$$

则有

$$\omega(k+1) = F\omega(k) \tag{2.4}$$

其中

$$F = \begin{bmatrix} I_N - \dfrac{h^2\alpha + h\beta}{2}L & hI_N & \dfrac{h\beta L}{2} & 0 \\ -(h\alpha+\beta)L & I_N & \beta L & 0 \\ I_N & 0 & 0 & 0 \\ 0 & I_N & 0 & 0 \end{bmatrix}$$

F 的特征多项式为

$$\begin{aligned} &\det[\lambda I_{4N} - F] \\ =\ &\det\begin{bmatrix} \lambda I_N - \left(I_N - \dfrac{h^2\alpha + h\beta}{2}L\right) & -hI_N & -\dfrac{h\beta L}{2} & 0 \\ (h\alpha+\beta)L & \lambda I_N - I_N & -\beta L & 0 \\ -I_N & 0 & \lambda I_N & 0 \\ 0 & -I_N & 0 & \lambda I_N \end{bmatrix} \end{aligned} \tag{2.5}$$

注意到 μ_i 为 L 的第 i 个特征值, 我们有

$$\begin{aligned} &\det[\lambda I_{4N} - F] \\ =&\prod_{i=1}^{N}\left(\lambda\left(\lambda^3 + \left(\frac{h^2\alpha + h\beta}{2}\mu_i - 2\right)\lambda^2 + \left(1 + \frac{h^2\alpha}{2}\mu_i\right)\lambda - \frac{h\beta}{2}\mu_i\right)\right) \end{aligned} \tag{2.6}$$

即 F 的特征值满足

$$\lambda\left(\lambda^3 + \left(\frac{h^2\alpha + h\beta}{2}\mu_i - 2\right)\lambda^2 + \left(1 + \frac{h^2\alpha}{2}\mu_i\right)\lambda - \frac{h\beta}{2}\mu_i\right) = 0 \tag{2.7}$$

令 $\mu_1 = 0$, 可得 $\lambda_1 = 0$, $\lambda_2 = 0$, $\lambda_3 = 1$, $\lambda_4 = 1$. 因此, F 至少含有两个等于 1 的特征值

定理 2.1 假设系统拓扑结构含有有向生成树, 则系统 (2.3) 达到一致且 $x_i(k) \to p^{\mathrm{T}}x(0) + (k-1)hp^{\mathrm{T}}v(0)$, $v_i(k) \to p^{\mathrm{T}}v(0)$, $k \to \infty$, 当且仅当式 (2.4) 中的 F 有两个等于 1 的特征值且其他特征值的模小于 1.

证明　(充分性) 注意到 1 为矩阵 F 的具有代数重数 2 的特征值, 易证它的几何重数为 1. 因此，F 可以表示为如下形式:

$$F = PJP^{-1} = \begin{bmatrix} \varepsilon_1 & \varepsilon_2 & \cdots & \varepsilon_{4N} \end{bmatrix} \times \begin{bmatrix} 1 & 1 & 0_{1\times(4N-2)} \\ 0 & 1 & 0_{1\times(4N-2)} \\ 0_{(4N-2)\times 1} & 0_{(4N-2)\times 1} & \widetilde{J} \end{bmatrix} \begin{bmatrix} \delta_1^{\mathrm{T}} \\ \delta_2^{\mathrm{T}} \\ \vdots \\ \delta_{4N}^{\mathrm{T}} \end{bmatrix} \tag{2.8}$$

其中, P 为非奇异矩阵; J 为矩阵 F 的约当标准型; ε_i 和 δ_i $(i = 1, 2, \cdots, N)$ 为矩阵 F 的左、右特征向量或增广特征向量. 并且, 易知 $\lim\limits_{k\to\infty} \tilde{J}^k = 0_{(4N-2)\times(4N-2)}$.

由 $FP = PJ$, 有

$$F\begin{bmatrix} \varepsilon_1 & \varepsilon_2 \end{bmatrix} = \begin{bmatrix} \varepsilon_1 & \varepsilon_2 \end{bmatrix} \begin{bmatrix} 1 & 1 \\ 0 & 1 \end{bmatrix} \tag{2.9}$$

可以得到 F 对应于 1 的右特征向量为 $\varepsilon_1 = \left[1_N^{\mathrm{T}}\ 0_N^{\mathrm{T}}\ 1_N^{\mathrm{T}}\ 0_N^{\mathrm{T}}\right]^{\mathrm{T}}$, 增广右特征向量为 $\varepsilon_2 = \left[1_N^{\mathrm{T}}\ \dfrac{1}{h}1_N^{\mathrm{T}}\ 0_N^{\mathrm{T}}\ \dfrac{1}{h}1_N^{\mathrm{T}}\right]^{\mathrm{T}}$.

由 $P^{-1}F = JP^{-1}$, 可得 F 对应于特征值 1 的左特征向量为 $\delta_2 = [0_N^{\mathrm{T}}\ hp^{\mathrm{T}}\ 0_N^{\mathrm{T}}\ 0_N^{\mathrm{T}}]^{\mathrm{T}}$, 增广左特征向量为 $\delta_1 = \left[p^{\mathrm{T}}\ -hp^{\mathrm{T}}\ 0_N^{\mathrm{T}}\ 0_N^{\mathrm{T}}\right]^{\mathrm{T}}$.

因此, 易证

$$\begin{aligned} F^k &= PJ^kP^{-1} \\ &= \begin{bmatrix} \varepsilon_1 & \varepsilon_2 & \cdots & \varepsilon_{4N} \end{bmatrix} \\ &\quad \times \begin{bmatrix} 1 & k & 0_{1\times(4N-2)} \\ 0 & 1 & 0_{1\times(4N-2)} \\ 0_{(4N-2)\times 1} & 0_{(4N-2)\times 1} & 0_{(4N-2)\times(4N-2)} \end{bmatrix} \begin{bmatrix} \delta_1^{\mathrm{T}} \\ \delta_2^{\mathrm{T}} \\ \vdots \\ \delta_{4N}^{\mathrm{T}} \end{bmatrix} \\ &= \left[1_N^{\mathrm{T}}\ 0_N^{\mathrm{T}}, 1_N^{\mathrm{T}}\ 0_N^{\mathrm{T}}\right]^{\mathrm{T}} \left[p^{\mathrm{T}}\ \ -hp^{\mathrm{T}}\ 0_N^{\mathrm{T}}\ 0_N^{\mathrm{T}}\right] + k\left[1_N^{\mathrm{T}}\ 0_N^{\mathrm{T}}, 1_N^{\mathrm{T}}\ 0_N^{\mathrm{T}}\right]^{\mathrm{T}} \left[0_N^{\mathrm{T}}\ hp^{\mathrm{T}}\ 0_N^{\mathrm{T}}\ 0_N^{\mathrm{T}}\right] \\ &\quad + \left[1_N^{\mathrm{T}}\ \frac{1}{h}1_N^{\mathrm{T}}\ 0_N^{\mathrm{T}}\ \frac{1}{h}1_N^{\mathrm{T}}\right]^{\mathrm{T}} \left[0_N^{\mathrm{T}}\ hp^{\mathrm{T}}\ 0_N^{\mathrm{T}}, 0_N^{\mathrm{T}}\right] \\ &= \begin{bmatrix} 1_N p^{\mathrm{T}} & kh1_N p^{\mathrm{T}} & 0_{N\times N} & 0_{N\times N} \\ 0_{N\times N} & 1_N p^{\mathrm{T}} & 0_{N\times N} & 0_{N\times N} \\ 1_N p^{\mathrm{T}} & (k-1)h1_N p^{\mathrm{T}} & 0_{N\times N} & 0_{N\times N} \\ 0_{N\times N} & 1_N p^{\mathrm{T}} & 0_{N\times N} & 0_{N\times N} \end{bmatrix} \end{aligned} \tag{2.10}$$

因此, 可知当 $k\to\infty$ 时, 有

$$
\begin{aligned}
&x_i(k+1)\to p^{\mathrm{T}}x(0)+khp^{\mathrm{T}}v(0)\\
&v_i(k+1)\to p^{\mathrm{T}}v(0)\\
&x_i(k)\to p^{\mathrm{T}}x(0)+(k-1)hp^{\mathrm{T}}v(0)\\
&v_i(k)\to p^{\mathrm{T}}v(0)
\end{aligned}
$$

（必要性）注意到 F 有至少两个特征值等于 1. 如果 $x_i(k)\to p^{\mathrm{T}}x(0)+(k-1)hp^{\mathrm{T}}v(0)$, $v_i(k)\to p^{\mathrm{T}}v(0)$, 则可知当 $k\to\infty$ 时, F^k 的秩为 2, 也就是说当 $k\to\infty$ 时, J^k 的秩为 2. 因此, F 有两个特征值等于 1, 且其他特征值的模小于 1. □

注 2.1 定理 2.1中, 仅利用系统采样时间点上的位置状态的测量值信息, 我们提出了充分且必要的一致性判据. 显然, 矩阵 F 的特征值分布在一致性判据中起到了重要作用. 同时, 系统的一致性状态被获得, 即 $x_i(k)\to p^{\mathrm{T}}x(0)+(k-1)hp^{\mathrm{T}}v(0)$, $v_i(k)\to p^{\mathrm{T}}v(0)$.

引理 2.1 对于复系数多项式 $f(s)=(a_0+b_0i)s^n+(a_1+b_1i)s^{n-1}+\cdots+(a_{n-1}+b_{n-1}i)s+(a_n+b_ni)$, $a_i,b_i\in\mathbb{R}$, $i=0,\cdots,n$, 即 $f(s)=(a_0s^n+a_1s^{n-1}+\cdots+a_{n-1}s+a_n)+(b_0s^n+b_1s^{n-1}+\cdots+b_{n-1}s+b_n)i$. 记 $\bar{f}(s)=(a_0s^n+a_1s^{n-1}+\cdots+a_{n-1}s+a_n)-(b_0s^n+b_1s^{n-1}+\cdots+b_{n-1}s+b_n)i$. 则复系数多项式 $f(s)$ 的根位于左半平面当且仅当实系数多项式 $f(s)\bar{f}(s)$ 的根位于左半平面.

证明 (充分性) 假设 $f(s)\bar{f}(s)$ 的根位于左半平面. 因为 $f(s)$ 的根为 $f(s)\bar{f}(s)$ 的根, 则 $f(s)$ 的根位于左半平面.

（必要性）显然, 有

$$
\begin{aligned}
\overline{f(s)}=&\overline{(a_0s^n+a_1s^{n-1}+\cdots+a_{n-1}s+a_n)+(b_0s^n+b_1s^{n-1}+\cdots+b_{n-1}s+b_n)i}\\
=&(a_0\bar{s}^n+a_1\bar{s}^{n-1}+\cdots+a_{n-1}\bar{s}+a_n)-(b_0\bar{s}^n+b_1\bar{s}^{n-1}+\cdots+b_{n-1}\bar{s}+b_n)i\\
=&\bar{f}(\bar{s})
\end{aligned}
\tag{2.11}
$$

如果 s^* 为 $f(s)$ 的根, $f(s^*)=0$, 则有 $\overline{f(s^*)}=0$. 由式 (2.11) 可知, $\bar{f}(\bar{s^*})=0$, 则 $\bar{s^*}$ 为 $\bar{f}(s)$ 的根. 注意到 $\mathscr{R}(s^*)=\mathscr{R}(\bar{s^*})$, 可知, 如果 $f(s)$ 的根位于左半平面, 则 $f(s)\bar{f}(s)$ 的根位于左半平面. □

定理 2.2 假设系统拓扑结构含有有向生成树, 则多智能体系统 (2.3) 达到一致当且仅当以下条件满足

$$
\begin{aligned}
&\frac{\beta}{h\alpha}>0\\
&4\beta^2\cos(\arg\mu_i)\left|\mu_i\right|-\alpha\beta^2\left|\mu_i\right|^2h^2-2\beta^3h\left|\mu_i\right|^2
\end{aligned}
$$

$$
\begin{aligned}
&-2\cos(\arg\mu_i)\alpha\beta h\left|\mu_i\right| - 4\alpha\sin^2(\arg\mu_i) > 0 \\
&\left(\frac{4\beta}{h^5\alpha^3\left|\mu_i\right|^2} - \frac{\beta\cos(\arg\mu_i)}{h^3\alpha^2\left|\mu_i\right|} - \frac{2\beta\cos(\arg\mu_i)}{h^4\alpha^3\left|\mu_i\right|} - \frac{2\cos^2(\arg\mu_i)}{h^4\alpha^2\left|\mu_i\right|^2}\right) \\
&\times\left(\frac{4\beta^2\cos(\arg\mu_i)}{h^4\alpha^3\left|\mu_i\right|} - \frac{\beta^2}{h^2\alpha^2} - \frac{2\beta^3}{h^3\alpha^3} - \frac{2\cos(\arg\mu_i)\beta}{h^3\alpha^2\left|\mu_i\right|} - \frac{4\sin^2(\arg\mu_i)}{h^4\alpha^2\left|\mu_i\right|^2}\right) \\
&-8\left(\frac{\beta^2\sin^2(\arg\mu_i)\left|\mu_i\right| + 2\cos(\arg\mu_i)\sin(\arg\mu_i)}{h^4\alpha^3\left|\mu_i\right|^2}\right)^2 > 0, i = 2, \cdots, N
\end{aligned} \tag{2.12}
$$

证明 由式 (2.7) 可知, 当 $\mu_1 = 0$ 时, F 有两个等于 1 的特征值. 因此, 由定理 2.1可知, 系统 (2.3) 达到一致当且仅当 $f_i(\lambda) = \lambda^3 + \left(\frac{h^2\alpha + h\beta}{2}\mu_i - 2\right)\lambda^2 + \left(1 + \frac{h^2\alpha}{2}\mu_i\right)\lambda - \frac{h\beta}{2}\mu_i\ (i = 2, \cdots, N)$ 的根位于单位圆内. 令 $\lambda = \frac{s+1}{s-1}$, 则 $f_i(\lambda)$ 转变为

$$
f_i(s) = h^2\alpha\mu_i s^3 + 2h\beta\mu_i s^2 + (4 - h^2\alpha\mu_i - 2h\beta\mu_i)s + 4 \tag{2.13}
$$

我们知道 $f_i(\lambda)$ 的根位于单位圆内当且仅当式 (2.13) 的根位于左半平面. 注意到 $\mu_i = \mathscr{R}(\mu_i) + \ell(\mu_i)i$, $\cos(\arg\mu_i) = \frac{\mathscr{R}(\mu_i)}{|\mu_i|}$, $\sin(\arg\mu_i) = \frac{\ell(\mu_i)}{|\mu_i|}$. 则由引理 2.1和实系数多项式的 Routh-Hurwitz 稳定性判据[32], 结论成立. □

注 2.2 定理 2.2 中, 我们给出了依赖于采样间隔 h, 耦合强度 α 及 β, 拉普拉斯矩阵特征值 μ_i 的使系统达到一致的充分必要条件. 对于一个给定的多智能体系统, 我们可以选择出合适的参数使得满足条件 (2.12).

2.2.2 依赖于采样位置信息和速度信息的多智能体系统的一致性研究

本节中, 我们将研究多智能体在离散采样时间点上的相对位置信息和相对速度信息均可测量的情形. 以下的一致性控制协议被提出：

$$
\begin{aligned}
u_i(t) = &-\alpha\sum_{j=1,j\neq i}^{N} a_{ij}(x_i(t_k) - x_j(t_k)) \\
&-\beta\sum_{j=1,j\neq i}^{N} a_{ij}(v_i(t_k) - v_j(t_k)), \quad t \in [t_k, t_{k+1})
\end{aligned} \tag{2.14}
$$

接下来, 我们将使用不同于 2.2.1 小节中的方法推导系统一致性条件. 引入以下分段连续的时变时滞：

$$
\tau(t) = t - t_k, \quad t \in [t_k, t_{k+1})
$$

根据式 (2.14), 系统 (1.3) 可以表示为

$$\begin{cases} \dot{x}_i(t) = v_i(t) \\ \dot{v}_i(t) = -\alpha \sum_{j=1}^{N} l_{ij} x_j(t-\tau(t)) - \beta \sum_{j=1}^{N} l_{ij} v_j(t-\tau(t)) \\ t \in [t_k, t_{k+1}), \quad i = 1, \cdots, N \end{cases} \tag{2.15}$$

其中, 对于 $t \neq t_k$ 有 $\dot{\tau}(t) = 1$, 且 $\tau(t) \leqslant h$.

令

$$\begin{cases} \phi_i(t) = [x_i^{\mathrm{T}}(t)\ v_i^{\mathrm{T}}(t)]^{\mathrm{T}}, \quad \phi(t) = [\phi_1^{\mathrm{T}}(t)\ \phi_2^{\mathrm{T}}(t)\ \cdots\ \phi_N^{\mathrm{T}}(t)]^{\mathrm{T}} \\ x(t) = [x_1^{\mathrm{T}}(t)\ x_2^{\mathrm{T}}(t)\ \cdots\ x_N^{\mathrm{T}}(t)]^{\mathrm{T}}, \quad v(t) = [v_1^{\mathrm{T}}(t)\ v_2^{\mathrm{T}}(t)\ \cdots\ v_N^{\mathrm{T}}(t)]^{\mathrm{T}} \end{cases} \tag{2.16}$$

可以推出

$$\dot{\phi}(t) = (I_N \otimes A)\phi(t) - (L \otimes B)\phi(t-\tau(t)), \quad t \in [t_k, t_{k+1}) \tag{2.17}$$

其中

$$A = \begin{bmatrix} 0 & 1 \\ 0 & 0 \end{bmatrix}, \quad B = \begin{bmatrix} 0 & 0 \\ \alpha & \beta \end{bmatrix}$$

设误差状态为

$$\xi(t) = \phi(t) - 1_N \otimes \begin{bmatrix} p^{\mathrm{T}} x(t) \\ p^{\mathrm{T}} v(t) \end{bmatrix}$$

并由于 $L1_N = 0_N$, $p^{\mathrm{T}}L = 0_N^{\mathrm{T}}$, 可以得到

$$\begin{aligned} \dot{\xi}(t) &= \dot{\phi}(t) - 1_N \otimes \begin{bmatrix} p^{\mathrm{T}} \dot{x}(t) \\ p^{\mathrm{T}} \dot{v}(t) \end{bmatrix} \\ &= (I_N \otimes A)\xi(t) - (L \otimes B)\xi(t-\tau(t)), \quad t \in [t_k, t_{k+1}) \end{aligned} \tag{2.18}$$

引理 2.2[33] 假设系统包含有向生成树. 则存在非奇异矩阵 Q 使得 $L = Q\bar{J}Q^{-1}$, $\bar{J}$ 为拉普拉斯矩阵 L 的上三角实约当型, 并且 L 的实特征值对应的约当块和约当标准型是一致的. 此外, Q 满足 $p^{\mathrm{T}}Q = c[1\ \underbrace{0\ \cdots\ 0}_{N-1}]$, $c \neq 0$.

引理 2.3 $x(t)$ 与 $v(t)$ 如式 (2.16) 中的定义, 则易证

$$p^{\mathrm{T}}(x(t)-1_N p^{\mathrm{T}} x(t))=0, \quad p^{\mathrm{T}}(v(t)-1_N p^{\mathrm{T}} v(t))=0$$

证明

$$\begin{aligned}
& p^{\mathrm{T}}(x(t)-1_N p^{\mathrm{T}} x(t)) \\
= & \sum_{i=1}^N p_i x_i(t)-p_1 \sum_{i=1}^N p_i x_i(t)-\cdots-p_N \sum_{i=1}^N p_i x_i(t) \\
= & \sum_{i=1}^N p_i x_i(t)(1-\sum_{i=1}^N p_i)=0
\end{aligned}$$

类似地, 有 $p^{\mathrm{T}}(v(t)-1_N p^{\mathrm{T}} v(t))=0$. □

根据引理 2.2, 令 $\tilde{\xi}=(Q^{-1} \otimes I_2) \xi$, Q 满足 $Q \bar{J} Q^{-1}=L$, $\bar{J}$ 为 L 的上三角实约当型. 显然, 根据引理 1.1 和引理 2.2, 可得 $\bar{J}=\operatorname{diag}(0, \hat{J})$. 则系统 (2.18) 可以表示为

$$\dot{\bar{\varphi}}(t)=A \bar{\varphi}(t) \tag{2.19}$$

$$\dot{\varphi}(t)=(I_{N-1} \otimes A) \varphi(t)-(\hat{J} \otimes B) \varphi(t-\tau(t)), \quad t \in[t_k, t_{k+1}) \tag{2.20}$$

其中, $[\bar{\varphi}^{\mathrm{T}} \ \varphi^{\mathrm{T}}]^{\mathrm{T}}=\tilde{\xi}$, $\bar{\varphi}=[\tilde{\xi}_1^{\mathrm{T}} \ \tilde{\xi}_2^{\mathrm{T}}]^{\mathrm{T}}$, $\varphi=[\tilde{\xi}_3^{\mathrm{T}} \ \cdots \ \tilde{\xi}_{2N}^{\mathrm{T}}]^{\mathrm{T}}$.

由引理 2.2 和引理 2.3 可知, 式 (2.19) 只有零解[33]. 因此, 系统 (2.15) 的一致性问题可以转换为系统 (2.20) 的渐近稳定问题.

定理 2.3 假设系统拓扑结构含有有向生成树, 如果 α 及 β 满足 $\dfrac{\beta^2}{\alpha}>\dfrac{\ell^2(\mu_i)}{\mathscr{R}(\mu_i)|\mu_i|^2}$ $(i=2, \cdots, N)$, 且存在矩阵 $R>0$, $T>0$, $V>0$, W 使得以下不等式成立:

$$\left[\begin{array}{ccc}
(\bar{A}-\bar{B})^{\mathrm{T}} R+R(\bar{A}-\bar{B}) & R \bar{B}+W & (\bar{A}-\bar{B})^{\mathrm{T}}(T+V) \\
* & -\dfrac{1}{h} V & \bar{B}^{\mathrm{T}}(T+V) \\
* & * & -\dfrac{1}{h}(T+V)
\end{array}\right]<0 \tag{2.21}$$

$$\left[\begin{array}{cccc}
(\bar{A}-\bar{B})^{\mathrm{T}} R+R(\bar{A}-\bar{B}) & -h W & R \bar{B}+W & (\bar{A}-\bar{B})^{\mathrm{T}} V \\
* & -h T & 0 & 0 \\
* & * & -\dfrac{1}{h} V & \bar{B}^{\mathrm{T}} V \\
* & * & * & -\dfrac{1}{h} V
\end{array}\right]<0 \tag{2.22}$$

其中, $\bar{A}=I_{N-1}\otimes A$; $\bar{B}=\hat{J}\otimes B$. 则多智能体系统 (2.15) 达到一致.

证明 首先, 由矩阵理论及引理 2.2 可得 $\bar{A}-\bar{B}$ 的特征多项式为 $\prod_{i=2}^{N}(\lambda^2+\beta\mu_i\lambda+\alpha\mu_i)$. 由文献 [29] 中的引理 3, 可以推导出 $\bar{A}-\bar{B}$ 是 Hurwitz 稳定的当且仅当 $\dfrac{\beta^2}{\alpha}>\dfrac{\ell^2((\mu_i)}{\mathscr{R}(\mu_i)\left|\mu_i\right|^2}$ $(i=2,\cdots,N)$. 因此, 通过选择合适的 h, 式 (2.21) 和式 (2.22) 是可行的.

考虑以下 Lyapunov 函数:

$$V(t)=\varphi^{\mathrm{T}}(t)R\varphi(t)+(h-\tau(t))\int_{t_k}^{\mathrm{T}}\dot{\varphi}^{\mathrm{T}}(s)T\dot{\varphi}(s)\mathrm{d}s+\int_{-h}^{0}\int_{t+\theta}^{\mathrm{T}}\dot{\varphi}^{\mathrm{T}}(s)V\dot{\varphi}(s)\mathrm{d}s\mathrm{d}\theta \tag{2.23}$$

计算 $V(t)$ 沿式 (2.20) 的导数并设 $\bar{\varphi}(t)=\varphi(t)-\varphi(t-\tau(t))$, 有

$$\begin{aligned}\dot{V}(t)=&\varphi^{\mathrm{T}}(t)R(\bar{A}\varphi(t)-\bar{B}\varphi(t-\tau(t))+(\varphi^{\mathrm{T}}(t)\bar{A}^{\mathrm{T}}-\varphi^{\mathrm{T}}(t-\tau(t))\bar{B}^{\mathrm{T}})R\varphi(t)\\&+(h-\tau(t))\dot{\varphi}^{\mathrm{T}}(t)T\dot{\varphi}(t)-\int_{t_k}^{\mathrm{T}}\dot{\varphi}^{\mathrm{T}}(s)T\dot{\varphi}(s)\mathrm{d}s+h\dot{\varphi}^{\mathrm{T}}(t)V\dot{\varphi}(t)\\&-\int_{t-h}^{\mathrm{T}}\dot{\varphi}^{\mathrm{T}}(s)V\dot{\varphi}(s)\mathrm{d}s\end{aligned} \tag{2.24}$$

由 Jensen 不等式[34] 可知

$$-\int_{t-h}^{\mathrm{T}}\dot{\varphi}(s)V\dot{\varphi}(s)\mathrm{d}s\leqslant-\frac{1}{h}\bar{\varphi}^{\mathrm{T}}(t)V\bar{\varphi}(t) \tag{2.25}$$

$$\begin{aligned}&-\int_{t_k}^{\mathrm{T}}\dot{\varphi}(s)T\dot{\varphi}(s)\mathrm{d}s\\\leqslant&-\tau(t)\left(\frac{1}{\tau(t)}\int_{t-\tau(t)}^{\mathrm{T}}\dot{\varphi}(s)\mathrm{d}s\right)^{\mathrm{T}}T\left(\frac{1}{\tau(t)}\int_{t-\tau(t)}^{\mathrm{T}}\dot{\varphi}(s)\mathrm{d}s\right)\end{aligned} \tag{2.26}$$

此外, 记 $\varphi_\gamma=\dfrac{1}{\tau(t)}\displaystyle\int_{t-\tau(t)}^{\mathrm{T}}\dot{\varphi}(s)\mathrm{d}s$, 易证

$$2\varphi^{\mathrm{T}}(t)W\left(\varphi(t)-\varphi(t-\tau(t))-\tau(t)\varphi_\gamma\right)=0 \tag{2.27}$$

令

$$\zeta^{\mathrm{T}}(t)=\left[\varphi^{\mathrm{T}}(t)\ \bar{\varphi}^{\mathrm{T}}(t)\ \varphi_\gamma^{\mathrm{T}}\right],\quad \tilde{\zeta}^{\mathrm{T}}(t)=\left[\varphi^{\mathrm{T}}(t)\ \bar{\varphi}^{\mathrm{T}}(t)\right],\quad M=hV+(h-\tau(t))T$$

可得

$$\dot{V}(t)\leqslant\ \varphi^{\mathrm{T}}(t)\left((\bar{A}-\bar{B})^{\mathrm{T}}R+R(\bar{A}-\bar{B})\right)\varphi(t)+\varphi^{\mathrm{T}}(t)R\bar{B}\bar{\varphi}(t)+\bar{\varphi}^{\mathrm{T}}(t)\bar{B}^{\mathrm{T}}R\varphi(t)$$

$$
\begin{aligned}
&-\frac{1}{h}\bar{\varphi}^{\mathrm{T}}(t)V\bar{\varphi}(t)-\tau(t)\varphi_{\gamma}^{\mathrm{T}}T\varphi_{\gamma}+2\varphi^{\mathrm{T}}(t)W\left(\varphi(t)-\varphi(t-\tau(t))-\tau(t)\varphi_{\gamma}\right)\\
&+\left(\bar{A}\varphi(t)-\bar{B}\varphi(t-\tau(t))\right)^{\mathrm{T}}(hV+(h-\tau(t))T)\left(\bar{A}\varphi(t)-\bar{B}\varphi(t-\tau(t))\right)\\
=&\ \zeta^{\mathrm{T}}(t)\Omega\zeta(t)\\
=&\ \frac{h-\tau(t)}{h}\tilde{\zeta}^{\mathrm{T}}(t)\Omega_1\tilde{\zeta}(t)+\frac{\tau(t)}{h}\zeta^{\mathrm{T}}(t)\Omega_2\zeta(t)
\end{aligned}
\tag{2.28}
$$

其中

$$
\Omega=\begin{bmatrix}(\bar{A}-\bar{B})^{\mathrm{T}}R+R(\bar{A}-\bar{B}) & R\bar{B}+W & -\tau(t)W\\ * & -\frac{1}{h}V & 0\\ * & * & -\tau(t)T\end{bmatrix}
+\begin{bmatrix}(\bar{A}-\bar{B})^{\mathrm{T}}\\ \bar{B}^{\mathrm{T}}\\ 0\end{bmatrix}M\begin{bmatrix}\bar{A}-\bar{B} & \bar{B} & 0\end{bmatrix}
$$

$$
\Omega_1=\begin{bmatrix}\Omega_{11} & R\bar{B}+W+(\bar{A}-\bar{B})(hV+hT)\bar{B}\\ * & -\frac{1}{h}V+\bar{B}^{\mathrm{T}}(hV+hT)\bar{B}\end{bmatrix}
$$

$$
\Omega_2=\begin{bmatrix}\Omega_{12} & R\bar{B}+W+h(\bar{A}-\bar{B})V\bar{B} & -hW\\ * & -\frac{1}{h}V+h\bar{B}^{\mathrm{T}}V\bar{B} & 0\\ * & * & -hT\end{bmatrix}
$$

$$
\Omega_{11}=(\bar{A}-\bar{B})^{\mathrm{T}}R+R(\bar{A}-\bar{B})+(\bar{A}-\bar{B})^{\mathrm{T}}(hV+hT)(\bar{A}-\bar{B})
$$

$$
\Omega_{12}=(\bar{A}-\bar{B})^{\mathrm{T}}R+R(\bar{A}-\bar{B})+h(\bar{A}-\bar{B})^{\mathrm{T}}V(\bar{A}-\bar{B})
$$

由 Schur 补定理[35], 可知式 (2.21) 等价于 $\Omega_1<0$, 式 (2.22) 等价于 $\Omega_2<0$. 因此, 可以得出结论系统 (2.20) 是渐近稳定的, 即系统 (2.15) 达到一致. □

2.3　具有采样数据的非线性多智能体系统分布式一致

考虑下列具有非线性动态的多智能体系统:

$$
\dot{x}_i(t)=f(x_i(t))+u_i(t),\quad i=1,2,\cdots,N \tag{2.29}
$$

其中, $x_i(t)\in\mathbb{R}^n$ 是智能体 i 的位置状态; $f(x_i(t))\in\mathbb{R}^n$ 是描述智能体动态的非线性向量值连续函数; $u_i(t)$ 是控制输入.

提出如下的基于采样数据的控制协议:

$$u_i(t) = \alpha \sum_{j=1,j\neq i}^{N} a_{ij}(x_j(t_k) - x_i(t_k)), \quad t \in [t_k, t_{k+1}); \quad i = 1, 2, \cdots, N \tag{2.30}$$

其中, $\alpha > 0$ 是控制强度; t_k 是采样时刻, 满足 $0 = t_0 < t_1 < \cdots < t_k < \cdots$. 简化起见, 假设采样间隔为常数, 即 $t_{k+1} - t_k = h$.

令

$$x(t) = [x_1^{\mathrm{T}}(t)\ x_2^{\mathrm{T}}(t)\ \cdots\ x_N^{\mathrm{T}}(t)]^{\mathrm{T}}$$

$$x(t_k) = [x_1^{\mathrm{T}}(t_k)\ x_2^{\mathrm{T}}(t_k)\ \cdots\ x_N^{\mathrm{T}}(t_k)]^{\mathrm{T}}$$

$$F(x(t)) = [f^{\mathrm{T}}(x_1(t))\ f^{\mathrm{T}}(x_2(t))\ \cdots\ f^{\mathrm{T}}(x_N(t))]^{\mathrm{T}}$$

则系统 (2.29) 可以写为

$$\dot{x}(t) = F(x(t)) - \alpha(L \otimes I_n)x(t_k), \quad t \in [t_k, t_{k+1}) \tag{2.31}$$

我们提出一个分段连续的时变时滞:

$$\tau(t) = t - t_k, \quad t \in [t_k, t_{k+1})$$

则系统 (2.31) 可以表达为

$$\dot{x}(t) = F(x(t)) - \alpha(L \otimes I_n)x(t - \tau(t)), \quad t \in [t_k, t_{k+1}) \tag{2.32}$$

注意到对于 $t \neq t_k$, 有 $\dot{\tau}(t) = 1$ 且 $\tau(t) \leqslant h$.

假设 2.1 $f_k(\cdot)$ 是 Lipschitz 连续的, 即存在常数 $d_k > 0$ 使得对于任意 x_1, $x_2 \in \mathbb{R}$, 式 (2.33) 成立:

$$|f_k(x_1) - f_k(x_2)| \leqslant d_k |x_1 - x_2|, \quad k = 1, 2, \cdots, n \tag{2.33}$$

引理 2.4[36] 假设网络拓扑 $\mathcal{G}$ 是强连通图 (拉普拉斯矩阵 L 是不可约的). $\xi = [\xi_1\ \xi_2\ \cdots\ \xi_N]^{\mathrm{T}} \in \mathbb{R}^N$ 是 L 对应于特征值 0 的正交化左特征向量, 满足 $\sum\limits_{i=1}^{N} \xi_i = 1$, 则 $\xi_i > 0 (i = 1, 2, \cdots, N)$.

引理 2.5[37] 假设 $\xi = [\xi_1\ \xi_2\ \cdots\ \xi_N]^{\mathrm{T}}$ 是 L 对应于特征值 0 的正交化左特征向量, 满足 $\sum\limits_{i=1}^{N} \xi_i = 1$. 令 $U = \mathrm{diag}(\xi_1\ \xi_2\ \cdots\ \xi_N) - \xi\xi^{\mathrm{T}}$. 则对于任意正定矩阵 P, 以下等式成立:

$$x^{\mathrm{T}}(t)(UL \otimes PI_n)x(t) = -\sum_{1\leqslant i<j\leqslant N} \xi_i l_{ij}(x_i(t) - x_j(t))^{\mathrm{T}} P(x_i(t) - x_j(t))$$

定理 2.4　$\mathcal{G}$ 是强连通的且假设 2.1 成立. 如果存在矩阵 $P>0$, $Q>0$, $R>0$, W_κ, V_κ $(\kappa=1,2,3,4)$ 以及对角矩阵 $K>0$, 使得对于 $1\leqslant i<j\leqslant N$, 下面的线性矩阵不等式 (LMI) 成立:

$$\Omega_1=\begin{bmatrix}\Omega_{11} & W_2^{\mathrm{T}}-V_1 & Q-W_1+W_3^{\mathrm{T}}+\alpha\dfrac{l_{ij}}{\xi_j}(P+V_1) & W_4^{\mathrm{T}} & P+V_1\\ * & h^2Q-2V_2+hR & -W_2-V_3^{\mathrm{T}}+\alpha\dfrac{l_{ij}}{\xi_j}V_2 & -V_4^{\mathrm{T}} & V_2\\ * & * & -2Q-2W_3+2\alpha\dfrac{l_{ij}}{\xi_j}V_3 & \Omega_{34} & V_3\\ * & * & * & -Q & V_4\\ * & * & * & * & -K\end{bmatrix}<0 \tag{2.34}$$

$$\Omega_2=\begin{bmatrix}\Omega_{11} & W_2^{\mathrm{T}}-V_1 & Q-W_1+W_3^{\mathrm{T}}+\alpha\dfrac{l_{ij}}{\xi_j}(P+V_1) & W_4^{\mathrm{T}} & P+V_1 & -hW_1\\ * & h^2Q-2V_2 & -W_2-V_3^{\mathrm{T}}+\alpha\dfrac{l_{ij}}{\xi_j}V_2 & -V_4^{\mathrm{T}} & V_2 & -hW_2\\ * & * & -2Q-2W_3+2\alpha\dfrac{l_{ij}}{\xi_j}V_3 & \Omega_{34} & V_3 & -hW_3\\ * & * & * & -Q & V_4 & -hW_4\\ * & * & * & * & -K & 0\\ * & * & * & * & * & -hR\end{bmatrix}<0 \tag{2.35}$$

其中

$$\Omega_{11}=-Q+D^{\mathrm{T}}KD+2W_1$$

$$\Omega_{34}=Q-W_4^{\mathrm{T}}+\alpha\frac{l_{ij}}{\xi_j}V_4^{\mathrm{T}}$$

则多智能体系统 (2.29) 能够实现一致.

证明　对于系统 (2.31) 考虑以下 V 函数:

$$V(x(t))=V_1(x(t))+V_2(x(t)) \tag{2.36}$$

其中

$$V_1(x(t))=x^{\mathrm{T}}(t)(U\otimes P)x(t)+h\int_{-h}^{0}\int_{t+\theta}^{\mathrm{T}}\dot{x}^{\mathrm{T}}(s)(U\otimes Q)\dot{x}(s)\mathrm{d}s\mathrm{d}\theta$$

$$V_2(x(t))=(h-\tau(t))\int_{t_k}^{\mathrm{T}}\dot{x}^{\mathrm{T}}(s)(U\otimes R)\dot{x}(s)\mathrm{d}s$$

沿着式 (2.31) 对式 (2.36) 求导, 可得

$$\begin{aligned}\dot{V}_1(x(t)) =&2x^{\mathrm{T}}(t)(U\otimes P)\dot{x}(t)+h^2\dot{x}^{\mathrm{T}}(t)(U\otimes Q)\dot{x}(t)\\&-h\int_{t-h}^{\mathrm{T}}\dot{x}^{\mathrm{T}}(s)(U\otimes Q)\dot{x}(s)\mathrm{d}s\end{aligned}\tag{2.37}$$

$$\dot{V}_2(x(t))=(h-\tau(t))\dot{x}^{\mathrm{T}}(t)(U\otimes R)\dot{x}(t)-\int_{t_k}^{\mathrm{T}}\dot{x}^{\mathrm{T}}(s)(U\otimes R)\dot{x}(s)\mathrm{d}s\tag{2.38}$$

由 Jensen 不等式[34], 有

$$\begin{aligned}&-h\int_{t-h}^{\mathrm{T}}\dot{x}^{\mathrm{T}}(s)(U\otimes Q)\dot{x}(s)\mathrm{d}s\\=&-h\int_{t_k}^{\mathrm{T}}\dot{x}^{\mathrm{T}}(s)(U\otimes Q)\dot{x}(s)\mathrm{d}s-h\int_{t-h}^{t_k}\dot{x}^{\mathrm{T}}(s)(U\otimes Q)\dot{x}(s)\mathrm{d}s\\\leqslant&-(x(t)-x(t_k))^{\mathrm{T}}(U\otimes Q)(x(t)-x(t_k))\\&-(x(t_k)-x(t-h))^{\mathrm{T}}(U\otimes Q)(x(t_k)-x(t-h))\end{aligned}\tag{2.39}$$

及

$$-\int_{t_k}^{\mathrm{T}}\dot{x}^{\mathrm{T}}(s)(U\otimes R)\dot{x}(s)\mathrm{d}s\leqslant-\tau(t)x_\beta^{\mathrm{T}}(U\otimes R)x_\beta\tag{2.40}$$

其中, $x_\beta=\dfrac{1}{\tau(t)}\displaystyle\int_{t_k}^{\mathrm{T}}\dot{x}(s)\mathrm{d}s$. 令

$$\delta(t)\triangleq\begin{bmatrix}x(t)^{\mathrm{T}} & \dot{x}^{\mathrm{T}}(t) & x^{\mathrm{T}}(t_k) & x^{\mathrm{T}}(t-h)\end{bmatrix}^{\mathrm{T}}$$

$$W\triangleq\begin{bmatrix}W_1^{\mathrm{T}} & W_2^{\mathrm{T}} & W_3^{\mathrm{T}} & W_4^{\mathrm{T}}\end{bmatrix}^{\mathrm{T}}$$

$$V\triangleq\begin{bmatrix}V_1^{\mathrm{T}} & V_2^{\mathrm{T}} & V_3^{\mathrm{T}} & V_4^{\mathrm{T}}\end{bmatrix}^{\mathrm{T}}$$

易知

$$2\delta^{\mathrm{T}}(t)(U\otimes W)(x(t)-x(t_k)-\tau(t)x_\beta)=0\tag{2.41}$$

$$2\delta^{\mathrm{T}}(t)(U\otimes V)(F(x(t))-\alpha(L\otimes I_n)x(t_k)-\dot{x}(t))=0\tag{2.42}$$

考虑到 U 的结构并利用引理 2.5, 得到

$$x^{\mathrm{T}}(t)(U\otimes Q)x(t)=\sum_{1\leqslant i<j\leqslant N}\xi_i\xi_j(x_i(t)-x_j(t))^{\mathrm{T}}Q(x_i(t)-x_j(t))\tag{2.43}$$

$$\dot{x}^{\mathrm{T}}(t)(U\otimes V_2)F(x(t))=\sum_{1\leqslant i<j\leqslant N}\xi_i\xi_j(\dot{x}_i(t)-\dot{x}_j(t))^{\mathrm{T}}V_2(f(x_i(t))-f(x_j(t)))\tag{2.44}$$

$$x^{\mathrm{T}}(t)(UL\otimes PI_n)x(t_k)=-\sum_{1\leqslant i<j\leqslant N}\xi_i l_{ij}(x_i(t)-x_j(t))^{\mathrm{T}}P(x_i(t_k)-x_j(t_k))\tag{2.45}$$

$$\dot{x}^{\mathrm{T}}(t)(UL\otimes V_2I_n)x(t_k)=-\sum_{1\leqslant i<j\leqslant N}\xi_i l_{ij}(\dot{x}_i(t)-\dot{x}_j(t))^{\mathrm{T}}V_2(x_i(t_k)-x_j(t_k))\tag{2.46}$$

另外, 由假设 2.1, 可得

$$(x_i(t)-x_j(t))^{\mathrm{T}}D^{\mathrm{T}}KD(x_i(t)-x_j(t))-(f(x_i)-f(x_j))^{\mathrm{T}}K(f(x_i)-f(x_j))\geqslant 0\tag{2.47}$$

定义

$$\begin{aligned}\tilde{\zeta}_{ij}(t)&\triangleq\big[(x_i(t)-x_j(t))^{\mathrm{T}}(\dot{x}_i(t)-\dot{x}_j(t))^{\mathrm{T}}(x_i(t_k)-x_j(t_k))^{\mathrm{T}}\\&\quad\cdot(x_i(t-h)-x_j(t-h))^{\mathrm{T}}(f(x_i(t))-f(x_j(t)))^{\mathrm{T}}\big]^{\mathrm{T}}\\\zeta_{ij}(t)&\triangleq\left[\tilde{\zeta}_{ij}^{\mathrm{T}}(t)(x_{\beta_i}-x_{\beta_j})^{\mathrm{T}}\right]^{\mathrm{T}}\end{aligned}$$

则由式 (2.33)~ 式 (2.47), 可得

$$\dot{V}(x(t))\leqslant\sum_{1\leqslant i<j\leqslant N}\xi_i\xi_j\zeta_{ij}^{\mathrm{T}}(t)\varOmega\zeta_{ij}(t)\tag{2.48}$$

其中

$$\varOmega=\begin{bmatrix}\varOmega_{11} & W_2^{\mathrm{T}}-V_1 & Q-W_1+W_3^{\mathrm{T}}+\alpha\dfrac{l_{ij}}{\xi_j}(P+V_1) & W_4^{\mathrm{T}} & P+V_1 & -\tau(t)W_1\\ * & \varOmega_{22} & -W_2-V_3^{\mathrm{T}}+\alpha\dfrac{l_{ij}}{\xi_j}V_2 & -V_4^{\mathrm{T}} & V_2 & -\tau(t)W_2\\ * & * & -2Q-2W_3+2\alpha\dfrac{l_{ij}}{\xi_j}V_3 & \varOmega_{34} & V_3 & -\tau(t)W_3\\ * & * & * & -Q & V_4 & -\tau(t)W_4\\ * & * & * & * & -K & 0\\ * & * & * & * & * & -\tau(t)R\end{bmatrix}$$

$\varOmega_{11}=-Q+D^{\mathrm{T}}KD+2W_1$
$\varOmega_{22}=h^2Q-2V_2+(h-\tau(t))R$

$$\Omega_{34} = Q - W_4^{\mathrm{T}} + \alpha \frac{l_{ij}}{\xi_j} V_4^{\mathrm{T}}$$

由于

$$\zeta_{ij}^{\mathrm{T}}(t)\Omega\zeta_{ij}(t) = \frac{h-\tau(t)}{h}\tilde{\zeta}_{ij}^{\mathrm{T}}(t)\Omega_1\tilde{\zeta}_{ij}(t) + \frac{\tau(t)}{h}\zeta_{ij}^{\mathrm{T}}(t)\Omega_2\zeta_{ij}(t) \tag{2.49}$$

由式 (2.34) 和式 (2.35) 可得 $\zeta_{ij}^{\mathrm{T}}(t)\Omega\zeta_{ij}(t) < 0$, 继而得到 $\dot{V}(x(t)) \leqslant 0$ 和 $V(x(t)) \leqslant V(x(0))$. 因此, $x^{\mathrm{T}}(t)(U \otimes P)x(t)$ 是有界的, 且

$$\begin{aligned}
&\xi_i\xi_j\lambda_{\min}(P)\left\|x_i(t) - x_j(t)\right\|^2 \\
\leqslant &\sum_{1\leqslant i<j\leqslant N} \xi_i\xi_j(x_i(t) - x_j(t))^{\mathrm{T}}P(x_i(t) - x_j(t)) \\
= &x^{\mathrm{T}}(t)(U\otimes P)x(t) = O(\mathrm{e}^{-\epsilon t})
\end{aligned} \tag{2.50}$$

因此系统 (2.29) 实现一致. □

注 2.3 我们提出了一个时滞依赖的连续时间 Lyapunov 泛函 (2.36), 由连续项 $V_1(x(t))$ 和离散项 $V_2(x(t))$ 构成. 另外, 简便起见, 我们假设 $t_{k+1} - t_k = h$, 其中 $h > 0$ 为常数. 事实上变采样区间情形同样可以处理. 令 $h_1, h_2, \cdots, h_k, \cdots$ 代表变化的采样区间, $\max\limits_{m=1,2,\cdots,k}(h_m) = h$. 我们可以发现 $\tau(t) \leqslant h$ 仍然成立. 因此, 顺延定理 2.4中同样的方法, 一致性条件和最大采样间隔条件都可以获得.

接下来我们考虑网络拓扑 $\mathcal{G}$ 具有有向生成树的情况, 即矩阵 L 是可约的且可以被写成下面的 Frobenius 形式[37]:

$$L = \begin{bmatrix} L_{11} & 0 & \cdots & 0 \\ L_{21} & L_{22} & \cdots & 0 \\ \vdots & \vdots & & \vdots \\ L_{p1} & L_{p2} & \cdots & L_{pp} \end{bmatrix} \tag{2.51}$$

其中, $L_{qq} \in \mathbb{R}^{m_q, m_q}$, $q = 1, 2, \cdots, p$, 是不可约矩阵. 对于每个 q, 存在 $q > k$ 使得 $L_{qk} \neq 0$. 通过引理 2.4, 定义 ξ_1 为 L_{11} 对应于特征根 0 的正交左特征向量. 令 $U_1 = \mathrm{diag}(\xi_{1_1}, \xi_{1_2}, \cdots, \xi_{1_{m_1}}) - \xi_1\xi_1^{\mathrm{T}}$.

定理 2.5 $\mathcal{G}$ 具有有向生成树且假设 2.1成立. 如果存在矩阵 $P > 0$, $Q > 0$, $R > 0$, $P_q > 0$, $Q_q > 0$, $R_q > 0$, W_κ ,V_κ, W_{κ_q}, V_{κ_q} ($\kappa = 1, 2, 3, 4$) 和对角矩阵 $K > 0$, $K_q > 0$, $q = 2, 3, \cdots, p$, 使得对于 $1 \leqslant i < j \leqslant m_1$, 下面的线性矩阵不等

式成立:

$$\begin{bmatrix} \Omega_{11} & W_2^{\mathrm{T}}-V_1 & Q-W_1+W_3^{\mathrm{T}}+\alpha\dfrac{l_{ij}}{\xi_j}(P+V_1) & W_4^{\mathrm{T}} & P+V_1 \\ * & h^2Q-2V_2+hR & -W_2-V_3^{\mathrm{T}}+\alpha\dfrac{l_{ij}}{\xi_j}V_2 & -V_4^{\mathrm{T}} & V_2 \\ * & * & -2Q-2W_3+2\alpha\dfrac{l_{ij}}{\xi_j}V_3 & \Omega_{34} & V_3 \\ * & * & * & -Q & V_4 \\ * & * & * & * & -K \end{bmatrix}<0 \tag{2.52}$$

$$\begin{bmatrix} \Omega_{11} & W_2^{\mathrm{T}}-V_1 & Q-W_1+W_3^{\mathrm{T}}+\alpha\dfrac{l_{ij}}{\xi_j}(P+V_1) & W_4^{\mathrm{T}} & P+V_1 & -hW_1 \\ * & h^2Q-2V_2 & -W_2-V_3^{\mathrm{T}}+\alpha\dfrac{l_{ij}}{\xi_j}V_2 & -V_4^{\mathrm{T}} & V_2 & -hW_2 \\ * & * & -2Q-2W_3+2\alpha\dfrac{l_{ij}}{\xi_j}V_3 & \Omega_{34} & V_3 & -hW_3 \\ * & * & * & -Q & V_4 & -hW_4 \\ * & * & * & * & -K & 0 \\ * & * & * & * & * & -hR \end{bmatrix}<0 \tag{2.53}$$

$$\begin{bmatrix} \Omega_{q1} & W_{2_q}^{\mathrm{T}}-V_{1_q} & \Omega_{q2} & W_{4_q}^{\mathrm{T}} & P_q+V_{1_q} \\ * & h^2Q_q-2V_{2_q}+hR_q & -W_{2_q}-V_{3_q}^{\mathrm{T}}-\alpha V_{2_q}L_{qq} & -V_{4_q}^{\mathrm{T}} & V_{2_q} \\ * & * & -2Q_q-2W_{3_q}-2\alpha V_{3_q}L_{qq} & \Omega_{q3} & V_{3_q} \\ * & * & * & -Q_q & V_{4_q} \\ * & * & * & * & -K_q \end{bmatrix}<0 \tag{2.54}$$

$$\begin{bmatrix} \Omega_{q1} & W_{2_q}^{\mathrm{T}}-V_{1_q} & \Omega_{q2} & W_{4_q}^{\mathrm{T}} & P_q+V_{1_q} & -hW_{1_q} \\ * & h^2Q_q-2V_{2_q} & -W_{2_q}-V_{3_q}^{\mathrm{T}}-\alpha V_{2_q}L_{qq} & -V_{4_q}^{\mathrm{T}} & V_{2_q} & -hW_{2_q} \\ * & * & -2Q_q-2W_{3_q}-2\alpha V_{3_q}L_{qq} & \Omega_{q3} & V_{3_q} & -hW_{3_q} \\ * & * & * & -Q_q & V_{4_q} & -hW_{4_q} \\ * & * & * & * & -K_q & 0 \\ * & * & * & * & * & -hR_q \end{bmatrix}<0 \tag{2.55}$$

其中

$$
\begin{aligned}
\Omega_{11} &= -Q + D^{\mathrm{T}}KD + 2W_1 \\
\Omega_{34} &= Q - W_4^{\mathrm{T}} + \alpha\frac{l_{ij}}{\xi_j}V_4^{\mathrm{T}} \\
\Omega_{q1} &= -Q_q + D^{\mathrm{T}}K_qD + 2W_{1_q} \\
\Omega_{q2} &= Q_q - W_{1_q} + W_{3_q}^{\mathrm{T}} - \alpha(P_q + V_{1_q})L_{qq} \\
\Omega_{q3} &= Q_q - W_{4_q}^{\mathrm{T}} - \alpha V_{4_q}L_{qq}
\end{aligned}
$$

则多智能体系统 (2.29) 能够实现一致.

证明 注意到式 (2.29) 可以被解耦为 p 个耦合系统, 即 $\mathcal{S}_1 = \{1, 2, \cdots, m_1\}$, $\mathcal{S}_q = \left\{\sum_{v=1}^{q-1} m_v + 1, \sum_{v=1}^{q-1} m_v + 2, \cdots, \sum_{v=1}^{q} m_v\right\}$, $q = 2, 3, \cdots, p$. 因为 L_{11} 为不可约矩阵, 属于 $\mathcal{S}_1$ 的智能体是强连通成分, 因此可以通过定理 2.4以及式 (2.52) 和式 (2.53) 实现一致. 假设子系统 $\mathcal{S}_h(h = 2, 3, \cdots, q-1)$ 实现一致性状态:

$$
\dot{x}^*(t) = f(x^*(t)) + O(\mathrm{e}^{-\epsilon t}) \tag{2.56}
$$

对于 $i \in \mathcal{S}_q$, 有

$$
\begin{aligned}
\dot{x}_i(t) &= f(x_i(t)) - \alpha \sum_{r\in\mathcal{S}_h, h<q} l_{ir}x_r(t_k) - \alpha \sum_{j\in\mathcal{S}_q} l_{ij}x_j(t_k) + O(\mathrm{e}^{-\epsilon t}) \\
&= f(x_i(t)) - \alpha \sum_{r\in\mathcal{S}_h, h<q} l_{ir}x^*(t_k) - \alpha \sum_{j\in\mathcal{S}_q} l_{ij}x_j(t_k) + O(\mathrm{e}^{-\epsilon t}) \\
&= f(x_i(t)) + \alpha \sum_{j\in\mathcal{S}_q} l_{ij}x^*(t_k) - \alpha \sum_{j\in\mathcal{S}_q} l_{ij}x_j(t_k) + O(\mathrm{e}^{-\epsilon t}) \\
&= f(x_i(t)) - \alpha \sum_{j\in\mathcal{S}_q} l_{ij}(x_j(t_k) - x^*(t_k)) + O(\mathrm{e}^{-\epsilon t}), \quad t \in [t_k, t_{k+1})
\end{aligned} \tag{2.57}
$$

令

$$
\begin{aligned}
\tilde{x}_i(t) &= x_i(t) - x^*(t) \\
\tilde{x}_i(t_k) &= x_i(t_k) - x^*(t_k) \\
g(\tilde{x}_i(t)) &= f(x_i(t)) - f(x^*(t))
\end{aligned}
$$

和

$$
\begin{aligned}
\tilde{x}(t) &= (\tilde{x}_i^{\mathrm{T}}(t))^{\mathrm{T}} \in \mathbb{R}^{m_q n\times n} \\
\tilde{x}(t_k) &= (\tilde{x}_i^{\mathrm{T}}(t_k))^{\mathrm{T}} \in \mathbb{R}^{m_q n\times n} \\
g(\tilde{x}(t)) &= (g^{\mathrm{T}}(\tilde{x}_i(t))^{\mathrm{T}} \in \mathbb{R}^{m_q n\times n}, \quad i \in \mathcal{S}_q
\end{aligned}
$$

有

$$\dot{\tilde{x}}(t) = g(\tilde{x}(t)) - \alpha(L_{qq} \otimes I_n)\tilde{x}(t_k) + O(\mathrm{e}^{-\epsilon t}), \quad t \in [t_k, t_{k+1}) \tag{2.58}$$

为子系统 $\mathcal{S}_q$ 设计以下 V 函数:

$$\begin{aligned} V_q(\tilde{x}(t)) = &\ \tilde{x}^{\mathrm{T}}(t)(P_q \otimes I_n)\tilde{x}(t) + h\int_{-h}^{0}\int_{t+\theta}^{\mathrm{T}} \dot{\tilde{x}}(s)(Q_q \otimes I_n)\dot{\tilde{x}}(s)\mathrm{d}s\mathrm{d}\theta \\ &+ (h-\tau(t))\int_{t_k}^{\mathrm{T}} \dot{\tilde{x}}(s)(R_q \otimes I_n)\dot{\tilde{x}}(s)\mathrm{d}s \end{aligned} \tag{2.59}$$

由式 (2.54) 和式 (2.55) 并顺延定理 2.4的证明过程, 我们可以知道第 q 个误差系统 (2.58) 可以实现一致. 由数学归纳法, 可知子系统 $\mathcal{S}_{q+1}, \mathcal{S}_{q+2}, \cdots, \mathcal{S}_p$ 可以实现一致. □

接下来, 考虑系统具有线性动态的特殊情形, 即 $f(x_i(t)) = Ax_i(t)$. 简便起见, 考虑 $A \in \mathbb{R}$, 则多智能体系统 (2.29) 可以改写为

$$\dot{x}_i(t) = Ax_i(t) - \alpha\sum_{j=1}^{N} l_{ij}x_j(t_k), \quad t \in [t_k, t_{k+1}), \quad i = 1, 2, \cdots N \tag{2.60}$$

在本节前面的工作中, 利用 Lyapunov 函数方法和输入时滞方法, 具有非线性动态和采样数据的多智能体系统的一致性充分条件得以获得. 显然线性动态的系统可以顺延同样的方法研究. 尽管如此, 我们接下来通过直接研究混合微分方程获得系统达到一致性的充分必要条件.

令 $x(t) = (x_1^{\mathrm{T}}(t), x_2^{\mathrm{T}}(t), \cdots, x_N^{\mathrm{T}}(t))^{\mathrm{T}}$, 则系统 (2.60) 可以改写为

$$\dot{x}(t) = (I_N \otimes A)x(t) - \alpha(L \otimes I_n)x(t_k), \quad t \in [t_k, t_{k+1}) \tag{2.61}$$

引理 2.6 [29] 网络拓扑 $\mathcal{G}$ 具有有向生成树. 则多智能体系统 (2.61) 实现一致当且仅当下面的系统渐近稳定:

$$\dot{\eta}_i(t) = A\eta_i(t) - \alpha\lambda_i\eta_i(t_k), \quad t \in [t_k, t_{k+1}), \quad i = 2, \cdots, N \tag{2.62}$$

其中, $\lambda_i(i = 2, \cdots, N)$ 是拉普拉斯矩阵 L 的非零特征值.

定理 2.6 网络拓扑 $\mathcal{G}$ 具有有向生成树. 则多智能体系统 (2.61) 实现一致当且仅当

$$\begin{cases} \left|\mathrm{e}^{Ah}\left(1 - \dfrac{\alpha\lambda_i}{A}\right) + \dfrac{\alpha\lambda_i}{A}\right| < 1, & A \neq 0, \quad i = 2, \cdots, N \\ |1 - \alpha\lambda_i h| < 1, & A = 0, \quad i = 2, \cdots, N \end{cases} \tag{2.63}$$

其中, $h = t_{k+1} - t_k$.

证明 首先假设 $A \neq 0$, 则

$$\left(\eta_i(t)\mathrm{e}^{-At}\right)' = -\mathrm{e}^{-At}\alpha\lambda_i\eta_i(t_k), \quad t \in [t_k, t_{k+1}), \quad i = 2, \cdots, N \tag{2.64}$$

沿式 (2.64) 两边从 t_k 到 t 求积分, 可得

$$\eta_i(t) = \left(\mathrm{e}^{A(t-t_k)}\left(1 - \frac{\alpha\lambda_i}{A}\right) + \frac{\alpha\lambda_i}{A}\right)\eta_i(t_k), \quad t \in [t_k, t_{k+1}), \quad i = 2, \cdots, N \tag{2.65}$$

令 $\sigma(t) \triangleq \mathrm{e}^{At}\left(1 - \frac{\alpha\lambda_i}{A}\right) + \frac{\alpha\lambda_i}{A}$, 则有

$$\eta_i(t) = \sigma(t - t_k)\sigma^k(h)\eta_i(t_0), \quad t \in [t_k, t_{k+1}), \quad i = 2, \cdots, N \tag{2.66}$$

因为当 $t \in [t_k, t_{k+1})$ 时, $\sigma(t-t_k)$ 是有界的, 可得 $\lim\limits_{t\to\infty} \eta_i(t) = 0$ 当且仅当 $|\sigma(h)| < 1$, 并且可由式 (2.63) 得以保证.

如果 $A = 0$, 则有

$$\dot{\eta}_i(t) = -\alpha\lambda_i\eta_i(t_k), \quad t \in [t_k, t_{k+1}), \quad i = 2, \cdots, N \tag{2.67}$$

可得

$$\begin{aligned}\eta_i(t) &= (1 - \alpha\lambda_i(t - t_k))\,\eta_i(t_k) \\ &= (1 - \alpha\lambda_i(t - t_k))\,(1 - \alpha\lambda_i h)^k\,\eta_i(t_0), \quad t \in [t_k, t_{k+1}), \quad i = 2, \cdots, N\end{aligned} \tag{2.68}$$

因此 $\lim\limits_{t\to\infty} \eta_i(t) = 0$ 当且仅当 $|1 - \alpha\lambda_i h| < 1$ 成立. □

2.4 数值算例

例 2.1 考虑二阶多智能体系统 (2.3), 其拓扑结构见图 2.1, 拉普拉斯矩阵的特征值为 $0, 1, 1.5 + 0.866\mathrm{i}, 1.5 - 0.866\mathrm{i}$. 令 $h = 0.1$, $\alpha = 2.5$, $\beta = 2$, 运用定理 2.2, 可得系统达到一致. 若令 $h = 0.2$, $\alpha = 2.5$, $\beta = 2$, 则系统仍然可以达到一致. 然而, 当 $h = 0.5$, $\alpha = 2.5$, $\beta = 2$ 时, 系统无法达到一致. 此外, 如果令 $h = 0.1$ 固定, 则若 $\alpha = 5$, $\beta = 6$, 系统无法一致. 相应的智能体位置和速度的变化见图 2.2~ 图 2.9. 在仿真模拟中, 初始条件设为 $x(0) = (1, -2.5, 1.8, -0.5)^{\mathrm{T}}$, $v(0) = (2, 0.5, 0.8, 1)^{\mathrm{T}}$.

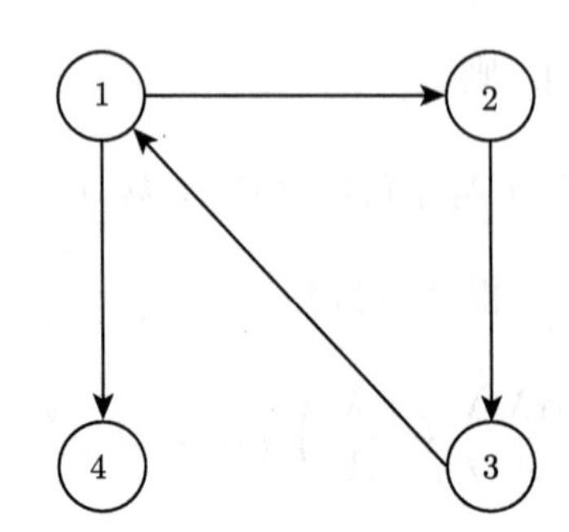

图 2.1　系统 (2.3) 拓扑结构

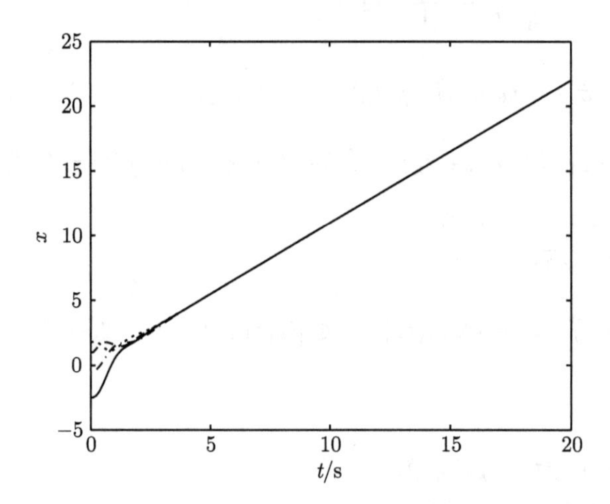

图 2.2　$h = 0.1, \alpha = 2.5, \beta = 2$ 时智能体的位置变化

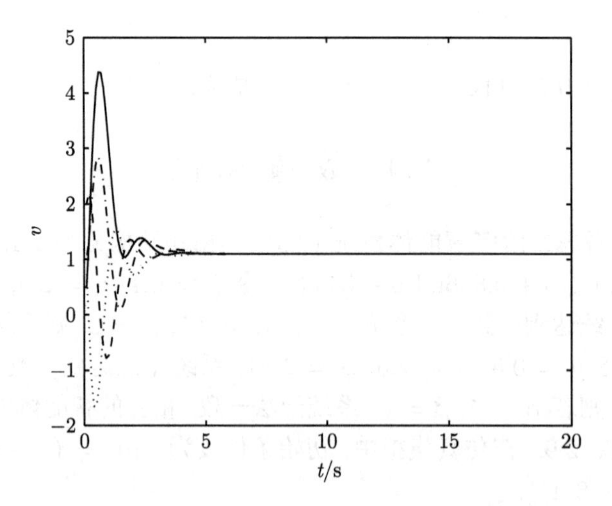

图 2.3　$h = 0.1, \alpha = 2.5, \beta = 2$ 时智能体的速度变化

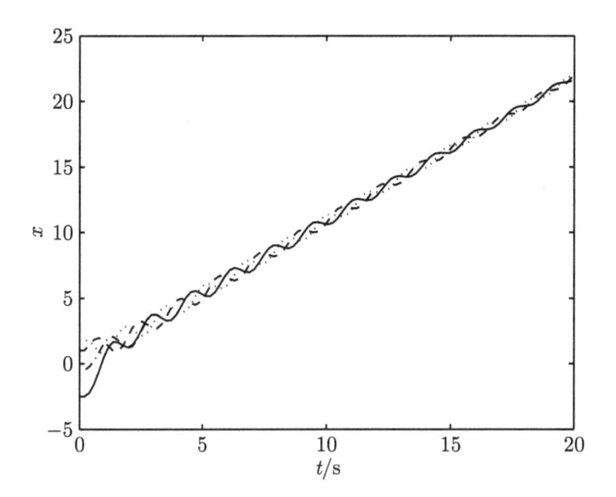

图 2.4　$h=0.2, \alpha=2.5, \beta=2$ 时智能体的位置变化

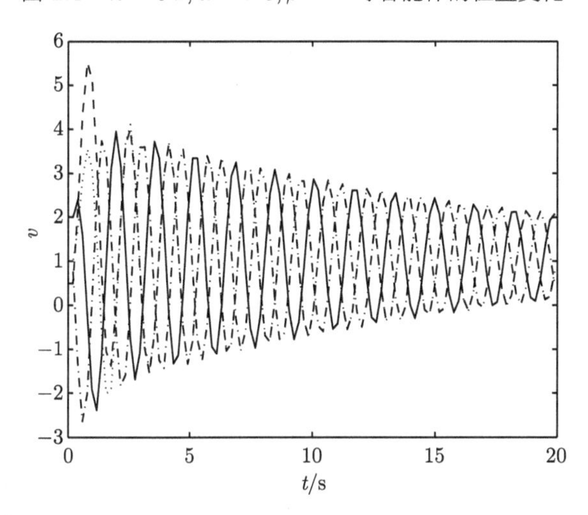

图 2.5　$h=0.2, \alpha=2.5, \beta=2$ 时智能体的速度变化

例 2.2　考虑多智能体系统 (2.15), 其拓扑结构见图 2.10. 拉普拉斯矩阵的特征值为 $0, 1+\mathrm{i}, 1-\mathrm{i}, 2$. 令 $\alpha=3$, $\beta=2$, 则定理 2.3 中的条件 $\dfrac{\beta^2}{\alpha} > \dfrac{\ell^2((\mu_i)}{\mathscr{R}(\mu_i)\left|\mu_i\right|^2}$ $(i=2,3,4)$ 得以满足. 当 $h=0.2$ 时, 由式 (2.21) 和式 (2.22) 易知系统可以达到一致; 而当 $h=0.3$ 时, 系统无法达到一致. 可以求出系统达到一致的采样间隔的最大值为 0.26. 智能体位置和速度的变化如图 2.11～ 图 2.14 所示. 在仿真模拟中, 初始条件设为 $x(0)=(2,-1,1.5,-1.8)^{\mathrm{T}}$, $v(0)=(1.8,2,1.2,1.5)^{\mathrm{T}}$.

例 2.3　考虑多智能体系统 (2.29), 其拓扑结构见图 2.15. 假设 $h=0.4$, $\alpha=0.5$. 令 $f(x_i(t))=[0.5\cos(x_{i1}(t))\ 0.5\sin(x_{i2}(t))]^{\mathrm{T}}$, 其中 $x_i(t)=(x_{i1}(t), x_{i2}(t))^{\mathrm{T}}$,

$i=1,2,3$. 由定理 2.4, 我们可以通过 MATLAB LMI 工具箱求解 LMI 式 (2.34) 和式 (2.35) 获得可行解, 因此多智能体系统可以实现一致. 并且最大允许采样间隔 $h_{\max}$ 可以计算为 0.66. 对于 $h=0.4$ 和 $h=0.6$, 图 2.16～ 图 2.19 给出了智能体位置状态图. 可以看出, 当 $h=0.4$, $\alpha=0.5$ 和 $h=0.6$, $\alpha=0.5$ 时, 系统达到一致. 在仿真中, 初始条件设为 $x_1(0)=(2.5,2)^{\mathrm{T}}$, $x_2(0)=(1,0.5)^{\mathrm{T}}$, $x_3(0)=(-3.5,-3)^{\mathrm{T}}$.

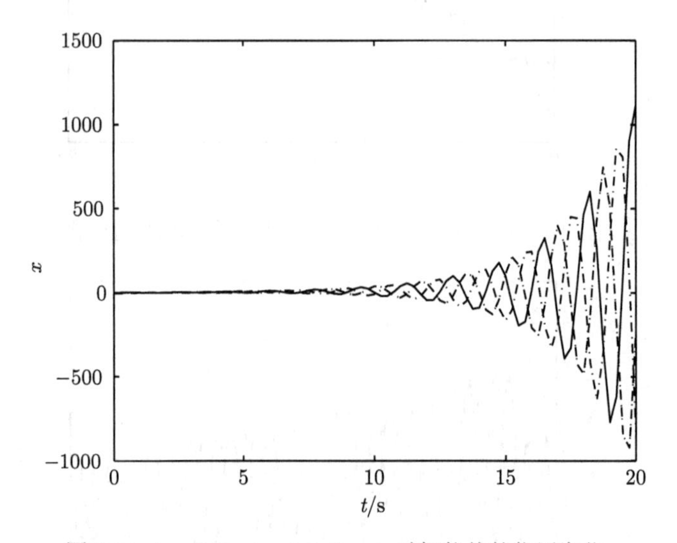

图 2.6　$h=0.5,\alpha=2.5,\beta=2$ 时智能体的位置变化

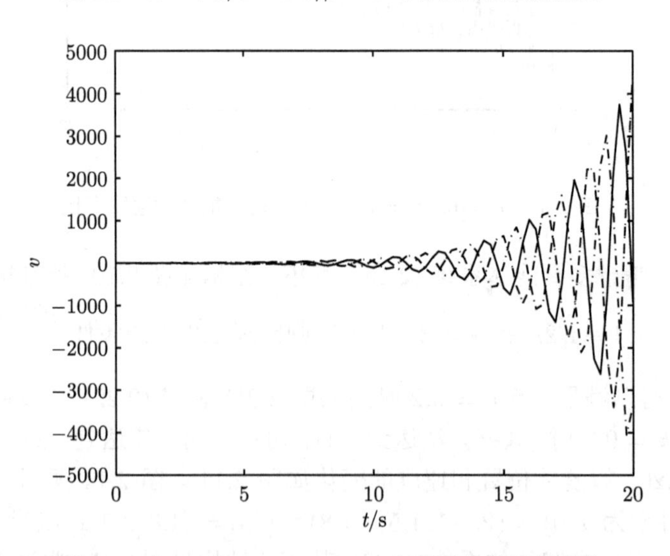

图 2.7　$h=0.5,\alpha=2.5,\beta=2$ 时智能体的速度变化

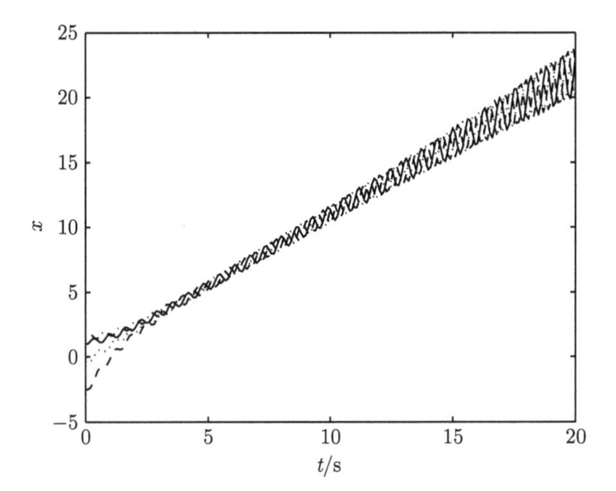

图 2.8 $h = 0.1, \alpha = 5, \beta = 6$ 时智能体的位置变化

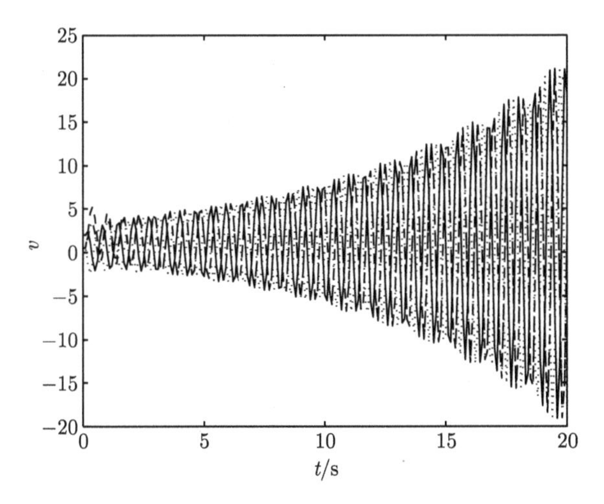

图 2.9 $h = 0.1, \alpha = 5, \beta = 6$ 时智能体的速度变化

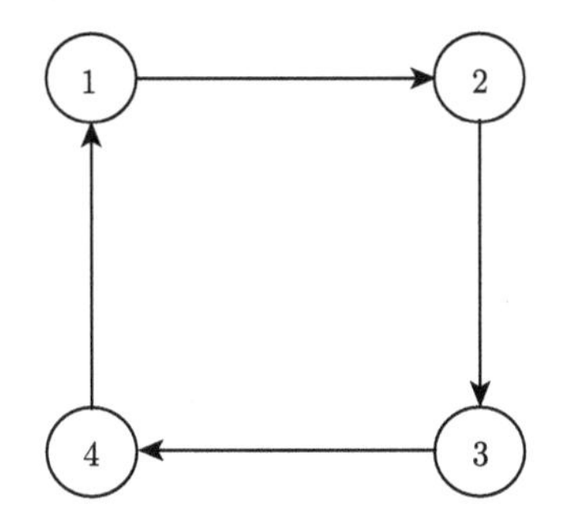

图 2.10 系统 (2.15) 拓扑结构

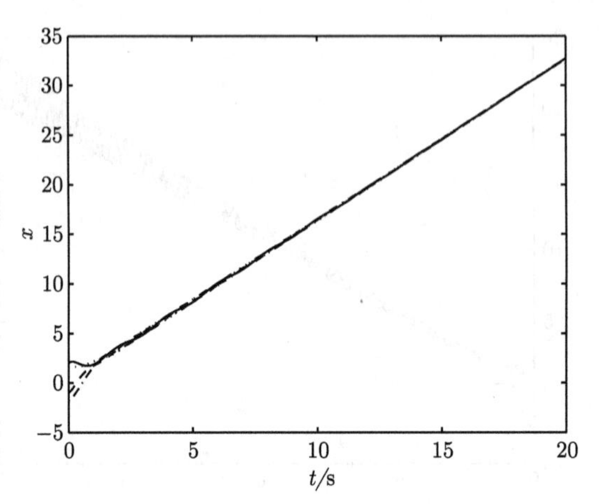

图 2.11　$h = 0.2, \alpha = 3, \beta = 2$ 时智能体的位置变化

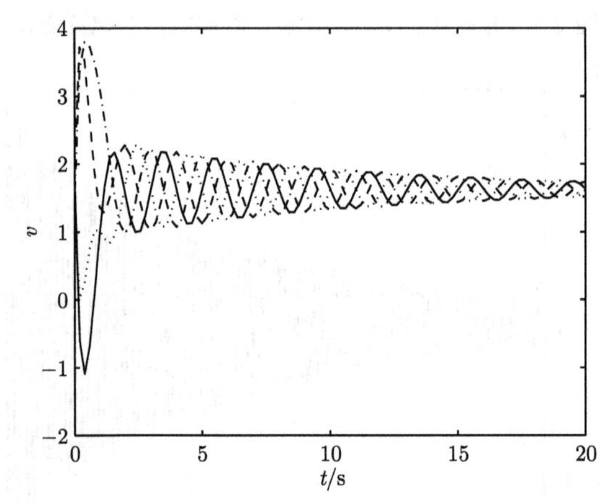

图 2.12　$h = 0.2, \alpha = 3, \beta = 2$ 时智能体的速度变化

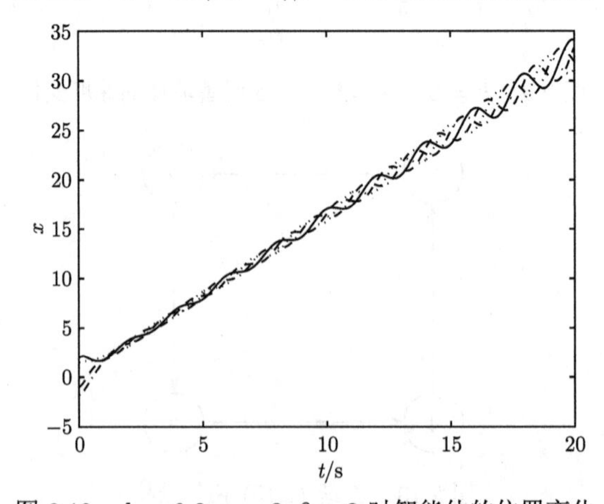

图 2.13　$h = 0.3, \alpha = 3, \beta = 2$ 时智能体的位置变化

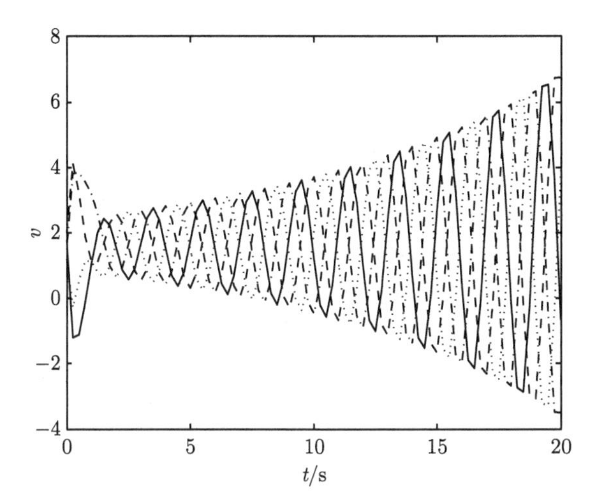

图 2.14 $h = 0.3, \alpha = 3, \beta = 2$ 时智能体的速度变化

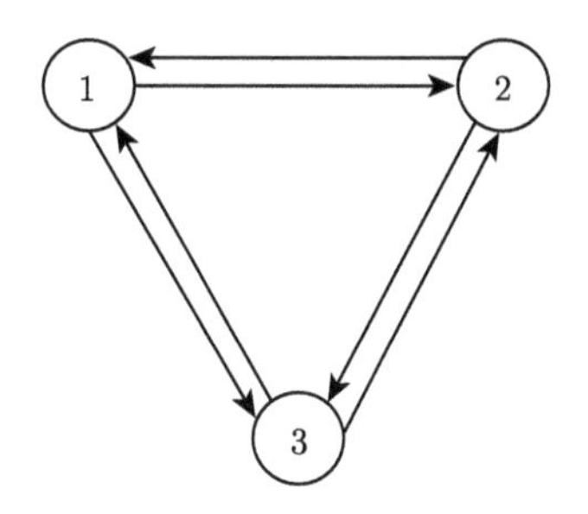

图 2.15 强连通的拓扑结构

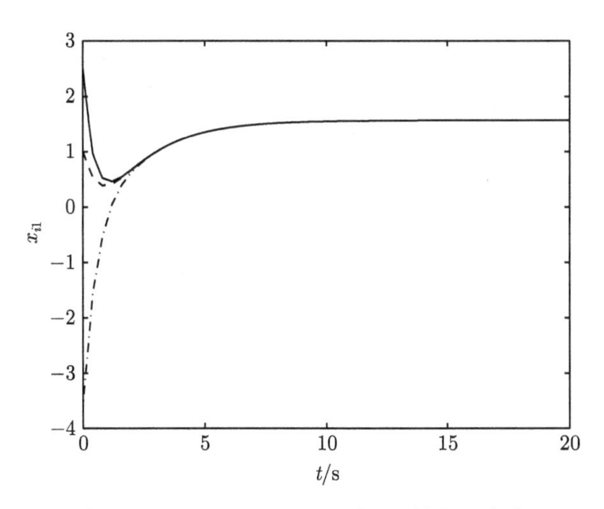

图 2.16 $h = 0.4, \alpha = 0.5$ 时 x_{i1} 的位置变化

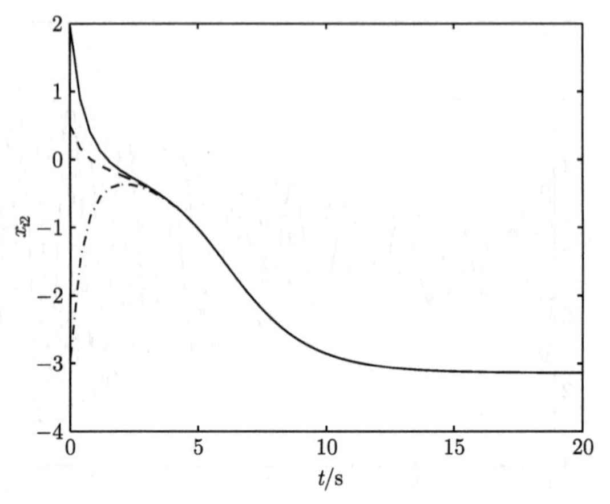

图 2.17　$h=0.4,\alpha=0.5$ 时 x_{i2} 的位置变化

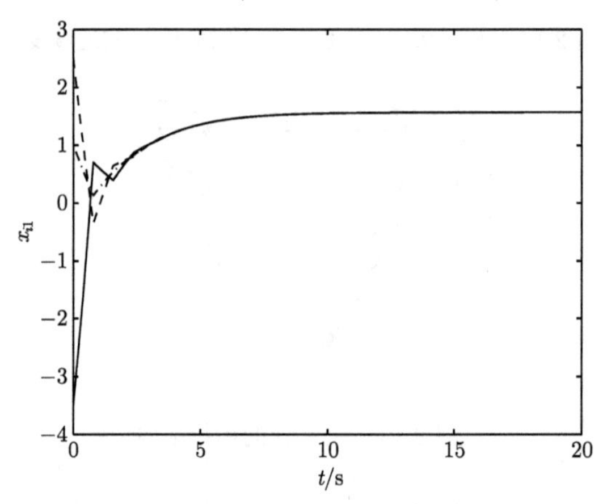

图 2.18　$h=0.6,\alpha=0.5$ 时 x_{i1} 的位置变化

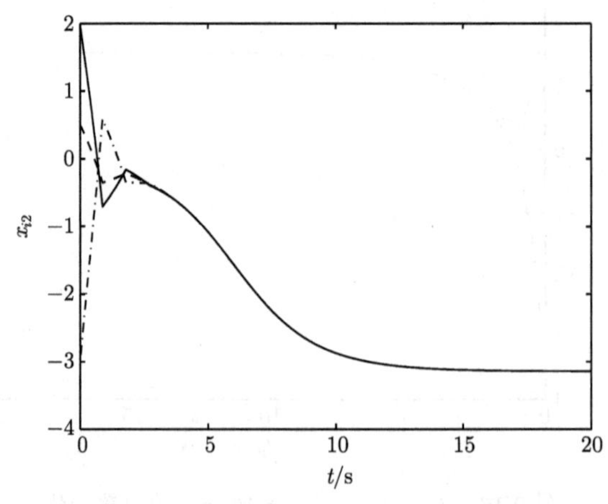

图 2.19　$h=0.6,\alpha=0.5$ 时 x_{i2} 的位置变化

2.5 小　结

本章研究了具有采样数据的二阶多智能体一致性问题. 首先, 设计出了仅仅依赖于智能体在采样点上与邻居的位置差值的分布式一致性协议, 获得了系统的一致性状态并得到了系统达到一致的充分必要条件. 并且可知, 系统的一致性条件依赖于采样间隔、拉普拉斯特征值及耦合强度. 继而, 当智能体在采样点上与邻居的位置差值和速度差值均可以获得的情况下, 利用输入时滞方法得到了使系统达到一致的充分性判据. 提供的数值算例验证了设计方法的有效性.

第 3 章　具有时滞的多智能体系统分布式一致

3.1　引　　言

时滞现象不可避免地存在于生物、化工等工程领域中, 并给系统的性能带来影响. 对于多智能体系统, 通常存在两种时滞: 一种是输入时滞; 另一种是通信时滞. 输入时滞是由各个智能体本身的数据包的接收和发送造成的, 而网络连通的各个智能体之间的信息传输则引起了通信时滞[38]. 对于具有时滞的多智能体系统一致性问题, 近年来涌现出大量的研究成果[39-47], 其中的分析方法分为时域法和频域法. 时域法是基于 L-K 泛函的分析方法, 该方法使用方便, 并且得到的一致性判据往往可以用矩阵不等式形式表达. 但是这一方法只能得到系统实现一致的充分条件, 无法得到时滞的精确最大上界, 虽然构建更为复杂的 L-K 泛函可以获得保守性更小的一致性条件, 但通常情况下, 无法得到本质上的反映系统根本属性的结果. 相比时域法, 频域法能更好地解决这一问题. 频域法的核心思想是分析系统极点在复平面上的分布, 但是时滞系统的特征方程是超越方程, 具有无穷多个解, 并且很难获取超越方程解析解的数学表达式, 因此利用频域法分析多智能体一致性问题具有较大的难度.

文献 [44] 首次利用 Nyquist 判据获得了无向连通图连接的具有输入时滞的一阶积分器形式多智能体系统的一致性的充分必要条件. 对于具有不稳定模态的一阶系统, 文献 [46] 获得了系统保持一致的最大时滞上界. 基于频域分析方法, 文献 [47] 研究了具有输入时滞和对称拓扑图的二阶多智能体系统的一致性. 对于具有有向生成树结构的二阶多智能体系统, 输入时滞对一致性的影响在文献 [48] 中被深入地分析, 并提出了系统维持一致的依赖于最大时滞上界的充分必要条件, 如果输入时滞超过了这一临界值, 则系统无法再维持一致. 对于同时考虑输入时滞和通信时滞的情况, 多智能体一致性分析的结果较少. 利用广义 Nyquist 判据, 文献 [42] 、[43] 分别获得了具有相同智能体动态和不同智能体动态的系统的一致性条件. 在文献 [41] 中, Lyapunov 定理和 Nyquist 判据被联合运用从而得到一致性条件. 对于一阶智能体系统, 文献 [38] 发现了一致性条件仅依赖于输入时滞, 而和通信时滞无关.

综合现有的具有输入时滞和通信时滞的多智能体系统的一致性研究, 存在以下需要解决的问题：① 对于仅有输入时滞的情形, 现有文献大多集中在求解使得系统实现一致的最大时滞上界, 是从 "负面" 的角度对时滞进行分析的. 但是, 是否时滞的增加对于系统一致性总是起到这种负面作用呢? 随着时滞的增加, 系统是否会从一致状态变为不一致状态, 继而再次回到一致状态呢? ② 进一步地, 现有文献均是假设依靠所设计的控制协议闭环系统在时滞为 0 时可以实现一致, 若系统在无时滞时不能一致, 随着时滞的增加, 系统是否可以达到一致? ③ 对于同时具有输入时滞和通信时滞的情形, 没有结果能够对输入时滞和通信时滞的一致性边界进行刻画. 由于输入时滞和通信时滞是相互不依赖的独立时滞, 因此从二维的角度分析边界曲线的几何特性更有意义.

本章首先考虑仅存在输入时滞的二阶积分器形式的多智能体系统的一致性问题. 不同于文献 [48] 中的一致性协议, 本章提出了一类新颖的 PI 形式的一致性协议. 为了分析闭环系统的特征根, 利用 D-参数化思想分析虚根出现时穿越虚轴的方向. 与文献 [48] 中穿越方向总是正的这一情况不同的是, 我们提出了一个判断穿越方向为正的充分条件. 若这一条件满足, 则可以获得系统实现一致的充分必要的参数化条件, 并且可以获得系统维持一致的最大时滞上界. 若这一条件不满足, 则随着时滞的增加, 系统的状态可能从不一致状态回到一致状态. 即在这种情况下, 系统的时滞对一致性的影响并非是负面的作用. 本章随后考虑了仅利用系统相邻智能体当前位置差和滞后位置差的分布式控制协议实现闭环系统的一致性分析. 首先证明了在所提出的协议下, 当时滞为 0 时系统无法一致. 随后, 揭示了对于每个非零特征根, 两个不同的穿越频率对应的滞后系统的根穿越虚轴的方向是相反的这一事实, 为判断系统的虚根在什么时候从左往右或是从右往左穿越虚轴起到关键作用. 通过确定左穿时滞和右穿时滞, 获得闭环系统右半平面的根的数量的变化情况, 从而得到系统的一致性条件和确保一致性的时滞区间. 本章最后考虑了同时存在输入时滞和通信时滞的情形. 我们给出了系统一致性穿越曲线的几何描述, 这些曲线将时滞空间分为多个一致区域和不一致区域, 输入时滞和通信时滞在一致区域中取值, 系统即可保持一致.

3.2 具有时滞的二阶多智能体系统的一致性研究

3.2.1 基于位置和速度信息控制协议的一致性分析

为二阶多智能体系统 (1.3) 设计如下分布式 PI 控制协议:

$$u_i = -\sum_{j\in\mathcal{N}_i}^{N} a_{ij}\left(\beta(x_i - x_j) + \alpha\int_0^{\mathrm{T}}(x_i(\sigma) - x_j(\sigma))\mathrm{d}\sigma + \gamma(v_i - v_j)\right) \tag{3.1}$$

其中, $\alpha > 0$, $\beta > 0$, $\gamma > 0$ 是待确定的耦合系数. 令 $z_i = \int_0^{\mathrm{T}} x_i(\sigma)\mathrm{d}\sigma$ 且 $z_i(0) = 0_n$, $z = [z_1^{\mathrm{T}}\ z_2^{\mathrm{T}}\ \cdots\ z_N^{\mathrm{T}}]^{\mathrm{T}}$, $x = [x_1^{\mathrm{T}}\ x_2^{\mathrm{T}}\ \cdots\ x_N^{\mathrm{T}}]^{\mathrm{T}}$, $v = [v_1^{\mathrm{T}}\ v_2^{\mathrm{T}}\ \cdots\ v_N^{\mathrm{T}}]^{\mathrm{T}}$, $y =$

$[z^{\mathrm{T}}\ x^{\mathrm{T}}\ v^{\mathrm{T}}]^{\mathrm{T}}$. 根据协议 (3.1), 系统 (1.3) 可以改写为 $\dot{y} = (L_1 \otimes I_n)y$, 其中

$$L_1 = \begin{bmatrix} 0 & I & 0 \\ 0 & 0 & I \\ -\alpha L & -\beta L & -\gamma L \end{bmatrix}$$

令 s 为矩阵 L_1 的一个特征值, $\mu_i\ (i=1,2,\cdots,N)$ 是矩阵 L 的特征值. 简便起见, 对 μ_i 重新排列使得 $\mathscr{R}(\mu_i) > 0\ (i=1,2,\cdots,N-1)$ 并且 $\mu_N = 0$. 可得

$$\begin{aligned} & \det(sI_{3N} - L_1) \\ = & \det(s^3 I_N + \gamma L s^2 + \beta L s + \alpha L) \\ = & \prod_{i=1}^{N}(s^3 + \gamma s^2 \mu_i + \beta s \mu_i + \alpha \mu_i) \\ = & 0 \end{aligned}$$

假设 3.1　图 $\mathcal{G}$ 包含有向生成树.

定理 3.1　系统 (1.3) 在控制协议 (3.1) 下达到一致当且仅当矩阵 L_1 具有一个代数重数为 3 的 0 特征根, 并且其他的特征根都具有负实部.

证明　(充分性) 注意到 0 是矩阵 L_1 的具有代数重数 3、几何重数 1 的特征值, 因此 L_1 可以表示为

$$\begin{aligned} L_1 = & PJP^{-1} \\ = & \begin{bmatrix} \varepsilon_1 & \varepsilon_2 & \cdots & \varepsilon_{3N-2} & \varepsilon_{3N-1} & \varepsilon_{3N} \end{bmatrix} \\ & \times \begin{bmatrix} \widetilde{J} & 0_{(3N-3)\times 1} & 0_{(3N-3)\times 1} & 0_{(3N-3)\times 1} \\ 0_{1\times(3N-3)} & 0 & 1 & 0 \\ 0_{1\times(3N-3)} & 0 & 0 & 1 \\ 0_{1\times(3N-3)} & 0 & 0 & 0 \end{bmatrix} \begin{bmatrix} \delta_1^{\mathrm{T}} \\ \delta_2^{\mathrm{T}} \\ \vdots \\ \delta_{3N-2}^{\mathrm{T}} \\ \delta_{3N-1}^{\mathrm{T}} \\ \delta_{3N}^{\mathrm{T}} \end{bmatrix} \end{aligned}$$

其中, P 是非奇异矩阵; J 是 L_1 的约当形式; ε_i 和 $\delta_i\ (i=1,2,\cdots,3N)$ 是 L_1 的右、左特征向量或增广特征向量. 我们有 $\lim\limits_{t\to\infty} \mathrm{e}^{\tilde{J}t} = 0$.

由 $L_1 P = PJ$, 可以得到 L_1 的关于特征值 0 的一个右特征向量 $\varepsilon_{3N-2} = [1_N^{\mathrm{T}}\ 0_N^{\mathrm{T}}\ 0_N^{\mathrm{T}}]^{\mathrm{T}}$ 和两个广义右特征向量 $\varepsilon_{3N-1} = [0_N^{\mathrm{T}}\ 1_N^{\mathrm{T}}, 0_N^{\mathrm{T}}]^{\mathrm{T}}$, $\varepsilon_{3N} = [0_N^{\mathrm{T}}\ 0_N^{\mathrm{T}}\ 1_N^{\mathrm{T}}]^{\mathrm{T}}$.

由 $P^{-1}L_1 = JP^{-1}$, 可以得到 L_1 的关于特征值 0 的两个广义左特征向量 $\delta_{3N-2} = [p^{\mathrm{T}}\ 0_N^{\mathrm{T}}\ 0_N^{\mathrm{T}}]^{\mathrm{T}}$, $\delta_{3N-1} = [0_N^{\mathrm{T}}\ p^{\mathrm{T}}\ 0_N^{\mathrm{T}}]^{\mathrm{T}}$ 和一个左特征向量 $\delta_{3N} = [0_N^{\mathrm{T}}\ 0_N^{\mathrm{T}}$

$p^{\mathrm{T}}]^{\mathrm{T}}$. 这里的 $p=[p_1 \ \cdots \ p_N]^{\mathrm{T}} \in \mathbb{R}^N$ 是 L 对应于特征值 0 的唯一非负左特征向量, 满足 $p^{\mathrm{T}}L=0_N^{\mathrm{T}}$, $p^{\mathrm{T}}1_N=1$.

因此, 可以得到

$$
\begin{aligned}
&\mathrm{e}^{L_1 t}\\
=&P\begin{bmatrix} \mathrm{e}^{\tilde{J}t} & 0_{(3N-3)\times 1} & 0_{(3N-3)\times 1} & 0_{(3N-3)\times 1} \\ 0_{1\times(3N-3)} & 1 & t & \dfrac{t^2}{2} \\ 0_{1\times(3N-3)} & 0 & 1 & t \\ 0_{1\times(3N-3)} & 0 & 0 & 1 \end{bmatrix} P^{-1}
\end{aligned}
$$

则

$$
\begin{aligned}
&\lim_{t\to\infty} \mathrm{e}^{L_1 t}\\
=&\lim_{t\to\infty}\begin{bmatrix} 1_N p^{\mathrm{T}} & t1_N p^{\mathrm{T}} & \dfrac{t^2}{2}1_N p^{\mathrm{T}} \\ 0_{N\times N} & 1_N p^{\mathrm{T}} & t1_N p^{\mathrm{T}} \\ 0_{N\times N} & 0_{N\times N} & 1_N p^{\mathrm{T}} \end{bmatrix}
\end{aligned} \tag{3.2}
$$

因此, $\lim\limits_{t\to\infty} x_i(t)=p^{\mathrm{T}}x(0)+tp^{\mathrm{T}}v(0)$ 和 $\lim\limits_{t\to\infty} v_i(t)=p^{\mathrm{T}}v(0)$ 成立.

(必要性) 由文献 [48]、[49] 可以获得. □

根据假设 3.1, 系统 (1.3) 在控制协议 (3.1) 下达到一致当且仅当方程 $s^3+\gamma s^2\mu_i+\beta s\mu_i+\alpha\mu_i=0$ $(i=1,2,\cdots,N-1)$ 的根位于左半平面. 基于复数域的劳斯判据[50], 我们提出以下引理来检测 α、β 和 γ 是否满足此条件.

引理 3.1 在假设 3.1 的条件下, 系统 (1.3) 和控制协议 (3.1) 构成的闭环系统实现一致的充分必要条件是对于 $i=1,2,\cdots,N-1$, 以下不等式成立:

$$
\beta\gamma^2\mathscr{R}(\mu_i)|\mu_i|^2-\alpha\gamma\mathscr{R}^2(\mu_i)-\beta^2\mathscr{I}^2(\mu_i)\triangleq\varrho>0
$$

$$
\varrho\left(\alpha\beta\gamma\mathscr{R}(\mu_i)|\mu_i|^2-\alpha^2\mathscr{R}^2(\mu_i)\right)-\alpha^2\beta^2\mathscr{R}^2(\mu_i)\mathscr{I}^2(\mu_i)>0
$$

现在, 设计如下具有时滞的分布式 PI 控制器:

$$
\begin{aligned}
u_i=&-\sum_{j\in\mathcal{N}_i}^{N} a_{ij}\Big(\beta(x_i(t-\tau)-x_j(t-\tau))+\alpha\int_{-\tau}^{t-\tau}(x_i(\sigma)-x_j(\sigma))\mathrm{d}\sigma\\
&+\gamma(v_i(t-\tau)-v_j(t-\tau))\Big)
\end{aligned} \tag{3.3}
$$

令 $z_i(t-\tau)=\displaystyle\int_{-\tau}^{t-\tau}x_i(\sigma)\mathrm{d}\sigma$ 具有零初始条件. 由式 (1.3) 和式 (3.3) 构成的闭环系统可以写成

$$
\dot{y}=(L_2\otimes I_n)y+(L_3\otimes I_n)y(t-\tau) \tag{3.4}
$$

其中

$$L_2 = \begin{bmatrix} 0 & I & 0 \\ 0 & 0 & I \\ 0 & 0 & 0 \end{bmatrix}, \quad L_3 = \begin{bmatrix} 0 & 0 & 0 \\ 0 & 0 & 0 \\ -\alpha L & -\beta L & -\gamma L \end{bmatrix}$$

其特征根满足以下方程:

$$p_\tau(s) = \det(sI_{3N} - L_2 - \mathrm{e}^{-s\tau} L_3) = \prod_{i=1}^{N} g_i(s) = 0 \tag{3.5}$$

其中

$$g_i(s) = s^3 + (\gamma s^2 + \beta s + \alpha)\mathrm{e}^{-s\tau}\mu_i$$

引理 3.2[51]　当时滞 τ 连续增加, 类特征多项式 $p_\tau(s)$ 的根位于或者穿越虚轴时, 其位于右半平面的根的数量（包括重根）才会发生改变.

令集合 Ω 包含所有的 $\omega_i > 0$ 使得对于某个时滞 $\tau > 0$ 有 $p_\tau(\mathrm{j}\omega_i) = \prod_{i=1}^{N} g_i(\mathrm{j}\omega_i) = 0$. 将 Ω 称为穿越频率集, 包含了当 τ 增加时, $p_\tau(s)$ 的根会穿越虚轴的所有的 ω_i. 对于任意给定的 $\omega \in \Omega$, 可以找到所有的 τ 满足 $p_\tau(\mathrm{j}\omega) = 0$. 令集合 $\Gamma = \{\tau_1, \tau_2, \tau_3, \cdots\}$ 包含所有的穿越时滞. 由之前的分析, 我们知道当定理 3.1 或引理 3.1 中的条件成立时, 系统 (1.3) 在控制器 (3.1) 下可以实现二阶一致. 当 τ 连续增加时, $p_\tau(s)$ 位于开右半平面的根的数量仅当 $\tau \in \Gamma$ 时发生改变. 对于每一个 $\tau \in \Gamma$, $p_\tau(s)$ 位于开右半平面的根的数量的改变依赖于 $p_\tau(s)$ 的根穿越虚轴时的方向.

令 s 为 $g_i(s) = 0$ 的根, $1 \leqslant i \leqslant N-1$. s 在 $\mathrm{j}\omega_i$ 处的穿越方向定义为 $\mathscr{R}(\dfrac{\mathrm{d}s}{\mathrm{d}\tau})|_{s=\mathrm{j}\omega_i}$. 当 $\mathscr{R}(\dfrac{\mathrm{d}s}{\mathrm{d}\tau})|_{s=\mathrm{j}\omega_i} > 0$ 时, $g_i(s) = 0$ 的根从左半平面穿越虚轴到达右半平面. 当 $\mathscr{R}(\dfrac{\mathrm{d}s}{\mathrm{d}\tau})|_{s=\mathrm{j}\omega_i} < 0$ 时, $g_i(s) = 0$ 的根从右半平面穿越虚轴到达左半平面.

定理 3.2　在假设 3.1 的条件下, 令 s 为 $g_i(s) = 0$ 的根, $1 \leqslant i \leqslant N-1$. 则 $\mathscr{R}(\dfrac{\mathrm{d}s}{\mathrm{d}\tau})|_{s=\mathrm{j}\omega_i} > 0$ 当且仅当以下条件成立:

$$\beta^2 > (2-\sqrt{3})\alpha\gamma \tag{3.6}$$

证明　令 $s = \mathrm{j}\omega_i(\omega_i \neq 0)$. 由 $g_i(s) = 0$ 可知

$$\mathrm{j}\omega_i^3 = (\alpha + \beta\mathrm{j}\omega_i - \gamma\omega_i^2)\mathrm{e}^{-\mathrm{j}\omega_i\tau}\mu_i \tag{3.7}$$

在式 (3.7) 左右两端取模, 可以得到

$$\omega_i^6 = ((\alpha - \gamma\omega_i^2)^2 + \beta^2\omega_i^2)|\mu_i|^2 \tag{3.8}$$

注意到式 (3.8) 可以写成

$$\omega_i^6 - \gamma^2|\mu_i|^2\omega_i^4 - (\beta^2 - 2\alpha\gamma)|\mu_i|^2\omega_i^2 - \alpha^2|\mu_i|^2 = 0 \tag{3.9}$$

分离式 (3.7) 的实部和虚部得到

$$\begin{aligned}\omega_i^3 =&(\alpha - \gamma\omega_i^2)(\cos(\omega_i\tau)\mathscr{I}(\mu_i) - \sin(\omega_i\tau)\mathscr{R}(\mu_i)) \\ &+ \beta\omega_i(\cos(\omega_i\tau)\mathscr{R}(\mu_i) + \sin(\omega_i\tau)\mathscr{I}(\mu_i))\end{aligned} \tag{3.10}$$

并且

$$\begin{aligned}&\cos(\omega_i\tau)(\beta\omega_i\mathscr{I}(\mu_i) - (\alpha - \gamma\omega^2)\mathscr{R}(\mu_i)) \\ =&\sin(\omega_i\tau)(\beta\omega_i\mathscr{R}(\mu_i) + (\alpha - \gamma\omega^2)\mathscr{I}(\mu_i))\end{aligned} \tag{3.11}$$

由式 (3.10) 和式 (3.11) 并令 $\eta_1 = \beta\omega_i\mathscr{I}(\mu_i) - (\alpha - \gamma\omega^2)\mathscr{R}(\mu_i)$, $\eta_2 = \beta\omega_i\mathscr{R}(\mu_i) + (\alpha - \gamma\omega^2)\mathscr{I}(\mu_i)$, 得到

$$\cos(\omega_i\tau) = \frac{\omega^3(\beta\omega_i\mathscr{R}(\mu_i) + (\alpha - \gamma\omega_i^2)\mathscr{I}(\mu_i))}{\eta_1^2 + \eta_2^2} \tag{3.12}$$

$$\sin(\omega_i\tau) = \frac{\omega^3(\beta\omega_i\mathscr{I}(\mu_i) - (\alpha - \gamma\omega^2)\mathscr{R}(\mu_i))}{\eta_1^2 + \eta_2^2} \tag{3.13}$$

由式 (3.8) 可知

$$\begin{aligned}\omega^6 &= ((\alpha - \gamma\omega_i^2)^2 + \beta^2\omega_i^2)(\mathscr{R}^2(\mu_i) + \mathscr{I}^2(\mu_i)) \\ &= (\beta\omega_i\mathscr{R}(\mu_i) + (\alpha - \gamma\omega_i^2)\mathscr{I}(\mu_i))^2 \\ &\quad + (\beta\omega_i\mathscr{I}(\mu_i) - (\alpha - \gamma\omega^2)\mathscr{R}(\mu_i))^2 \\ &= \eta_1^2 + \eta_2^2\end{aligned} \tag{3.14}$$

由式 (3.12)~ 式 (3.14), 有

$$\cos(\omega_i\tau) = \frac{\beta\omega_i\mathscr{R}(\mu_i) + (\alpha - \gamma\omega_i^2)\mathscr{I}(\mu_i)}{\omega_i^3} \tag{3.15}$$

$$\sin(\omega_i\tau) = \frac{\beta\omega_i\mathscr{I}(\mu_i) - (\alpha - \gamma\omega_i^2)\mathscr{R}(\mu_i)}{\omega_i^3} \tag{3.16}$$

由 $g_i(s)=0$ 取 s 关于 τ 的导数, 有

$$\begin{aligned}&\frac{\mathrm{d}s}{\mathrm{d}\tau}(3s^2+\mathrm{e}^{-s\tau}(\beta\mu_i+2\gamma s\mu_i-(\alpha+\beta s+\gamma s^2)\mu_i\tau))\\=&(\alpha+\beta s+\gamma s^2)s\mu_i\mathrm{e}^{-s\tau}\end{aligned}\tag{3.17}$$

因而

$$\left.\frac{\mathrm{d}s}{\mathrm{d}\tau}\right|_{s=\mathrm{j}\omega_i}=\frac{A+\mathrm{j}B}{C+\mathrm{j}D}\tag{3.18}$$

其中

$$\begin{aligned}A=&-(\beta\omega_i\mathscr{R}(\mu_i)+(\alpha-\gamma\omega_i^2)\mathscr{I}(\mu_i))\omega_i\\B=&((\alpha-\gamma\omega_i^2)\mathscr{R}(\mu_i)-\beta\omega_i\mathscr{I}(\mu_i))\omega_i\\C=&-3\omega_i^2\cos(\omega_i\tau)+(\beta-(\alpha-\gamma\omega_i^2)\tau)\mathscr{R}(\mu_i)\\&+(\beta\omega_i\tau-2\gamma\omega_i)\mathscr{I}(\mu_i)\\D=&-3\omega_i^2\sin(\omega_i\tau)+(2\gamma\omega_i-\beta\omega_i\tau)\mathscr{R}(\mu_i)\\&+(\beta-(\alpha-\gamma\omega_i^2)\tau)\mathscr{I}(\mu_i)\end{aligned}$$

分离式 (3.9)、式 (3.15) 和式 (3.16) 的实部和虚部, 可以得到

$$\mathscr{R}\left.\left(\frac{\mathrm{d}s}{\mathrm{d}\tau}\right)\right|_{s=\mathrm{j}\omega_i}=\frac{(\gamma^2\omega_i^4+2(\beta^2-2\alpha\gamma)\omega_i^2+3\alpha^2)|\mu_i|^2}{C^2+D^2}\tag{3.19}$$

令 $\varPsi=\gamma^2\omega_i^4+2(\beta^2-2\alpha\gamma)\omega_i^2+3\alpha^2$, 则 $\mathscr{R}(\frac{\mathrm{d}s}{\mathrm{d}\tau})|_{s=\mathrm{j}\omega_i}>0$ 当且仅当 $\varPsi>0$. 不难得到 $\varPsi>0$ 对所有 $\omega_i\in\mathbb{R}$ 成立当且仅当以下条件成立:

$$\beta^2-2\alpha\gamma\geqslant 0\tag{3.20}$$

$$(\beta^2-2\alpha\gamma)^2<3\alpha^2\gamma^2\tag{3.21}$$

而式 (3.21) 等价于

$$-\sqrt{3}\alpha\gamma<\beta^2-2\alpha\gamma<\sqrt{3}\alpha\gamma\tag{3.22}$$

可知式 (3.20) 或者式 (3.22) 等价于式 (3.6). 因此, 式 (3.6) 是 $\varPsi>0$ 对所有的 $\omega_i\in\mathbb{R}$ 成立的充分必要条件. □

注 3.1　式 (3.6) 并非 $\mathscr{R}(\frac{\mathrm{d}s}{\mathrm{d}\tau})|_{s=\mathrm{j}\omega_i}>0$ 的必要条件. 事实上, 对于 $\mathscr{R}(\frac{\mathrm{d}s}{\mathrm{d}\tau})|_{s=\mathrm{j}\omega_i}>0$, $\varPsi>0$ 仅需要对于所有的 $\omega_i\in\varOmega$ 满足, 而并非对于所有的 $\omega_i\in\mathbb{R}$ 满足. 考虑

式 (3.9) 并令 Φ 为式 (3.9) 的左边. 一致性穿越现象的发生可能依赖于参数的取值. 例如, 令 $\alpha = 0.8$, $\beta = 0.6$, $\gamma = 2$, 以及 $\mu = 1$, 由图 3.1 可知, 只有一个正根满足式 (3.9) 并且对应的穿越方向是正的. 由图 3.2 可以看出, 如果 $\alpha = 1$, $\beta = 0.3$, $\gamma = 2$, 以及 $\mu = 1$, 则有三个正根满足式 (3.9), 并且对应的穿越方向分别是正的、负的、正的. 在这种情况下, 如果原二阶系统在无时滞的控制协议下达到一致, 则随着时滞的增加, 系统会切换到不一致状态, 然后切换到一致, 并再从一致切换到不一致. 在文献 [48] 中, $\mathscr{R}(\dfrac{\mathrm{d}s}{\mathrm{d}\tau})|_{s=\mathrm{j}\omega_i}$ 是永远大于 0 的, 因此不会发生一致性穿越, 是定理 3.2 的特殊情况.

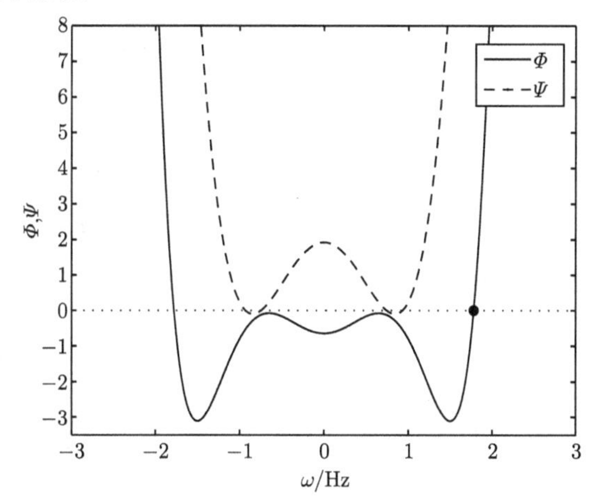

图 3.1 Φ 和 Ψ 与 ω 的关系 ($\alpha = 0.8$, $\beta = 0.6$, $\gamma = 2$, $\mu = 1$)

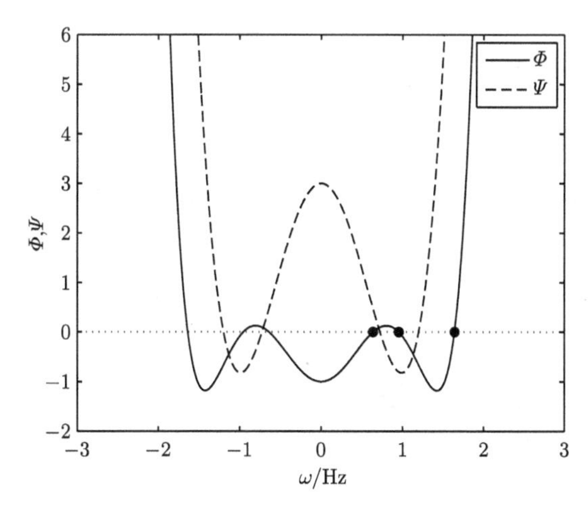

图 3.2 Φ 和 Ψ 与 ω 的关系 ($\alpha = 1$, $\beta = 0.3$, $\gamma = 2$, $\mu = 1$)

定理 3.3 假设 3.1 的条件成立并且系统 (1.3) 和控制协议 (3.1) 构成的闭环

系统可以实现一致. 考虑分布式 PI 控制器 (3.3) , 以下的结论成立.

(1) 如果条件 (3.6) 成立, 则系统 (1.3) 实现一致的充分必要条件是

$$\tau < \tau_{\max} = \min_{1 \leqslant i \leqslant N-1} \frac{\theta_i}{\omega_i} \tag{3.23}$$

其中, $0 \leqslant \theta_i < 2\varpi$ 且 $\theta_i = \omega_i \tau$ 满足式 (3.15) 和式 (3.16), ω_i 满足式 (3.9).

(2) 如果条件 (3.6) 不满足, 则当时滞 τ 增加, 系统 (1.3) 的一致性切换会发生. 并且在以上两种情况下, 随着时滞的增加, 系统最终变为不一致状态.

证明　(1) 当式 (3.6) 成立, 则对于所有的 $\omega_i \in \varOmega$, $\mathscr{R}\left(\frac{\mathrm{d}s}{\mathrm{d}\tau}\right)\Big|_{s=\mathrm{j}\omega_i} > 0$ 都成立. 因此, 当 $\tau \in \varGamma$ 时, $p_\tau(s)$ 的根将从左半平面穿越虚轴到右半平面. 如果系统在 $\tau = 0$ 能实现一致, 则会存在一个时滞上界 $\tau_{\max}$ 保证当 $\tau < \tau_{\max}$ 时, 系统都能保持一致. (2) 的结论是很明显的, 为了证明最后一句话, 令 $\{\tau_n^l\}(n = 1, 2, \cdots)$ 表示当 $p_\tau(s)$ 的根从左半平面穿越到右半平面的穿越时滞集, $\{\tau_n^r\}(n = 1, 2, \cdots)$ 表示当 $p_\tau(s)$ 的根从右半平面穿越到左半平面的穿越时滞集. 注意到 $\tau_{n+1}^l - \tau_n^l = \frac{2\varpi}{\omega_l}$, $\tau_{n+1}^r - \tau_n^r = \frac{2\varpi}{\omega_r}$, 其中 $\omega_l, \omega_r \in \varOmega$. 由于系统 (1.3) 是滞后型时滞系统, 因此 $p_\tau(s)$ 存在有限的根位于右半平面. 由文献 [52] 可知, 随着时滞增加, 一致性切换不可能一直发生并且最终根将移动到右半平面. □

注 3.2　这里和文献 [48] 中讨论的情况不同, 当式 (3.6) 不满足时情况变得更加复杂. 随后在算例中会给出, 当对于某些 $\omega_i \in \varOmega$, $\mathscr{R}\left(\frac{\mathrm{d}s}{\mathrm{d}\tau}\right)\Big|_{s=\mathrm{j}\omega_i} < 0$ 时, $p_\tau(s)$ 的根确实会从右半平面移动到左半平面. 因此, 随着时滞的增加, 多智能体系统的状态会从一致性变为不一致继而再变为一致. 定理 3.2 和 定理 3.3 是基于 $\varOmega \neq \varnothing$ 这个假设提出的. 如果 $\varOmega = \varnothing$, 则意味着 $p_\tau(\mathrm{j}\omega_i) = \prod_{i=1}^{N} g_i(\mathrm{j}\omega_i) = 0$ 没有正实根. 因此, 如果系统可以在 $\tau = 0$ 实现一致, 则系统对于所有的 $\tau > 0$ 都保持一致. 尽管如此, 在我们考虑的情况中这是不可能发生的. 考虑式 (3.9), 如果 $\omega_i = 0$, 则方程的左边是负的. 如果 ω_i 趋向 ∞, 式 (3.9) 的左边会变为正的. 因此必然存在一个 $\omega_i^* > 0$, 使得 $g_i(\mathrm{j}\omega_i^*) = 0$.

3.2.2　仅基于位置信息控制协议的一致性分析

为二阶多智能体系统 (1.3) 设计如下利用智能体当前位置信息和滞后位置信息的分布式控制协议:

$$u_i = \sum_{j \in \mathcal{N}_i}^{N} a_{ij}(\alpha(x_j(t) - x_i(t)) - \beta(x_j(t-\tau) - x_i(t-\tau))) \tag{3.24}$$

其中, $\alpha > 0, \beta > 0$; τ 是定常输入时滞.

令 $x = [x_1^{\mathrm{T}}\ x_2^{\mathrm{T}}\ \cdots\ x_N^{\mathrm{T}}]^{\mathrm{T}}, v = [v_1^{\mathrm{T}}\ v_2^{\mathrm{T}}\ \cdots\ v_N^{\mathrm{T}}]^{\mathrm{T}}, y = [x^{\mathrm{T}}\ v^{\mathrm{T}}]^{\mathrm{T}}$. 根据协议 (3.24), 系统 (1.3) 可以改写为

$$\dot{y} = (L_1 \otimes I_n)y + (L_2 \otimes I_n)y(t-\tau) \tag{3.25}$$

其中

$$L_1 = \begin{bmatrix} 0 & I_N \\ -\alpha L & 0 \end{bmatrix}, \quad L_2 = \begin{bmatrix} 0 & 0 \\ \beta L & 0 \end{bmatrix}$$

令 $\hat{y} = ((I_N - 1r^{\mathrm{T}}) \otimes I_{2n})y$, 其中 1 代表元素皆为 1 的列向量, $r \in \mathbb{R}^N$ 为非负向量使得 $r^{\mathrm{T}}L = 0$ 及 $r^{\mathrm{T}}1 = 1$. 由式 (3.25), 有

$$\dot{\hat{y}} = (L_1 \otimes I_n)\hat{y} + (L_2 \otimes I_n)\hat{y}(t-\tau) \tag{3.26}$$

易知当且仅当 $y_1 = y_2 = \cdots = y_N$ 时 $\hat{y} = 0$. 令 $P \in \mathbb{R}^{N\times N}$ 为正交阵使得 $P^{\mathrm{T}}LP = \mathrm{diag}(0, \bar{L})$, 其中 $\bar{L}$ 的对角元素为 L 的非零特征根. 选择 $P^{\mathrm{T}} = \begin{bmatrix} r^{\mathrm{T}} \\ U_1 \end{bmatrix}$, 其中 $U_1 \in \mathbb{R}^{(N-1)\times N}$. 令 $\xi = (P^{\mathrm{T}} \otimes I_{2n})\hat{y}$. 注意到 $\xi_1 = 0$ 并且令 $\hat{\xi} = [\xi_2^{\mathrm{T}}\ \cdots\ \xi_N^{\mathrm{T}}]^{\mathrm{T}}$, 则式 (3.26) 可以写为

$$\dot{\hat{\xi}} = (M_1 \otimes I_n)\hat{\xi} + (M_2 \otimes I_n)\hat{\xi}(t-\tau) \tag{3.27}$$

其中

$$M_1 = \begin{bmatrix} 0 & I_{N-1} \\ -\alpha\bar{L} & 0 \end{bmatrix}, \quad M_2 = \begin{bmatrix} 0 & 0 \\ \beta\bar{L} & 0 \end{bmatrix}$$

式 (3.27) 的特征方程为

$$p_\tau(s) = \prod_{i=1}^{N-1} g_i(s) = 0 \tag{3.28}$$

其中

$$g_i(s) = s^2 + (\alpha - \beta\mathrm{e}^{-s\tau})\mu_i$$

明显地, 系统 (3.27) 是稳定的或者式 (1.3) 和式 (3.24) 组成的闭环系统实现一致当且仅当 $p_\tau(s)$ 是稳定的.

引理 3.3　假设网络拓扑 $\mathcal{G}$ 含有有向生成树. 式 (1.3) 和式 (3.24) 组成的闭环系统在 $\tau=0$ 时无法达到一致. 并且, 如果 $\alpha=\beta$, 则随着 τ 的增加系统永远无法实现一致.

证明　首先考虑 $\tau=0$ 的情况. 如果 $\alpha\neq\beta$, 则 $g_i(s)=0$ 的根 s_1 和 s_2 在复平面上有三种情况. ① s_1 和 s_2 均处于虚轴. ② s_1 和 s_2 分别处于正实轴和负实轴. ③ s_1 和 s_2 关于原点对称但是不在轴上. 无论哪种情况, 都存在 $p_\tau(s)=0$ 的不稳定根. 如果 $\alpha=\beta$, 则 0 是不稳定根且随着 τ 的增加永远都是不稳定根. 这意味着闭环系统永远不会实现一致. □

根据以上引理, 接下来仅考虑 $\alpha\neq\beta$ 的情况. 对于 $1\leqslant i\leqslant N-1$, 由 $g_i(\mathrm{i}\omega_i)=0$ 可得

$$\alpha\mu_i-\omega_i^2=\beta\mu_i\mathrm{e}^{-\mathrm{i}\omega_i\tau} \tag{3.29}$$

由复变量的性质, 可得

$$\alpha\mathscr{R}(\mu_i)-\omega_i^2=\beta\mathscr{R}(\mu_i)\cos(\omega_i\tau)+\beta\mathscr{I}(\mu_i)\sin(\omega_i\tau) \tag{3.30}$$

及

$$\alpha\mathscr{I}(\mu_i)=\beta\cos(\omega_i\tau)\mathscr{I}(\mu_i)-\beta\mathscr{R}(\mu_i)\sin(\omega_i\tau) \tag{3.31}$$

给式 (3.29) 的两边取模, 我们有

$$\omega_i^4-2\alpha\mathscr{R}(\mu_i)\omega_i^2+(\alpha^2-\beta^2)|\mu_i|^2=0 \tag{3.32}$$

如果

$$\alpha^2\mathscr{R}(\mu_i)^2-(\alpha^2-\beta^2)|\mu_i|^2>0 \tag{3.33}$$

则式 (3.32) 的两个相异的实根为

$$\omega_i^2=\alpha\mathscr{R}(\mu_i)\pm\sqrt{\alpha^2\mathscr{R}(\mu_i)^2-(\alpha^2-\beta^2)|\mu_i|^2} \tag{3.34}$$

如果

$$\alpha^2\mathscr{R}(\mu_i)^2-(\alpha^2-\beta^2)|\mu_i|^2<0 \tag{3.35}$$

则式 (3.8) 没有实根. 这意味着随着 τ 的增加, $p_\tau(s)$ 没有根到达或穿越虚轴. 我们已经知道, 当 $\tau=0$ 时, 系统已经存在不稳定根位于右半平面. 这些不稳定根永远不可能穿越到左半平面并且右半平面根的数量永远不可能为 0 . 因此, 随着 τ 的增加, 系统永远不可能达到一致.

定理 3.4 假设网络拓扑 $\mathcal{G}$ 含有有向生成树. 考虑系统 (1.3) 和协议 (3.24) 构成的闭环系统. 令 s 为 $g_i(s)=0\ (1\leqslant i\leqslant N-1)$ 的解. 则以下结论成立.

(1) 如果 $\alpha^2\mathscr{R}(\mu_i)^2-(\alpha^2-\beta^2)|\mu_i|^2=0$, 则 $\mathscr{R}\left(\frac{\mathrm{d}s}{\mathrm{d}\tau}\right)\Big|_{s=\mathrm{i}\omega_i}$ 一直为 0 .

(2) 如果 $\alpha^2\mathscr{R}(\mu_i)^2-(\alpha^2-\beta^2)|\mu_i|^2>0$ 且 $\alpha>\beta$, 则 $\mathscr{R}\left(\frac{\mathrm{d}s}{\mathrm{d}\tau}\right)\Big|_{s=\mathrm{i}\omega_i}$ 对于 $\omega_i=\omega_i^l$ 一直是负的, 对于 $\omega_i=\omega_i^r$ 一直是正的. 其中 ω_i^l 和 ω_i^r 是式 (3.32) 的根且 $\omega_i^l<\omega_i^r$.

(3) 如果 $\alpha^2\mathscr{R}(\mu_i)^2-(\alpha^2-\beta^2)|\mu_i|^2>0$ 且 $\alpha<\beta$, 则 $\mathscr{R}\left(\frac{\mathrm{d}s}{\mathrm{d}\tau}\right)\Big|_{s=\mathrm{i}\omega_i}$ 总是正的.

证明 由 $g_i(s)=0$ 对 s 关于 τ 求导, 可得

$$2s\frac{\mathrm{d}s}{\mathrm{d}\tau}+\beta\mu_i s\mathrm{e}^{-s\tau}+\beta\mu_i\tau\frac{\mathrm{d}s}{\mathrm{d}\tau}\mathrm{e}^{-s\tau}=0 \tag{3.36}$$

继而

$$\begin{aligned}&\frac{\mathrm{d}s}{\mathrm{d}\tau}\Big|_{s=\mathrm{i}\omega_i}\\=&\frac{-\beta\mu_i\mathrm{i}\omega_i}{2\mathrm{i}\omega_i\mathrm{e}^{\mathrm{i}\omega_i\tau}+\beta\mu_i\tau}\\=&\frac{-\beta\left(\mathscr{R}(\mu_i)+\mathrm{i}\mathscr{I}(\mu_i)\right)\mathrm{i}\omega_i}{2\mathrm{i}\omega_i\left(\cos(\omega_i\tau)+\mathrm{i}\sin(\omega_i\tau)\right)+\beta\tau\left(\mathscr{R}(\mu_i)+\mathrm{i}\mathscr{I}(\mu_i)\right)}\end{aligned}$$

对上面公式取实部, 可得

$$\begin{aligned}&\mathscr{R}\left(\frac{\mathrm{d}s}{\mathrm{d}\tau}\right)\Big|_{s=\mathrm{i}\omega_i}\\=&\frac{-2\beta\omega_i^2\left(\sin(\omega_i\tau)\mathscr{I}(\mu_i)+\cos(\omega_i\tau)\mathscr{R}(\mu_i)\right)}{\left(\beta\tau\mathscr{R}(\mu_i)-2\omega_i\sin(\omega_i\tau)\right)^2+\left(\beta\tau\mathscr{I}(\mu_i)+2\omega_i\cos(\omega_i\tau)\right)^2}\\=&\frac{-2\omega_i^2\left(\alpha\mathscr{R}(\mu_i)-\omega_i^2\right)}{\left(\beta\tau\mathscr{R}(\mu_i)-2\omega_i\sin(\omega_i\tau)\right)^2+\left(\beta\tau\mathscr{I}(\mu_i)+2\omega_i\cos(\omega_i\tau)\right)^2}\end{aligned}$$

其中第二个等式来自于式 (3.30). 然后有

$$\operatorname{sgn}\left(\mathscr{R}\left(\frac{\mathrm{d}s}{\mathrm{d}\tau}\right)\Big|_{s=\mathrm{i}\omega_i}\right)=\operatorname{sgn}\left(\omega_i^4-\alpha\mathscr{R}(\mu_i)\omega_i^2\right) \tag{3.37}$$

现在需要确定 $\mathscr{R}\left(\frac{\mathrm{d}s}{\mathrm{d}\tau}\right)\Big|_{s=\mathrm{i}\omega_i}$ 的符号. 注意到不需要考虑 $\operatorname{sgn}\left(\omega_i^4-\alpha\mathscr{R}(\mu_i)\omega_i^2\right)$ 的符号对于所有的 $\omega_i\in\mathbb{R}$, 而是仅考虑 $\omega_i\in\Omega$.

令

$$
\begin{aligned}
\phi &= \omega_i^4-\alpha\mathscr{R}(\mu_i)\omega_i^2\\
\varphi &= \omega_i^4-2\alpha\mathscr{R}(\mu_i)\omega_i^2+(\alpha^2-\beta^2)|\mu_i|^2
\end{aligned}
$$

Case 1: 如果 $\alpha^2\mathscr{R}(\mu_i)^2-(\alpha^2-\beta^2)|\mu_i|^2=0$, $\varphi=0$ 的根为 ${\omega_i}^2=\alpha\mathscr{R}(\mu_i)$ 且 $\phi=0$.

Case 2: 如果 $\alpha^2\mathscr{R}(\mu_i)^2-(\alpha^2-\beta^2)|\mu_i|^2>0$ 且 $\alpha>\beta$, 由式 (3.34), $\varphi=0$ 的根可以设为

$$
\begin{aligned}
{\omega_i^l}^2 &= \alpha\mathscr{R}(\mu_i)-\sqrt{\alpha^2\mathscr{R}(\mu_i)^2-(\alpha^2-\beta^2)|\mu_i|^2}\\
{\omega_i^r}^2 &= \alpha\mathscr{R}(\mu_i)+\sqrt{\alpha^2\mathscr{R}(\mu_i)^2-(\alpha^2-\beta^2)|\mu_i|^2}
\end{aligned}
$$

显然, ${\omega_i^l}^2<{\omega_i^r}^2$. 我们有

$$
\begin{aligned}
&\phi|_{\omega_i^2=\omega_i^l}\\
=&\alpha^2\mathscr{R}\left(\mu_i\right)^2-\left(\alpha^2-\beta^2\right)\left|\mu_i\right|^2\\
&-\alpha\mathscr{R}\left(\mu_i\right)\sqrt{\alpha^2\mathscr{R}\left(\mu_i\right)^2-\left(\alpha^2-\beta^2\right)\left|\mu_i\right|^2}\\
=&\sqrt{\alpha^2\mathscr{R}\left(\mu_i\right)^2-\left(\alpha^2-\beta^2\right)\left|\mu_i\right|^2}\\
&\times\left(\sqrt{\alpha^2\mathscr{R}\left(\mu_i\right)^2-\left(\alpha^2-\beta^2\right)\left|\mu_i\right|^2}-\alpha\mathscr{R}\left(\mu_i\right)\right)\\
<&0
\end{aligned}\tag{3.38}
$$

相似地, 可知

$$
\begin{aligned}
&\phi|_{\omega_i^2={\omega_i^r}^2}\\
=&\alpha^2\mathscr{R}(\mu_i)^2-(\alpha^2-\beta^2)|\mu_i|^2\\
&+\alpha\mathscr{R}(\mu_i)\sqrt{\alpha^2\mathscr{R}(\mu_i)^2-(\alpha^2-\beta^2)|\mu_i|^2}\\
=&\sqrt{\alpha^2\mathscr{R}(\mu_i)^2-(\alpha^2-\beta^2)|\mu_i|^2}\\
&\times\left(\sqrt{\alpha^2\mathscr{R}(\mu_i)^2-(\alpha^2-\beta^2)|\mu_i|^2}+\alpha\mathscr{R}(\mu_i)\right)\\
>&0
\end{aligned}\tag{3.39}
$$

Case 3: 如果 $\alpha^2\mathscr{R}(\mu_i)^2-(\alpha^2-\beta^2)|\mu_i|^2>0$ 且 $\alpha<\beta$, 根 $\omega_i^{l^2}$ 是负的, 因此要被舍弃. 由 Case 2, $\phi|_{\omega_i^2=\omega_i^{r2}}>0$ 成立. □

注 3.3 系统 (1.3) 和协议 (3.24) 构成的闭环系统在 $\tau=0$ 时无法达到一致, $\mathscr{R}(\dfrac{\mathrm{d}s}{\mathrm{d}\tau})|_{s=\mathrm{i}\omega_i}\geqslant 0$ 总是正的意味着右半平面根永远不可能穿越虚轴. 因此系统永远不会达到一致. 所以, $\alpha^2\mathscr{R}(\mu_i)^2-(\alpha^2-\beta^2)|\mu_i|^2>0$ 和 $\alpha>\beta$ 需要同时被满足. 由定理 3.4 可知, 穿越频率满足 $\omega_i^l<\omega_i^r$. s 在穿越频率 ω_i^l 处是负的, 而在频率 ω_i^r 处是正的. 因此可以获悉 $p_\tau(s)=0$ 的根在 ω_i^l 处从右半平面穿越到左半平面, 而在 ω_i^r 处是从左半平面穿越到右半平面.

定理 3.5 假设 $\alpha^2\mathscr{R}(\mu_i)^2-(\alpha^2-\beta^2)|\mu_i|^2>0$ 和 $\alpha>\beta$ 成立且网络拓扑 $\mathcal{G}$ 含有有向生成树. 如果 $\tau^l<\tau^r$, 则式 (1.3) 和协议 (3.24) 构成的闭环系统能够达到一致, 其中 τ^l 和 τ^r 满足

$$\tau^l=\max_{1\leqslant i\leqslant N-1}\frac{\theta_i^l}{\omega_i^l} \tag{3.40}$$

$$\tau^r=\min_{1\leqslant i\leqslant N-1}\frac{\theta_i^r}{\omega_i^r} \tag{3.41}$$

其中, $0\leqslant\theta_i^l<2\pi$, $0\leqslant\theta_i^r<2\pi$, 且 $\theta_i^l=\omega_i^l\tau$, $\theta_i^r=\omega_i^r\tau$ 满足

$$\cos(\omega_i\tau)=\frac{\alpha|\mu_i|^2-\omega_i^2\mathscr{R}(\mu_i)}{\beta|\mu_i|^2} \tag{3.42}$$

$$\sin(\omega_i\tau)=\frac{-\omega_i^2\mathscr{I}(\mu_i)}{\beta|\mu_i|^2},\quad \omega_i=\omega_i^l,\omega_i^r \tag{3.43}$$

另外, 当 $\tau\in(\tau^l,\tau^r)$ 时一致性实现.

证明 对于式 (3.28), 当 $\tau=0$ 时, 由于 $\alpha>\beta$, $g_i(s)=0$ 的根具有两种情况. 如果 $\mathscr{I}(\mu_i)=0$, $g_i(s)$ 有一个根位于正虚轴而另一个根位于负虚轴. 如果 $\mathscr{I}(\mu_i)\neq 0$, 令 $\mu_i=\mathscr{R}(\mu_i)+\mathrm{i}\mathscr{I}(\mu_i)=p+\mathrm{i}q$. 可得存在两个根 $s_1=a+\mathrm{i}b$ 和 $s_2=-a-\mathrm{i}b$ 关于原点对称且不在轴上. 由复数的共轭性质, 存在一个整数 j, $j\neq i, 1\leqslant j\leqslant N-1$, 使得 $\mu_j=p-\mathrm{i}q$. 并且 $g_j(s)=0$ 的两个根是 $a-\mathrm{i}b$ 和 $-a+\mathrm{i}b$. 因此, 对于任意一种情况, 随着 τ 从 0 开始增加, $p_\tau(s)=0$ 的共轭的两对根将会在 $\tau\in\varGamma$ 时穿越虚轴.

由式 (3.30) 和式 (3.31), 我们知道穿越时滞满足式 (3.42) 和式 (3.43). 闭环系统的根将在时滞增加到 ω_i^l 对应的左向穿越时滞时从右半平面穿越虚轴到达左半平面, 在时滞增加到 ω_i^r 对应的右向穿越时滞时从左半平面穿越虚轴到达右半平面. 随着 τ 从 0 开始增加, 初始的位于右半平面的根将在复平面移动. 在这些根到达虚轴之前, 右半平面的根的数量保持不变. 对于 $1\leqslant i\leqslant N-1$, 如果所有

的不稳定根在 $\tau > \tau^l$ 时完成从右往左穿, 右半平面的根将变为 0. 然后当 τ 增加到 τ^r 时, 会有根穿越虚轴到达右半平面, 右半平面根的数量再次变为正的, 同时一致性被破坏了. 因此, 当 $\tau^l < \tau < \tau^r$ 时, 系统一致性可以实现. □

注 3.4 由以上定理我们可知对于有向图而言系统一致性是否能发生需要考察初始穿越方向. ω_i^l 和 ω_i^r 分别存在左向和右向穿越. 如果所有不稳定根的左向穿越都发生在第一次右向穿越之前, 则右半平面将没有根并且一致性能够实现. 当所有的根都穿越到左半平面时一致性发生, 当有一对根从左半平面穿越到右半平面时一致性结束.

如果将系统网络拓扑假设为无向连通图, 可以获得以下结论.

定理 3.6 假设 $\alpha > \beta$ 且网络拓扑是无向连通的. 则系统 (1.3) 和协议 (3.24) 构成的闭环系统在 τ 从 0 增加时能够达到一致. 并且当 $\tau \in (0, \tau^r)$ 时一致性可以实现, 其中

$$\tau^r = \min_{1 \leqslant i \leqslant N-1} \frac{\pi}{\sqrt{(\alpha+\beta)\mu_i}} \tag{3.44}$$

证明 由于网络拓扑是无向连通的, 系统拉普拉斯矩阵的特征值满足 $\mu_i \in \mathbb{R}^+$, $i = 1, 2, \cdots, N-1$. 式 (3.33) 显然总是满足的. 由于 $\alpha > \beta$, 则 $g_i(s) = 0$ 的初始根在 $\tau = 0$ 时是共轭的并且均位于虚轴.

为了确定当 τ 从 0 开始增加时的 $g_i(s) = 0$ 根的初始穿越方向, 令式 (3.36) 中的 $\tau = 0$, 可得

$$\left.\frac{\mathrm{d}s}{\mathrm{d}\tau}\right|_{\tau=0} = -\frac{\beta\mu_i}{2} < 0 \tag{3.45}$$

因此当 τ 从 0 开始增加时, 虚根将会往左穿越并且闭环系统的一致必然会发生. 穿越方向可得为

$$\omega_i^l = \sqrt{(\alpha-\beta)\mu_i} \tag{3.46}$$

$$\omega_i^r = \sqrt{(\alpha+\beta)\mu_i} \tag{3.47}$$

由于 $\mathscr{I}(\mu_i) = 0$, 有

$$\sin(\omega_i\tau) = 0 \tag{3.48}$$

另外, 可以得到

$$\begin{aligned}
\cos(\omega_i^l\tau) &= \frac{\alpha\mu_i^2 - {\omega_i^l}^2\mu_i}{\beta\mu_i^2} = \frac{\alpha\mu_i^2 - (\alpha-\beta)\mu_i^2}{\beta\mu_i^2} = 1 \\
\cos(\omega_i^r\tau) &= \frac{\alpha\mu_i^2 - {\omega_i^r}^2\mu_i}{\beta\mu_i^2} = \frac{\alpha\mu_i^2 - (\alpha+\beta)\mu_i^2}{\beta\mu_i^2} = -1
\end{aligned}$$

并且

$$\omega_i^l \tau = k\pi, \quad k = 0, 2, 4, \cdots \tag{3.49}$$

$$\omega_i^r \tau = k\pi, \quad k = 1, 3, 5, \cdots \tag{3.50}$$

因此最大左向穿越时滞为 $\tau^l = 0$, 最小右向穿越时滞为 $\tau^r = \min\limits_{1\leqslant i\leqslant N-1} \dfrac{\pi}{\sqrt{(\alpha+\beta)\mu_i}}$.

□

注 3.5 对于无向连通图, 由以上定理可知, 由于所有的虚根的初始穿越方向都是往左的, 则一致性必然会发生. 当 τ 从 0 开始增加时, 所有的虚根将同时往左穿越到左边平面. 时滞增加到 τ^r 之前一致性都可以保证.

如果进一步考虑无向全连通图, 可知系统拉普拉斯矩阵的非零特征值满足 $\mu_1 = \mu_2 = \cdots = \mu_{N-1} = \mu \in \mathbb{R}^+$. 我们可以得到以下结论.

定理 3.7 假设 $\alpha > \beta$ 且网络拓扑是无向全连通的, 则系统 (1.3) 和协议 (3.24) 构成的闭环系统在 τ 从 0 增加时能够达到一致. 令 k 为使得 $\dfrac{2(n-1)\pi}{\sqrt{(\alpha-\beta)\mu}} < \dfrac{(2n-1)\pi}{\sqrt{(\alpha+\beta)\mu}} (n = 1, 2, \cdots, k)$ 成立的最大整数. 则一致性可以实现当且仅当

$$\tau \in \bigcup \left(\frac{2(n-1)\pi}{\sqrt{(\alpha-\beta)\mu}}, \frac{(2n-1)\pi}{\sqrt{(\alpha+\beta)\mu}} \right) \tag{3.51}$$

证明 对于 $i = 1, \cdots, N-1$, 易知 ω_i 是相等的. 令 $\omega_i^l = \omega^l, \omega_i^r = \omega^r$. 用递增序列 $\{\tau_n^l\}(n = 1, 2, \cdots)$ 代表 $p_\tau(s)$ 的根的左穿时滞序列, 递增序列 $\{\tau_n^r\}(n = 1, 2, \cdots)$ 代表右穿时滞序列. 明显地, $\tau_1^l = \tau^l = 0, \tau_1^r = \tau^r$.

$p_\tau(s)$ 的根随着 τ 的增加在复平面上移动. 首先, 所有的虚根穿越到了左半平面, 因此系统在 $\tau > 0$ 时达到一致. 然后, 根继续在复平面上移动并且当 $\tau = \tau_1^r$ 时穿越虚轴到达右半平面. 然后继续移动, 并且当 $\tau = \tau_2^l$ 时再次穿越到左半平面, 然后当 $\tau = \tau_2^r$ 时穿越到右半平面. 在左穿和右穿 k 次之后, 一致性时滞范围为 $(\tau_n^l, \tau_n^r)(n = 1, \cdots, k)$. 随后 τ 从 τ_k^r 继续增加, 并且注意到这个时候已经有根位于右半平面了. 由于当 $n = k+1$ 时, 有 $\tau_n^l \geqslant \tau_n^r$, 则当时滞增加到 τ_{k+1}^r 时再次有根穿越到右半平面. 由于周期函数的属性, 左穿时滞序列 $\{\tau_n^l\}$ 的相邻元素间隔为 $\dfrac{2\pi}{\omega^l} = \dfrac{2\pi}{\sqrt{(\alpha-\beta)\mu}}$. 右穿时滞序列 $\{\tau_n^r\}$ 的相邻元素间隔为 $\dfrac{2\pi}{\omega^r} = \dfrac{2\pi}{\sqrt{(\alpha+\beta)\mu}}$. 由于 $\omega^l < \omega^r$, 可知 $\dfrac{2\pi}{\omega^l} > \dfrac{2\pi}{\omega^r}$, 意味着对于 $n \geqslant k+1$, τ_n^l 都不会比 τ_n^r 小. 因此当 $\tau \geqslant \tau_k^r$ 时, 右半平面将一直有根. □

3.3 具有时滞的一阶多智能体系统的分布式 PID 控制

3.2 节中, 研究了二阶多智能体系统 (1.3) 的一致性问题, 本节进一步研究一阶积分器系统 (1.1) 在分布式 PID 控制协议下的一致性问题.

考虑如下具有时滞的分布式 PID 控制器:

$$\begin{aligned} u_i \ &= \ -\sum_{j=1}^{N} a_{ij}\Big(k_p(x_i(t-\tau)-x_j(t-\tau))+k_i\int_{-\tau}^{t-\tau}(x_i(\sigma)-x_j(\sigma))\mathrm{d}\sigma \\ &\quad +k_d(\dot{x}_i(t-\tau)-\dot{x}_j(t-\tau))\Big) \end{aligned} \tag{3.52}$$

其中, $k_p>0$, $k_i>0$, $k_d>0$ 是需要确定的 PID 参数; τ 是输入时滞. 令 $x=[x_1^{\mathrm{T}}\ x_2^{\mathrm{T}}\ \cdots\ x_N^{\mathrm{T}}]^{\mathrm{T}}$, $x(t-\tau)=(x_1^{\mathrm{T}}(t-\tau),x_2^{\mathrm{T}}(t-\tau),\cdots,x_N^{\mathrm{T}}(t-\tau))^{\mathrm{T}}$. 则由式 (1.1) 和式 (3.52) 构成的闭环系统为

$$\dot{x}=-(k_pL\otimes I_n)x(t-\tau)-(k_iL\otimes I_n)\int_{-\tau}^{t-\tau}x(\sigma)\mathrm{d}\sigma-(k_dL\otimes I_n)\dot{x}(t-\tau) \tag{3.53}$$

令 $\xi=((I_N-1_Nr^{\mathrm{T}})\otimes I_n)x$, 其中 $r\in\mathbb{R}^N$ 是一个非负向量使得 $r^{\mathrm{T}}L=0, r^{\mathrm{T}}1_N=1$. 系统 (3.53) 改写为

$$\dot{\xi}=-(k_pL\otimes I_n)\xi(t-\tau)-(k_iL\otimes I_n)\int_{-\tau}^{t-\tau}\xi(\sigma)\mathrm{d}\sigma-(k_dL\otimes I_n)\dot{\xi}(t-\tau) \tag{3.54}$$

很容易看出 $\xi=0$ 当且仅当 $x_1=x_2=\cdots=x_N$. 令 $Z\in\mathbb{R}^{N\times N}$ 为一个正交矩阵满足 $Z^{\mathrm{T}}LZ=\mathrm{diag}(0,\bar{L})=\begin{bmatrix}0&0\\0&\bar{L}\end{bmatrix}$, 并且 $\bar{L}$ 的对角元素是 L 的非零特征值. 令 $\delta=[\delta_1^{\mathrm{T}}\ \delta_1^{\mathrm{T}}\ \cdots\ \delta_N^{\mathrm{T}}]^{\mathrm{T}}=(Z^{\mathrm{T}}\otimes I_n)\xi$. 由文献 [53] 可知系统 (3.54) 是渐近稳定的或者说系统 (3.53) 是一致的当且仅当下面的系统是渐近稳定的:

$$\dot{\delta}_i=-k_p\mu_i\delta_i(t-\tau)-k_i\mu_i\int_{-\tau}^{t-\tau}\delta_i(\sigma)\mathrm{d}\sigma-k_d\mu_i\dot{\delta}_i(t-\tau),\quad i=2,3,\cdots,N \tag{3.55}$$

其中, μ_i $(i=2,3,\cdots,N)$ 是拉普拉斯矩阵 L 的非零特征值.

注意到式 (3.55) 是时滞同时存在于系统状态和状态的导数中的中立型时滞系统. 保证其稳定的必要条件是以下 $N-1$ 个连续时间附属差分方程是稳定的[54]:

$$\delta_i+k_d\mu_i\delta_i(t-\tau)=0,\quad i=2,3,\cdots,N \tag{3.56}$$

基于文献 [55] 的引理 3.18, 系统 (3.56) 是渐近稳定的当且仅当

$$|k_d\mu_i| < 1, \quad i = 2, 3, \cdots, N \tag{3.57}$$

系统 (3.55) 的特征方程为

$$s + \left(k_p + \frac{k_i}{s} + k_d s\right)\mu_i \mathrm{e}^{-\tau s} = 0, \qquad i = 2, 3, \cdots, N \tag{3.58}$$

因此, 系统 (3.53) 可以实现一致当且仅当下列方程的特征根均位于左半平面:

$$\begin{aligned} p_\tau(s) &= \det(sI_{N-1} + (k_p + \frac{k_i}{s} + k_d s)\bar{L}\mathrm{e}^{-\tau s}) \\ &= \prod_{i=2}^{N} g_i(s) = 0 \end{aligned} \tag{3.59}$$

其中, $g_i(s) = s + \left(k_p + \dfrac{k_i}{s} + k_d s\right)\mu_i \mathrm{e}^{-\tau s}$.

首先考虑无时滞的情况, 即考虑下列 $N-1$ 个子系统:

$$\dot{\delta}_i = -k_p\mu_i\delta_i - k_i\mu_i \int_0^t \delta_i(\sigma)\mathrm{d}\sigma - k_d\mu_i\dot{\delta}_i, \quad i = 2, 3, \cdots, N \tag{3.60}$$

引理 3.4[50] 考虑下面的复系数方程:

$$s^2 + (a_1 + \mathrm{j}b_1)s + a_0 + \mathrm{j}b_0 = 0$$

其中 $a_1, a_0, b_1, b_0 \in \mathbb{R}$. 则此方程的根是稳定的, 充分必要条件是 $a_1 > 0$, $a_1b_1b_0 + a_1^2a_0 - b_0^2 > 0$.

引理 3.5 在假设 3.1和式 (3.57) 成立的情况下, 令分布式 PID 控制器 (3.52) 中的 $\tau = 0$. 则系统 (1.1) 达到一致当且仅当对于 $i = 2, 3, \cdots, N$, 下列不等式成立:

$$k_p k_i \mathscr{I}^2(\mu_i)\Phi_1^2\Phi_2 + \Phi_2^2\Phi_3 - k_i^2\Phi_1^3\mathscr{I}^2(\mu_i) > 0 \tag{3.61}$$

其中

$$\begin{aligned} \Phi_1 &= 1 + k_d^2|\mu_i|^2 + 2k_d\mathscr{R}(\mu_i) \\ \Phi_2 &= k_p\mathscr{R}(\mu_i) + k_pk_d|\mu_i|^2 \\ \Phi_3 &= k_i\mathscr{R}(\mu_i) + k_ik_d|\mu_i|^2 \end{aligned}$$

证明 系统 (3.60) 稳定的充分必要条件是方程 $(1 + k_d\mu_i)s^2 + k_ps\mu_i + k_i\mu_i = 0$ $(i = 2, 3, \cdots, N)$ 的根位于左半平面. 由引理 3.4 结论易得. □

定义穿越频率集:

$$\varOmega=\{\omega_i|\omega_i>0,p_\tau(\mathrm{j}\omega_i)=\prod_{i=2}^{N}g_i(\mathrm{j}\omega_i)=0,\quad\tau>0\}$$

对于 $\omega_i\in\varOmega$, 可以找到所有的 τ 满足 $p_\tau(\mathrm{j}\omega_i)=0$. 令 $\varGamma=\{\tau_1,\tau_2,\cdots\}$ 为穿越时滞集. 当 τ 由零增加且 $\tau\in\varGamma$, $p_\tau(s)$ 的根会穿越虚轴.

令 s 为 $g_i(s)=0$ 的解, $2\leqslant i\leqslant N$. 定义 $\mathscr{R}\left(\dfrac{\mathrm{d}s}{\mathrm{d}\tau}\right)\Bigg|_{s=\mathrm{j}\omega_i}$ 为 s 在 $\mathrm{j}\omega_i$ 的穿越方向. $\mathscr{R}\left(\dfrac{\mathrm{d}s}{\mathrm{d}\tau}\right)\Bigg|_{s=\mathrm{j}\omega_i}>0$ 意味着 $g_i(s)=0$ 的根由左至右穿越虚轴, $\mathscr{R}\left(\dfrac{\mathrm{d}s}{\mathrm{d}\tau}\right)\Bigg|_{s=\mathrm{j}\omega_i}<0$ 意味着相反方向的穿越.

定理 3.8　在假设 3.1 和 式 (3.57) 成立的情况下, 令 s 为式 (3.59) 中 $g_i(s)=0$ 的解. 则 $\mathscr{R}\left(\dfrac{\mathrm{d}s}{\mathrm{d}\tau}\right)\Bigg|_{s=\mathrm{j}\omega_i}>0$ 是一直成立的.

证明　令 $s=\mathrm{j}\omega_i(\omega_i\neq0)$. 由 $g_i(s)=0$, 可得

$$(1+k_d\mu_i\mathrm{e}^{-\mathrm{j}\omega_i\tau})\omega_i^2=(k_i+\mathrm{j}k_p\omega_i)\mu_i\mathrm{e}^{-\mathrm{j}\omega_i\tau}\tag{3.62}$$

在式 (3.62) 两端取模, 可得

$$w_i^4(1-k_d^2|\mu_i|^2)=|\mu_i|^2(k_i^2+k_p^2\omega_i^2-2k_ik_d\omega_i^2)\tag{3.63}$$

等价地

$$w_i^4(1-k_d^2|\mu_i|^2)+w_i^2(2k_ik_d|\mu_i|^2-k_p^2|\mu_i|^2)-k_i^2|\mu_i|^2=0\tag{3.64}$$

计算式 (3.62) 的实部和虚部, 我们得到

$$\cos(\omega_i\tau)=\frac{k_i\mathscr{R}(\mu_i)-\omega_ik_p\mathscr{I}(\mu_i)-k_d\omega_i^2\mathscr{R}(\mu_i)}{\omega_i^2}\tag{3.65}$$

$$\sin(\omega_i\tau)=\frac{k_i\mathscr{I}(\mu_i)+\omega_ik_p\mathscr{R}(\mu_i)-k_d\omega_i^2\mathscr{I}(\mu_i)}{\omega_i^2}\tag{3.66}$$

由 $g_i(s)=0$ 求 s 关于 τ 的导数, 得到

$$\begin{aligned}&\frac{\mathrm{d}s}{\mathrm{d}\tau}\left(\mathrm{e}^{-s\tau}(2sk_d\mu_i-s^2k_d\mu_i\tau+k_p\mu_i-k_ps\mu_i\tau-k_i\mu_i\tau)+2s\right)\\=&(k_ds^2+k_ps+k_i)s\mu_i\mathrm{e}^{-s\tau}\end{aligned}$$

即

$$\frac{\mathrm{d}s}{\mathrm{d}\tau}\Big|_{s=\mathrm{j}\omega_i}=\frac{(k_d s^2+k_p s+k_i)s\mu_i}{2s\mathrm{e}^{s\tau}+2sk_d\mu_i+k_p\mu_i-(k_d s^2+k_p s+k_i)\mu_i\tau}\Big|_{s=\mathrm{j}\omega_i}$$

因此

$$\left.\frac{\mathrm{d}s}{\mathrm{d}\tau}\right|_{s=\mathrm{j}\omega_i}=\frac{A+\mathrm{j}B}{C+\mathrm{j}D} \tag{3.67}$$

其中

$$\begin{aligned}
A=&k_d\omega_i^3\mathscr{I}(\mu_i)-k_p\omega_i^2\mathscr{R}(\mu_i)-k_i\omega_i\mathscr{I}(\mu_i)\\
B=&k_i\omega_i\mathscr{R}(\mu_i)-k_d\omega_i^3\mathscr{R}(\mu_i)-k_p\omega_i^2\mathscr{I}(\mu_i)\\
C=&-2\omega_i\sin(\omega_i\tau)+(k_p-k_ik_d)\mathscr{R}(\mu_i)+k_p\omega_i\tau\mathscr{I}(\mu_i)\\
&-2k_d\omega_i\mathscr{I}(\mu_i)+k_d\omega_i^2\tau\mathscr{R}(\mu_i)\\
D=&2\omega_i\cos(\omega_i\tau)-k_p\omega_i\tau\mathscr{R}(\mu_i)+(k_p-k_ik_d)\mathscr{I}(\mu_i)\\
&+2k_d\omega_i\mathscr{R}(\mu_i)+k_d\omega_i^2\tau\mathscr{I}(\mu_i)
\end{aligned}$$

取其实部可得

$$\begin{aligned}
&(C^2+D^2)\mathscr{R}\left(\frac{\mathrm{d}s}{\mathrm{d}\tau}\right)\Bigg|_{s=\mathrm{j}\omega_i}\\
=\;&2\omega_i^2\left(\sin(\omega_i\tau)(k_p\omega_i\mathscr{R}(\mu_i)+k_i\mathscr{I}(\mu_i))+\cos(\omega_i\tau)(-k_p\omega_i\mathscr{I}(\mu_i)+k_i\mathscr{R}(\mu_i))\right)\\
&-2\omega_i^4k_d\mathscr{I}(\mu_i)\sin(\omega_i\tau)-2\omega_i^4k_d\mathscr{R}(\mu_i)\cos(\omega_i\tau)\\
&-2\omega_i^4k_d^2|\mu_i|^2-\omega_i^2k_p^2|\mu_i|^2+2\omega_i^2k_ik_d|\mu_i|^2
\end{aligned} \tag{3.68}$$

根据式 (3.63)~式 (3.66), 式 (3.68) 可以改写为

$$\mathscr{R}\left(\frac{\mathrm{d}s}{\mathrm{d}\tau}\right)\Bigg|_{s=\mathrm{j}\omega_i}=\frac{|\mu_i|^2(\omega_i^2(k_p^2-2k_ik_d)+2k_i^2)}{C^2+D^2} \tag{3.69}$$

如果 $k_p^2-2k_ik_d\geqslant 0$, 则 $\mathscr{R}\left(\frac{\mathrm{d}s}{\mathrm{d}\tau}\right)\Big|_{s=\mathrm{j}\omega_i}>0$ 是显然的. 现在考虑 $k_p^2-2k_ik_d<0$ 的情况.

令 $\Psi=k_p^2-2k_ik_d$. 由式 (3.64), 可得

$$\omega_i^2=\frac{\Psi|\mu_i|^2+\sqrt{\Psi^2|\mu_i|^4+4k_i^2|\mu_i|^2(1-k_d^2|\mu_i|^2)}}{2(1-k_d^2|\mu_i|^2)} \tag{3.70}$$

注意到 $\mathscr{R}\left(\dfrac{\mathrm{d}s}{\mathrm{d}\tau}\right)\bigg|_{s=\mathrm{j}\omega_i}$ 永远是正的当且仅当式 (3.71) 成立:

$$\omega_i^2(k_p^2 - 2k_ik_d) + 2k_i^2 > 0 \tag{3.71}$$

由式 (3.57) 可知

$$4k_i^2(1 - k_d^2|\mu_i|^2) + \varPsi^2|\mu_i|^2 > -\varPsi\sqrt{\varPsi^2|\mu_i|^4 + 4k_i^2|\mu_i|^2(1 - k_d^2|\mu_i|^2)} \tag{3.72}$$

式 (3.72) 两端取平方可得

$$\left(4k_i^2(1 - k_d^2|\mu_i|^2) + \varPsi^2|\mu_i|^2\right)^2 > \varPsi^2\left(\varPsi^2|\mu_i|^4 + 4k_i^2|\mu_i|^2(1 - k_d^2|\mu_i|^2)\right) \tag{3.73}$$

等价地

$$4k_i^4(1 - k_d^2|\mu_i|^2)^2 + k_i^2|\mu_i|^2(1 - k_d^2|\mu_i|^2)\varPsi^2 > 0 \tag{3.74}$$

而此式显然永远是正的. □

根据以上的分析, 我们获得以下关于保证系统一致的最大时滞上界的定理.

定理 3.9　在假设 3.1和式 (3.57) 成立的情况下, 并且假设系统 (1.1) 和无时滞的 PID 控制器 (3.52) 构成的闭环系统是一致的. 则当时滞增加时, 系统仍然可以保持一致的充分必要条件是

$$\tau < \tau_{\max} = \min_{2\leqslant i\leqslant N} \frac{\theta_i}{\omega_i} \tag{3.75}$$

其中, $0 \leqslant \theta_i < 2\pi$ 且 $\theta_i = \omega_i\tau$ 满足式 (3.65) 和式 (3.66), 并且 ω_i 满足式 (3.64).

证明　由于当 $\tau = 0$ 时系统 (1.1) 是一致的, $p_\tau(s)$ 的所有根均位于左半平面. 随着时滞的增加, 无穷的根会从 $-\infty$ 处出现并且有限的根会穿越虚轴到达右半平面. 当 τ 增加到第一个穿越时滞 $\tau_1 \in \varGamma$ 时, 由定理 3.8 可知穿越方向是正的, 因此某些特征根会从左半平面穿越到右半平面并且再也不会穿回到左半平面, 则系统变为不一致且随着时滞的增加永远都是不一致的. 此穿越时滞 τ_1 即式 (3.75) 中的最大时滞, 并且满足式 (3.65) 和式 (3.66). □

注 3.6　这里特征值穿越虚轴时的右向穿越总是成立的, 因此, 如果闭环系统在 $\tau_0 = 0$ 时可以一致, 则当时滞增加到第一个穿越时滞时系统不能再保持一致了. 在 3.2 节中, 我们发现具有 PI 控制器的二阶时滞智能体系统的穿越方向并非总是右向的, 因此一致性穿越会发生. 但是在本节中, 由于穿越总是右向的, 所以一致性穿越不会发生.

现在, 考虑分布式 PI 控制器. 令 $k_d = 0$ 且 $z_i(t-\tau) = \int_{-\tau}^{t-\tau} x_i(\sigma)\mathrm{d}\sigma$ 具有零初始条件, 则闭环系统变为

$$\begin{aligned}\dot{z}_i(t) &= x_i(t)\\ \dot{x}_i(t) &= -\sum_{j=1}^{N}(k_p(x_i(t-\tau)-x_j(t-\tau))\\ &\quad +k_i(z_i(t-\tau)-z_j(t-\tau)))\end{aligned} \tag{3.76}$$

接下来令式 (3.59) 中的 $k_d = 0$, 去确定下面的特征方程根的位置:

$$\begin{aligned}\bar{p}_\tau(s) &= \det(sI_{N-1}+(k_p+\frac{k_i}{s})\bar{L}\mathrm{e}^{-\tau s})\\ &= \prod_{i=2}^{N}\bar{g}_i(s) = 0\end{aligned} \tag{3.77}$$

其中, $\bar{g}_i(s) = s + (k_p + \frac{k_i}{s})\mu_i \mathrm{e}^{-\tau s}$.

令式 (3.61) 中的 $k_d = 0$, 下面的无时滞的一致性结论很容易得出.

推论 3.1 在假设 3.1 成立的情况下, 令控制器 (3.52) 中 $\tau = 0$ 和 $k_d = 0$. 则系统 (3.76) 达到一致当且仅当对于 $i = 2, 3, \cdots, N$, 下列不等式成立:

$$\frac{k_p^2}{k_i} > \frac{\mathscr{I}^2(\mu_i)}{\mathscr{R}(\mu_i)|\mu_i|^2} \tag{3.78}$$

推论 3.2 假设 3.1的条件成立, 并且具有无时滞的且 $k_d = 0$ 的控制器 (3.52) 的闭环系统 (3.53) 可以实现一致. 则当时滞增加时, 系统保持一致的充分必要条件为

$$\tau < \tau_{\max} = \min_{2\leqslant i\leqslant N}\frac{\theta_i}{\omega_i} \tag{3.79}$$

其中, $0 \leqslant \theta_i < 2\pi$ 且 $\theta_i = \omega_i\tau$ 满足

$$\cos(\omega_i\tau) = \frac{k_i\mathscr{R}(\mu_i) - \omega_i k_p \mathscr{I}(\mu_i)}{\omega_i^2} \tag{3.80}$$

$$\sin(\omega_i\tau) = \frac{k_i\mathscr{I}(\mu_i) + \omega_i k_p \mathscr{R}(\mu_i)}{\omega_i^2} \tag{3.81}$$

$$w_i^2 = \frac{k_p^2|\mu_i|^2 + \sqrt{k_p^4|\mu_i|^4 + 4k_i^2|\mu_i|^2}}{2} \tag{3.82}$$

证明 令式 (3.64)~式 (3.66) 中的 $k_d = 0$, 得到式 (3.80)~式 (3.82). 注意到如果令 $k_d = 0$, 则方程 (3.69) 的右边永远是正的, 因此 $\bar{g}_i = 0$ 的根的穿越方向永远是正的. □

注 3.7 推论 3.1 和推论 3.2 与文献 [48] 中的定理 1 和定理 2 是分别对应的. 式 (3.52) 中积分项的引入使得闭环系统成为文献 [48] 中考虑的二阶系统, 因此文献 [48] 中讨论的内容是本节的特例.

3.4 具有输入时滞和通信时滞的多智能体系统的分布式一致

3.2 节和 3.3 节考虑的均是多智能体系统只具有输入时滞的情况, 本节将考虑同时具有输入时滞和通信时滞的情况.

假设 3.2 每个智能体都有至少一个邻居, 即对所有的 i 都有 $\sum_{j=1}^{N} a_{ij} \neq 0$.

对于二阶多智能体系统 (1.3), 设计以下同时具有输入时滞和通信时滞的分布式协议:

$$\begin{aligned} u_i = & -\sum_{j=1}^{N} a_{ij}\Big(\frac{\alpha}{\mathcal{D}_i}(x_i(t-\tau_1) - x_j(t-\tau_1-\tau_2)) \\ & -\frac{\beta}{\mathcal{D}_i}(v_i(t-\tau_1) - v_j(t-\tau_1-\tau_2))\Big) \end{aligned} \tag{3.83}$$

其中, τ_1 和 τ_2 分别是输入时滞和通信时滞. $\alpha > 0$ 和 $\beta > 0$ 是待定的控制系数. $\mathcal{D}_i = \sum_{j=1}^{N} a_{ij}$ 且令 $\mathcal{D} = \mathrm{diag}(\mathcal{D}_i)_{N\times N}$.

令 $x = [x_1^{\mathrm{T}}\ x_2^{\mathrm{T}}\ \cdots\ x_N^{\mathrm{T}}]^{\mathrm{T}}$, $v = [v_1^{\mathrm{T}}\ v_2^{\mathrm{T}}\ \cdots\ v_N^{\mathrm{T}}]^{\mathrm{T}}$, $y = [x^{\mathrm{T}}\ v^{\mathrm{T}}]^{\mathrm{T}}$. 由式 (1.3) 和式 (3.83) 可得

$$\dot{y} = (L_1 \otimes I_n)y + (L_2 \otimes I_n)y(t-\tau_1) + (L_3 \otimes I_n)y(t-\tau_1-\tau_2) \tag{3.84}$$

其中

$$L_1 = \begin{bmatrix} 0 & I_N \\ 0 & 0 \end{bmatrix}$$

$$L_2 = \begin{bmatrix} 0 & 0 \\ -\alpha I_N & -\beta I_N \end{bmatrix}$$

$$L_3 = \begin{bmatrix} 0 & 0 \\ \alpha\widetilde{A} & \beta\widetilde{A} \end{bmatrix}$$

且 $\widetilde{A}=(\widetilde{a}_{ij})_{N\times N}$, $\widetilde{a}_{ij}=a_{ij}/\mathcal{D}_i$. 并且 $\widetilde{L}=I-\widetilde{A}=(\widetilde{l}_{ij})_{N\times N}$, $\widetilde{l}_{ij}=l_{ij}/\mathcal{D}_i$. 易知 $\widetilde{L}$ 和 L 一样存在一个单的零特征值且其他特征值均位于右半平面.

令 $\hat{y}=((I_N-1r^{\mathrm{T}})\otimes I_{2n})y$, 其中 1 表示所有元素都为 1 的列向量, $r\in\mathbb{R}^N$ 是一个非负向量使得 $r^{\mathrm{T}}\widetilde{L}=0$ 且 $r^{\mathrm{T}}1=1$. 由式 (3.84) 可得

$$\dot{\hat{y}}=(L_1\otimes I_n)\hat{y}+(L_2\otimes I_n)\hat{y}(t-\tau_1)+(L_3\otimes I_n)\hat{y}(t-\tau_1-\tau_2) \tag{3.85}$$

易知 $\hat{y}=0$ 当且仅当 $y_1=y_2=\cdots=y_N$. 令 $P\in\mathbb{R}^{N\times N}$ 为正交矩阵满足 $P^{\mathrm{T}}\widetilde{L}P=\mathrm{diag}(0,\bar{L})$, 其中 $\bar{L}$ 的对角元素是 $\widetilde{L}$ 的非零特征根. 选择 $P^{\mathrm{T}}=\begin{bmatrix} r^{\mathrm{T}} \\ U_1 \end{bmatrix}$, 其中 $U_1\in\mathbb{R}^{(N-1)\times N}$. 注意到 $z_1=0$ 且 $\hat{z}=[z_2^{\mathrm{T}}\ \cdots\ z_N^{\mathrm{T}}]^{\mathrm{T}}$, 则式 (3.85) 可以写为

$$\dot{\hat{z}}=(M_1\otimes I_n)\hat{z}+(M_2\otimes I_n)\hat{z}(t-\tau_1)+(M_3\otimes I_n)\hat{z}(t-\tau_1-\tau_2) \tag{3.86}$$

其中

$$M_1=\begin{bmatrix} 0 & I_{N-1} \\ 0 & 0 \end{bmatrix}$$

$$M_2=\begin{bmatrix} 0 & 0 \\ -\alpha I_{N-1} & -\beta I_{N-1} \end{bmatrix}$$

$$M_3=\begin{bmatrix} 0 & 0 \\ \alpha(I_{N-1}-\bar{L}) & \beta(I_{N-1}-\bar{L}) \end{bmatrix}$$

令 $\mu_i(i=1,\cdots,N-1)$ 代表 $I_{N-1}-\bar{L}$ 的特征根. 式 (3.86) 满足的特征方程为

$$p_\tau(s)=\prod_{i=1}^{N-1}g_i(s)=0 \tag{3.87}$$

其中

$$g_i(s)=s^2+(\beta s+\alpha)\mathrm{e}^{-s\tau_1}-(\beta s+\alpha)\mu_i\mathrm{e}^{-s(\tau_1+\tau_2)}$$

显然, 系统 (3.86) 是稳定的或者说 式 (1.3) 和式 (3.83) 构成的闭环系统达到一致当且仅当 $p_\tau(s)$ 是稳定的. 由于时滞 τ_1 和 τ_2 是不同的并且不相称的 (不相称意味着时滞之间不是线性相关), 确定 $p_\tau(s)$ 的稳定性是具有挑战的. 这里, 我们先将 τ_1 和 τ_2 分别考虑. 首先, 我们给出没有 τ_2 的 $p_\tau(s)$ 的特征值的位置分析. 令 $\tau_{1\max}$ 为 $p_\tau(s)$ 稳定的 τ_1 最大临界值. 然后, 对于任意给定的 $\tau_1<\tau_{1\max}$, 均可以得到 τ_2 的对应的取值范围. 当 $\tau_2=0$, 由推论 3.2 可得以下引理.

引理 3.6 假设 3.1 和假设 3.2 的条件成立, 并且当 $\tau_1=\tau_2=0$ 时系统 (3.87) 是稳定的. 则当 $\tau_2=0$ 且 τ_1 连续增加时, 系统 (1.3) 和式 (3.83) 构成的闭环系统达到一致当且仅当

$$\tau_1<\tau_{1\max}=\min_{1\leqslant i\leqslant N-1}\frac{\theta_i}{\omega_i} \tag{3.88}$$

其中, θ_i 满足 $\cos\theta_i=(\alpha\mathscr{R}(1-\mu_i)-\beta\omega_i\mathscr{I}(1-\mu_i))/\omega_i^2$, $\sin\theta_i=(\beta\omega_i\mathscr{R}(1-\mu_i)+\alpha\mathscr{I}(1-\mu_i))/\omega_i^2$, 且 $\omega_i^2=(|1-\mu_i|^2\beta^2+\sqrt{|1-\mu_i|^4\beta^4+4|1-\mu_i|^2\alpha^2})/2$.

定理 3.10 对于式 (3.88) 中 给定的 $\tau_1<\tau_{1\max}$, 式 (1.3) 和式 (3.83) 构成的闭环系统达到一致当且仅当

$$\tau_2+\tau_1<\tau_{\max}=\min_{1\leqslant i\leqslant N-1}\frac{\theta_i}{\omega_i} \tag{3.89}$$

其中, θ_i 满足

$$\cos\theta_i=\frac{\eta_1+\omega_i^2(\beta\omega_i\mathscr{I}(\mu_i)-\alpha\mathscr{R}(\mu_i))}{(\beta^2\omega_i^2+\alpha^2)|\mu_i|^2} \tag{3.90}$$

$$\sin\theta_i=\frac{\eta_2-\omega_i^2(\beta\omega_i\mathscr{R}(\mu_i)+\alpha\mathscr{I}(\mu_i))}{(\beta^2\omega_i^2+\alpha^2)|\mu_i|^2} \tag{3.91}$$

且

$$\begin{aligned}\eta_1&=(\beta^2\omega_i^2+\alpha^2)(\cos(\omega_i\tau_1)\mathscr{R}(\mu_i)-\sin(\omega_i\tau_1)\mathscr{I}(\mu_i))\\ \eta_2&=(\beta^2\omega_i^2+\alpha^2)(\sin(\omega_i\tau_1)\mathscr{R}(\mu_i)+\cos(\omega_i\tau_1)\mathscr{I}(\mu_i))\end{aligned}$$

而 ω_i 满足

$$\omega_i^4-2\omega_i^3(\beta\sin(\omega_i\tau_1)+\alpha\cos(\omega_i\tau_1))(\beta^2\omega_i^2+\alpha^2)(|\mu_i|^2-1) \tag{3.92}$$

证明 注意到对于 $\tau_2=0$ 和给定的 τ_1 属于式 (3.88) 时 $p_\tau(s)$ 的根均位于左半平面, 当 τ_2 增加时, $p_\tau(s)$ 的位于右半平面的根的数量在 $p_\tau(\mathrm{j}\omega)=0$ 时将发生改变. 令 $s=\mathrm{j}\omega_i(\omega_i\neq0)$, 由 $g_i(s)=0$, 我们有

$$\mathrm{j}^2\omega_i^2=(\beta\mathrm{j}\omega_i+\alpha)\mu_i\mathrm{e}^{-\mathrm{j}\omega_i(\tau_1+\tau_2)}-(\beta\mathrm{j}\omega_i+\alpha)\mathrm{e}^{-\mathrm{j}\omega_i\tau_1} \tag{3.93}$$

取式 (3.93) 两端的模, 可得

$$\begin{aligned}&|\omega_i^2-\alpha\cos(\omega_i\tau_1)+\beta\omega_i\sin(\omega_i\tau_1)+\mathrm{j}(\beta\omega_i\cos(\omega_i\tau_1)-\alpha\sin(\omega_i\tau_1))|^2\\ =&|\alpha\mathscr{R}(\mu_i)-\beta\omega_i\mathscr{I}(\mu_i)+\mathrm{j}(\beta\omega_i\mathscr{R}(\mu_i)+\alpha\mathscr{I}(\mu_i))|^2\end{aligned} \tag{3.94}$$

由计算可知, 式 (3.94) 可以被写为式 (3.92). 另外, 分离式 (3.93) 的实部和虚部并且令 $\theta_i = \omega_i(\tau_1 + \tau_2)$ 可以得到式 (3.90) 和式 (3.91). 因此, 当 τ_2 增加到式 (3.89) 中的 $\tau_{\max} - \tau_1$ 时, $p_\tau(s)$ 的根会穿越虚轴或者到达虚轴又返回. 所以, 如果 $\tau_2 + \tau_1$ 小于 $\tau_{\max}$, 一致性将会保持. □

注 3.8 $p_\tau(s)$ 的右半平面根的数量的改变依赖于虚根的穿越方向. 这里的分析是基于给定的 τ_1, 因此穿越方向依赖于 τ_1. 尽管如此, 使得系统保持一致的 τ_2 的最大容许上界是可以得到的. 但是我们知道当 ω_i 从 0 增加到 ∞ 时, 这两个时滞是同时变化的. 因此, 在考虑两时滞同时变化的情况下进行一致性分析更有意义.

令 $\tau_a = \tau_1, \tau_b = \tau_1 + \tau_2$ 并将式 (3.87) 中的 $g_i(s)$ 写为

$$h_i(s) = 1 + h_{1i}(s)\mathrm{e}^{-s\tau_a} + h_{2i}(s)\mathrm{e}^{-s\tau_b} \tag{3.95}$$

其中

$$\begin{aligned} h_{1i}(s) &= \frac{(\beta s + \alpha)\mathrm{e}^{-s\tau_a}}{s^2} \\ h_{2i}(s) &= -\frac{(\beta s + \alpha)\mu_i \mathrm{e}^{-s\tau_b}}{s^2} \end{aligned}$$

因此, 对于所有的 $s \neq 0$, 可以用 $h_i(s) = 0$ 替代 $g_i(s) = 0$.

当 ω_i 从 0 连续增加到 ∞, $\prod_{i=1}^{N-1} h_i(\mathrm{j}\omega_i) = 0$ 或者 $p_\tau(\mathrm{j}\omega) = 0$ 的根将穿越虚轴. 令 $\varOmega$ 作为所有 $\omega_i > 0$ 的集合使得对于某些正的 (τ_a, τ_b) 有 $p_\tau(\mathrm{j}\omega) = 0$. 对于任何的 $\omega \in \varOmega$, 所有满足 $p_\tau(\mathrm{j}\omega) = 0$ 的 (τ_a, τ_b) 可以被找到. 用 $\mathcal{T}$ 表示使得 $p_\tau(\mathrm{j}\omega) = 0$ 的 $(\tau_a, \tau_b) \in \mathbb{R}^2$ 的集合. 点 $(\tau_a, \tau_b) \in \mathcal{T}$ 被称为穿越点. 集合 $\mathcal{T}$ 包含所有的穿越点并形成了穿越曲线. 对于 $\tau_1 = 0$ 和 $\tau_2 = 0$ 时 $p_\tau(s)$ 右半平面根的数量是很容易确定的, 然后, 通过确定在每个穿越点时的穿越方向, 右半平面根为 0 的区域可以被获得.

对于给定的 $s = \mathrm{j}\omega_i, \omega_i \neq 0$, 我们可以将 $h_i(s)$ 所包含的三项看作复平面中的三个向量, 分别具有模 1、$|h_{1i}(\mathrm{j}\omega_i)|$ 和 $|h_{2i}(\mathrm{j}\omega_i)|$. $h_i(s) = 0$ 意味着这三个向量可以形成图 3.3 中的三角形, 并很容易获得下面的引理.

引理 3.7 对于每个 $\omega_i \neq 0$, $s = \mathrm{j}\omega_i$ 为 $g_i(s) = 0$ 的一个根当且仅当

$$|h_{1i}(\mathrm{j}\omega_i)| + |h_{2i}(\mathrm{j}\omega_i)| \geqslant 1 \tag{3.96}$$

$$-1 \leqslant |h_{1i}(\mathrm{j}\omega_i)| - |h_{2i}(\mathrm{j}\omega_i)| \leqslant 1 \tag{3.97}$$

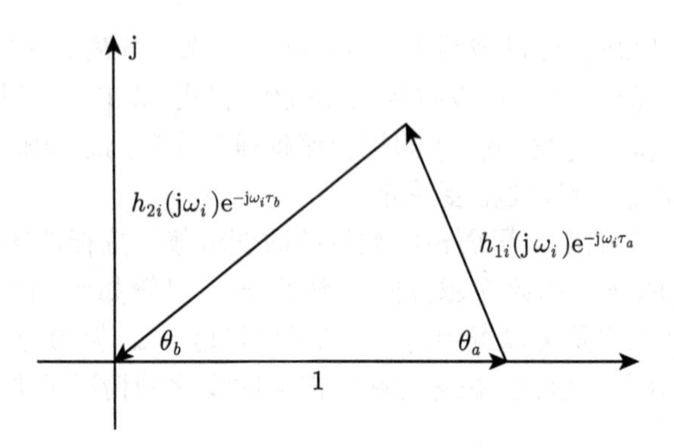

图 3.3　$|h_{1i}(\mathrm{j}\omega_i)|$、$|h_{2i}(\mathrm{j}\omega_i)|$ 和 1 构成的三角形

定理 3.11　对于任意的 $\omega_i \in \Omega$, 所有的 $(\tau_a, \tau_b) \in \mathcal{T}$ 可以由下面的式子确定:

$$\tau_a^+ = \frac{\arctan\frac{\beta\omega_i}{\alpha} + (2k_a - 1)\pi + \theta_a}{\omega_i}$$

$$k_a = k_a^+, k_a^+ + 1, k_a^+ + 2, \cdots, \quad k_a^+ > 0 \tag{3.98}$$

$$\tau_a^- = \frac{\arctan\frac{\beta\omega_i}{\alpha} + (2k_a - 1)\pi - \theta_a}{\omega_i}$$

$$k_a = k_a^-, k_a^- + 1, k_a^- + 2, \cdots, \quad k_a^- < 0 \tag{3.99}$$

$$\tau_b^+ = \frac{\arctan\frac{\alpha\mathscr{I}(\mu_i)+\beta\omega_i\mathscr{R}(\mu_i)}{\alpha\mathscr{R}(\mu_i)-\beta\omega_i\mathscr{I}(\mu_i)} + (2k_b - 1)\pi - \theta_b}{\omega_i}$$

$$k_b = k_b^+, k_b^+ + 1, k_b^+ + 2, \cdots, \quad k_b^+ > 0 \tag{3.100}$$

$$\tau_b^- = \frac{\arctan\frac{\alpha\mathscr{I}(\mu_i)+\beta\omega_i\mathscr{R}(\mu_i)}{\alpha\mathscr{R}(\mu_i)-\beta\omega_i\mathscr{I}(\mu_i)} + (2k_b - 1)\pi + \theta_b}{\omega_i}$$

$$k_b = k_b^-, k_b^- + 1, k_b^- + 2, \cdots, \quad k_b^- < 0 \tag{3.101}$$

其中, $k_a^+, k_a^-, k_b^+, k_b^-$ 是使得 τ_a, τ_b 非负的最小整数, 并且 θ_a, θ_b 可以由下式获得:

$$\theta_a = \arccos\frac{1 + \frac{\beta^2\omega_i^2+\alpha^2}{\omega_i^4} - \frac{(\beta^2\omega_i^2+\alpha^2)|\mu_i|^2}{\omega_i^4}}{\frac{2\sqrt{\beta^2\omega_i^2+\alpha^2}}{\omega_i^2}}$$

$$\theta_b = \arccos\frac{1 + \frac{(\beta^2\omega_i^2+\alpha^2)|\mu_i|^2}{\omega_i^4} - \frac{\beta^2\omega_i^2+\alpha^2}{\omega_i^4}}{\frac{2\sqrt{\beta^2\omega_i^2+\alpha^2|\mu_i|}}{\omega_i^2}}$$

证明 由图 3.3 中三角形的结构, 易知

$$\angle h_{1i}(\mathrm{j}\omega_i) + \angle \mathrm{e}^{-\mathrm{j}\omega_i\tau_a} = \pi - \theta_a \tag{3.102}$$

并且

$$\angle \mathrm{e}^{-\mathrm{j}\omega_i\tau_a} = -\theta_a + \pi - \angle h_{1i}(\mathrm{j}\omega_i) \tag{3.103}$$

可知

$$\omega_i\tau_a = \theta_a + \angle h_{1i}(\mathrm{j}\omega_i) - \pi + 2k\pi \tag{3.104}$$

则有

$$\tau_a = \frac{\angle h_{1i}(\mathrm{j}\omega_i) + (2k-1)\pi + \theta_a}{\omega_i} \tag{3.105}$$

其中, k 是使得 $\tau_a > 0$ 的所有可能的整数. 显然, 式 (3.105) 可以写为式 (3.98).

同样地

$$\angle h_{2i}(\mathrm{j}\omega_i) + \angle \mathrm{e}^{-\mathrm{j}\omega_i\tau_b} = \pi + \theta_b \tag{3.106}$$

易得

$$\tau_b = \frac{\angle h_{2i}(\mathrm{j}\omega_i) + (2k-1)\pi - \theta_b}{\omega_i} \tag{3.107}$$

其中, k 是使得 $\tau_b > 0$ 的所有可能的整数. 式 (3.107) 等价于式 (3.100). 式 (3.99) 和式 (3.101) 可以由图 3.3 关于实轴的镜像图获得. □

显然 (τ_a, τ_b) 属于周期函数. 为了进一步揭示 $\mathcal{T}$ 的几何性质, 我们给出关于 Ω 的一些描述. 由文献 [56] 可知, Ω 是由有限个有限长度的间隔组成的. 令这些间隔为 $\Omega_m(m=1,2,\cdots,M)$, 则 $\Omega = \bigcup\limits_{m=1}^{M}\Omega_m$, $\Omega_m = [\omega_m^l, \omega_m^r]$. 对于每个 Ω_m 和给定的 (k_a, k_b), 用 $\mathcal{T}_{k_a,k_b}^{\pm m}$ 代表连续曲线且 $\mathcal{T}_{k_a,k_b}^{\pm m} = \{(\tau_a^{\pm}(\omega_i), \tau_b^{\pm}(\omega_i)) | \omega_i \in \Omega_m\}$. 下面我们分析每个 $\mathcal{T}_{k_a,k_b}^{\pm m}$ 的连接方式.

根据引理 3.7, 每个间隔 Ω_m 的连接点必须满足

$$|h_{1i}(\mathrm{j}\omega_i)| + |h_{2i}(\mathrm{j}\omega_i)| = 1, \quad |h_{1i}(\mathrm{j}\omega_i)| - |h_{2i}(\mathrm{j}\omega_i)| = 1 \tag{3.108}$$

或者

$$|h_{1i}(\mathrm{j}\omega_i)| + |h_{2i}(\mathrm{j}\omega_i)| = 1, \quad |h_{1i}(\mathrm{j}\omega_i)| - |h_{2i}(\mathrm{j}\omega_i)| = -1 \tag{3.109}$$

如果 $|h_{1i}(\mathrm{j}\omega_i)|-|h_{2i}(\mathrm{j}\omega_i)|=1$, 由图 3.3 可知 $\theta_a=0,\theta_b=\pi$. 则对于 $\mathcal{T}^{+m}_{k_a,k_b}$, 有

$$\tau_a^+=\frac{\arctan\frac{\beta\omega_i}{\alpha}+(2k_a-1)\pi}{w_i}$$

$$\tau_b^+=\frac{\arctan\frac{\alpha\mathscr{I}(\mu_i)+\beta\omega_i\mathscr{R}(\mu_i)}{\alpha\mathscr{R}(\mu_i)-\beta\omega_i\mathscr{I}(\mu_i)}+2(k_b-1)\pi-\pi}{\omega_i}$$

对于 $\mathcal{T}^{-m}_{k_a,k_b-1}$, 有

$$\tau_a^+=\frac{\arctan\frac{\beta\omega_i}{\alpha}+(2k_a-1)\pi}{w_i}$$

$$\tau_b^+=\frac{\arctan\frac{\alpha\mathscr{I}(\mu_i)+\beta\omega_i\mathscr{R}(\mu_i)}{\alpha\mathscr{R}(\mu_i)-\beta\omega_i\mathscr{I}(\mu_i)}+(2(k_b-1)-1)\pi+\pi}{\omega_i}$$

因此, $\mathcal{T}^{+m}_{k_a,k_b}$ 与 $\mathcal{T}^{-m}_{k_a,k_b-1}$ 连接.

类似地, 如果 $|h_{1i}(\mathrm{j}\omega_i)|-|h_{2i}(\mathrm{j}\omega_i)|=-1$, 可知 $\mathcal{T}^{+m}_{k_a,k_b}$ 和 $\mathcal{T}^{-m}_{k_a+1,k_b}$ 连接. 如果 $|h_{1i}(\mathrm{j}\omega_i)|+|h_{2i}(\mathrm{j}\omega_i)|=1$, 则 $\mathcal{T}^{+m}_{k_a,k_b}$ 和 $\mathcal{T}^{-m}_{k_a,k_b}$ 连接.

注 3.9 根据定理 3.11, 对于任意 $\omega_i\in\Omega$, 通过式 (3.98)~ 式 (3.101) 可以获得 $(\tau_a,\tau_b)\in\mathcal{T}$ 的确切值. 根据式 (3.108) 和式 (3.109), 每个间隔 Ω_m 都能被确定, 因此当 ω_i 在 Ω_m 中连续改变时, 一致性穿越曲线的确切描述可以被获得.

注 3.10 穿越曲线将 (τ_1,τ_2) 平面分割为多个区域, 在每个区域中系统右半平面根的数量不会发生改变. 通过考虑在 $\tau_1=\tau_2=0$ 时右边平面根的数量及在穿越点的穿越方向, 所有的区域中的右半平面根的数量都可以被确定. 由于穿越点可以是任选的, 因此穿越方向的计算不是唯一的, 但在同一条穿越曲线上肯定是一样的. 我们可以用 $\mathscr{R}\left(\dfrac{\partial s}{\partial\tau_1}\right)_{s=\mathrm{j}\omega_i}$ 来计算穿越方向.

3.5 数值算例

例 3.1 考虑二阶系统 (1.3) , 其具有如图 3.4 所示的拓扑结构. 拉普拉斯矩阵 L 的特征值为 $0,1,1.5+0.866\mathrm{j},1.5-0.866\mathrm{j}$. 令 $\alpha=0.5$, $\beta=1$, $\gamma=1$, 易知引理 3.1 中的条件成立. 在分布式 PI 控制协议 (3.1) 下二阶系统 (1.3) 可以实现一致. 通过计算可知, 条件 (3.6) 满足. 解式 (3.9) 获得 $\omega_1=1.0861$, $\omega_2=\omega_3=1.7547$, 且 $\mathscr{R}\left(\dfrac{\mathrm{d}s}{\mathrm{d}\tau}\right)\Bigg|_{s=\mathrm{j}\omega_i}>0(i=1,2,3)$. 由定理 3.2 可知, 当且仅当 $\tau<0.2563$ 系统可以维持二阶一致. 图 3.5~ 图 3.8 为时滞为 0.25 和 0.26 时系统的位置和速度的仿真图.

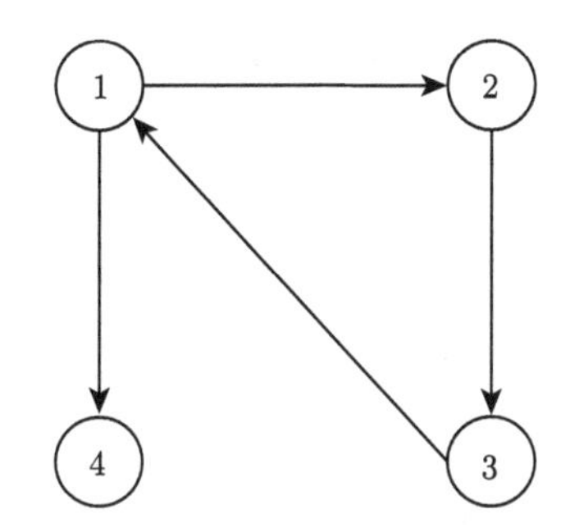

图 3.4 具有有向生成树的拓扑结构 (1)

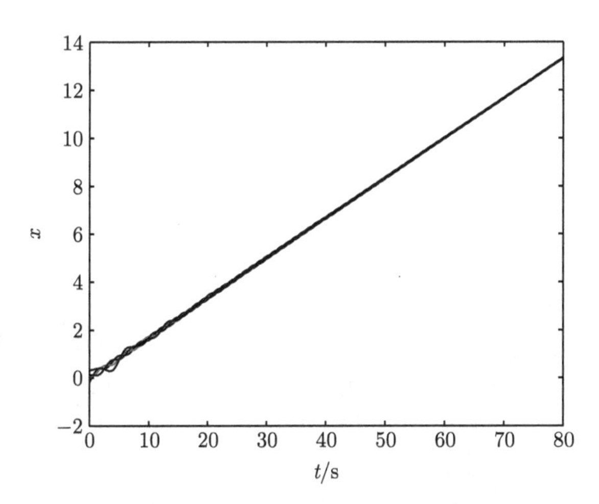

图 3.5 $\tau = 0.25$ 时智能体的位置情况

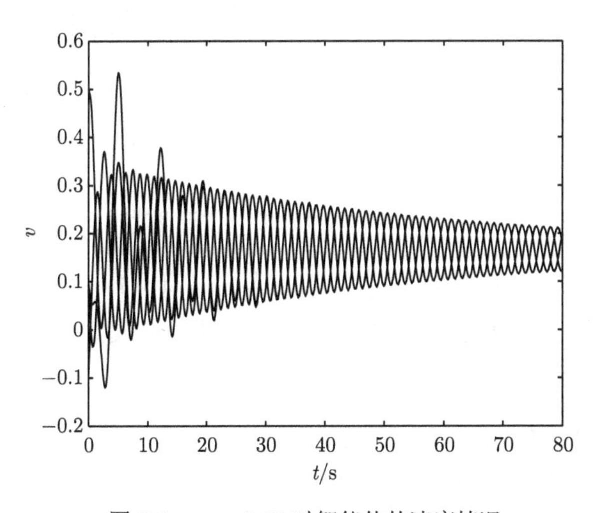

图 3.6 $\tau = 0.25$ 时智能体的速度情况

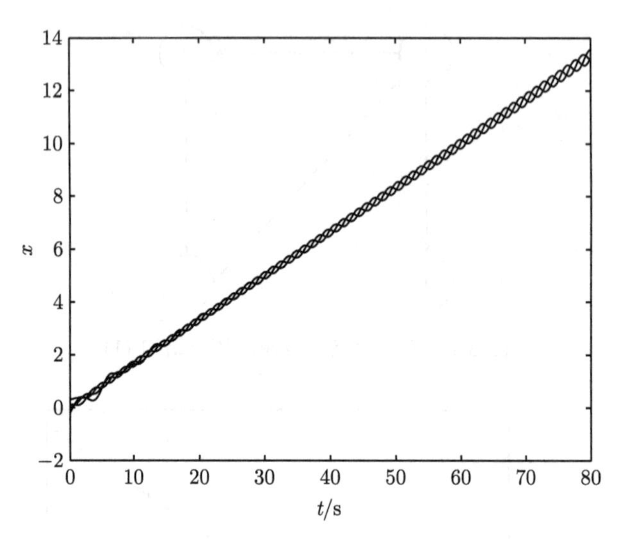

图 3.7　$\tau = 0.26$ 时智能体的位置情况

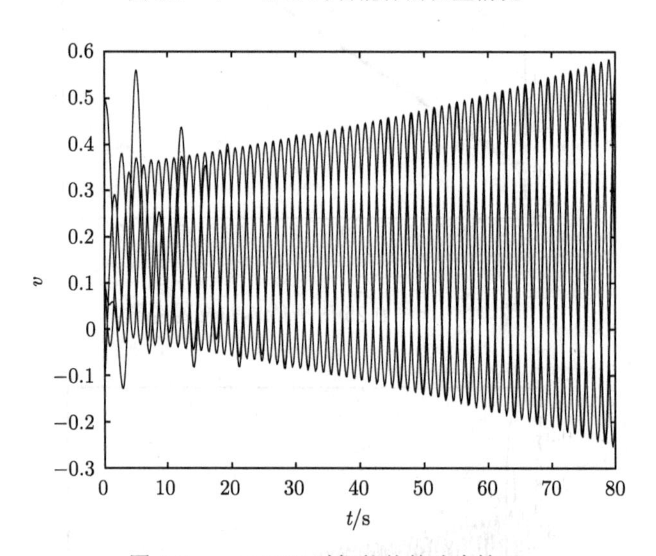

图 3.8　$\tau = 0.26$ 时智能体的速度情况

若令 $\alpha = 1$, $\beta = 0.8$, $\gamma = 4$, 易知在分布式 PI 控制协议 (3.1) 下二阶系统 (1.3) 可以实现一致. 检验可知条件 (3.6) 不满足. 解式 (3.9) 获得 $\omega_1 = 3.9408$, $\omega_2 = \omega_3 = 6.8947$, 且 $\mathscr{R}(\dfrac{\mathrm{d}s}{\mathrm{d}\tau})|_{s=\mathrm{j}\omega_i} > 0$ $(i = 1, 2, 3)$. 通过计算可知, 当且仅当 $\tau < 0.1476$ 系统可以维持二阶一致. 这个例子显示出条件 (3.6) 并非必要条件. 图 3.9~ 图 3.12 为时滞为 0.146 和 0.148 时系统的位置和速度的仿真图.

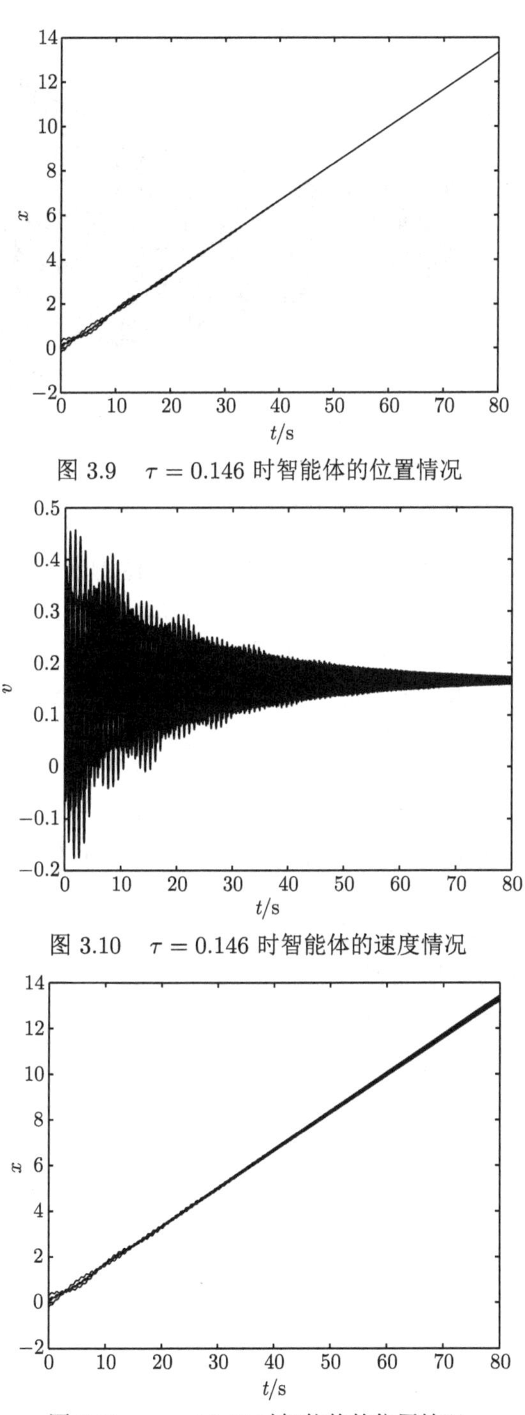

图 3.9 $\tau = 0.146$ 时智能体的位置情况

图 3.10 $\tau = 0.146$ 时智能体的速度情况

图 3.11 $\tau = 0.148$ 时智能体的位置情况

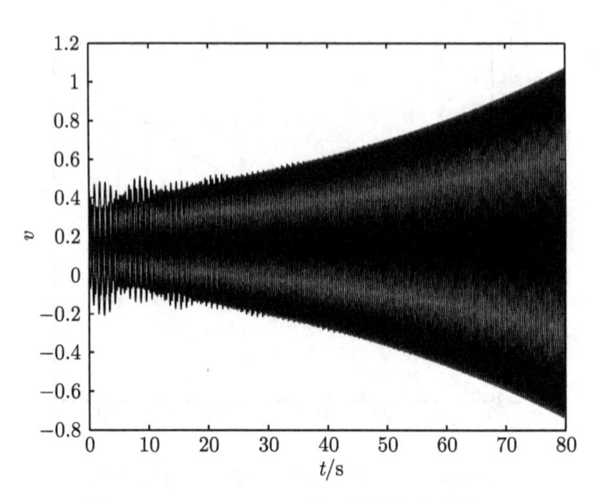

图 3.12　$\tau = 0.148$ 时智能体的速度情况

例 3.2　考虑二阶系统 (1.3), 其具有如图 3.13 所示的拓扑结构. 拉普拉斯矩阵 L 的特征值为 $0, 1, 1, 1$. 令 $\alpha = 1$, $\beta = 0.54$, $\gamma = 2$, 易知在分布式 PI 控制协议 (3.1) 下二阶系统 (1.3) 可以实现一致. 通过计算可知条件 (3.6) 不满足. 解式 (3.9) 获得 $\omega_1 = 0.7587$, $\omega_2 = 0.7870$, $\omega_3 = 1.6748$, 对应的穿越方向分别为 $\mathscr{R}\left(\dfrac{\mathrm{d}s}{\mathrm{d}\tau}\right)|_{s=\mathrm{j}\omega_1} > 0$, $\mathscr{R}\left(\dfrac{\mathrm{d}s}{\mathrm{d}\tau}\right)|_{s=\mathrm{j}\omega_2} < 0$, $\mathscr{R}\left(\dfrac{\mathrm{d}s}{\mathrm{d}\tau}\right)|_{s=\mathrm{j}\omega_3} > 0$. 当 $\omega_1 = 0.7587$ 时, 计算可得 $\tau_1 = 0.4661$. 当 $\omega_2 = 0.7870$ 时, 可得 $\tau_2 = 0.6504$. 当 $\omega_3 = 1.6748$ 时, 得 $\tau_3 = 0.8223$. 易知当 $\tau = 0$ 时, $g_1(s) = g_2(s) = g_3(s) = 0$ 有一个实根和一对共轭复根. 则当 τ 由 0 增加到 0.4661 时, 三对共轭复根从左半平面穿越到右半平面, 当 τ 继续增加到 0.6504 时, 这三对复根又从右半平面穿回到左半平面, 如图 3.14 所示. 当 τ 继续增加到 0.8223 时, 三对复根由左半平面穿越到右半平面, 如图 3.15 所示. 因此, 系统在 $0 \leqslant \tau < 0.4661$ 和 $0.6504 < \tau < 0.8223$ 时可以实现一致, 而当 $0.4661 \leqslant \tau \leqslant 0.6504$ 和 $\tau \geqslant 0.8223$ 时无法一致. 若令 $\alpha = 0$ 并利用

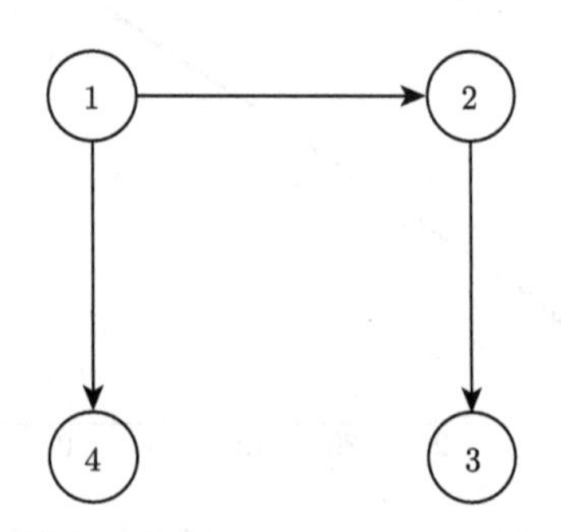

图 3.13　具有有向生成树的拓扑结构 (2)

文献 [48] 中的方法, 可知穿越方向全为正, 并且 τ 的最大容许上界为 0.7126. 即仅利用分布式比例控制协议的闭环系统在 $\tau \geqslant 0.7126$ 时无法实现一致. 因此, 我们提出的分布式 PI 控制协议极大地改变了闭环系统的控制性能.

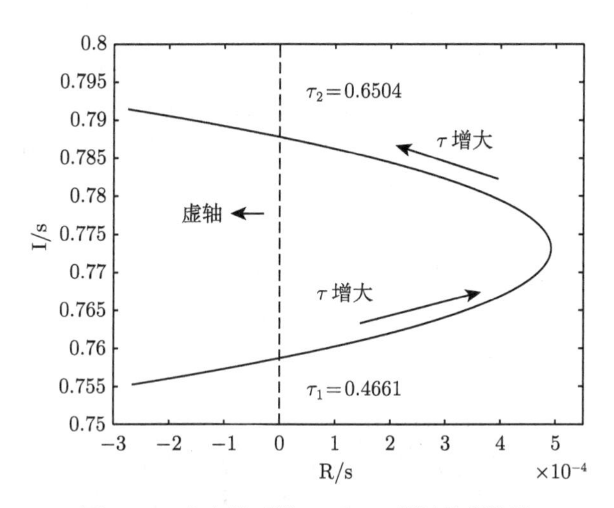

图 3.14 在穿越时滞 τ_1 和 τ_2 附近的根轨迹

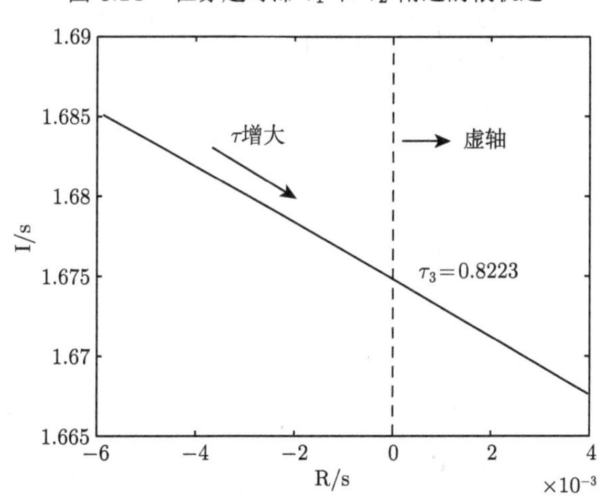

图 3.15 在穿越时滞 τ_3 附近的根轨迹

例 3.3 对于由三个智能体构成的无向连通的二阶系统 (1.3), 考虑控制协议 (3.24). 系统拉普拉斯矩阵非零特征值为 3, 3. 令 $\alpha = 0.9$, $\beta = 0.1$. 由定理 3.6 可得 $\tau_1^l = 0, \tau_1^r = 1.8138$. 左向穿越时滞集的间隔为 $\dfrac{2\pi}{\omega^l} = \dfrac{2\pi}{\sqrt{(\alpha-\beta)\times 3}} = 4.0558$, 右向穿越时滞的间隔为 $\dfrac{2\pi}{\omega^r} = \dfrac{2\pi}{\sqrt{(\alpha+\beta)\times 3}} = 3.6276$. 左向穿越时滞和

右向穿越时滞序列为

$$\{0, 4.0558, 8.1116, 12.1674, 16.2232, 20.279, \cdots\}$$
$$\{1.8138, 5.4414, 9.069, 12.6966, 16.3242, 19.9518, \cdots\}$$

因此, 一致性时滞容许间隔为 $(0, 1.8138)$、$(4.0558, 5.4414)$、$(8.1116, 9.069)$、$(12.1674, 12.6966)$ 和 $(16.2232, 16.3242)$. 当 $\tau \geqslant 16.3242$ 时, 系统无法一致.

例 3.4　考虑一阶系统 (1.1), 其具有如图 3.4 所示的拓扑结构. 拉普拉斯矩阵 L 的特征值为 $0, 1, 1.5+0.866\mathrm{j}, 1.5-0.866\mathrm{j}$. 令 $k_p = 0.6$, $k_i = 0.8$, 由引理 3.5 可知, $\tau = 0$ 时, 由 PID 控制器 (3.52) 组成的闭环系统是一致的. 由定理 3.9可得 $\omega_1 = 0.8805$, $\omega_2 = \omega_3 = 1.1806$, 且 $\tau_{\max} = 0.4683$. 多智能体系统的位置仿真图见图 3.16 和图 3.17, 可见当 $\tau = 0.46$ 时, 系统一致; 当 $\tau = 0.47$ 时, 系统不一致.

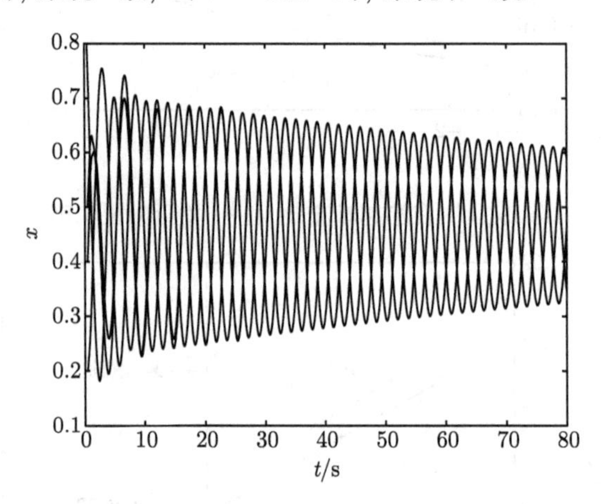

图 3.16　$\tau = 0.46$ 时系统位置状态

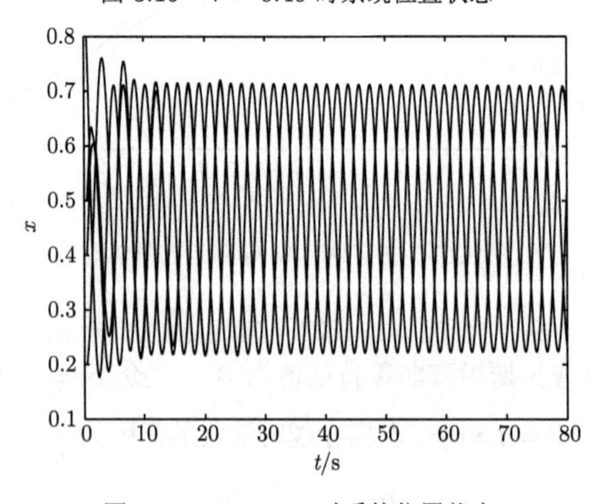

图 3.17　$\tau = 0.47$ 时系统位置状态

例 3.5 考虑二阶系统 (1.3), 其具有如图 3.18 所示的拓扑结构. $I_3-\bar{L}$ 的特征值 μ_i 为 $-0.7718, -0.1141+0.5576\mathrm{j}, -0.1141-0.5576\mathrm{j}$. 令 $\alpha=1$, $\beta=1$, 则由式 (3.87) 可知当 $\tau_1=\tau_2=0$ 时系统由控制协议 (3.83) 构成的闭环系统是一致的. 由引理 3.6 可知 τ_1 的最大容许上界为 0.3458. 如果令 $\tau_1=0.2$, 则由定理 3.10 可求得 τ_2 的最大容许上界为 0.8417. 尽管如此, 由下面的几何分析, 可知这个结论是保守的. 可以获得式 (3.95) 中的 $h_i(s)$ 为

$$
\begin{aligned}
h_1(s)&=1+\frac{s+1}{s^2}\mathrm{e}^{-\tau_a s}+\frac{0.7718(s+1)}{s^2}\mathrm{e}^{-\tau_b s}\\
h_2(s)&=1+\frac{s+1}{s^2}\mathrm{e}^{-\tau_a s}+\frac{(0.1141-0.5576\mathrm{j})(s+1)}{s^2}\mathrm{e}^{-\tau_b s}\\
h_3(s)&=1+\frac{s+1}{s^2}\mathrm{e}^{-\tau_a s}+\frac{(0.1141+0.5576\mathrm{j})(s+1)}{s^2}\mathrm{e}^{-\tau_b s}
\end{aligned}
$$

则 $|h_{11}(\mathrm{j}\omega)|\pm|h_{21}(\mathrm{j}\omega)|$ 对应 ω 的情况见图 3.19. 其中 $\Omega=\Omega_1=[0.5057\ 1.9841]$. 对于每个曲线的端点, $\mathcal{T}^{+1}_{k_a,k_b}$ 与 $\mathcal{T}^{-1}_{k_a,k_b}$ 连接在一个端点, $\mathcal{T}^{+1}_{k_a,k_b}$ 与 $\mathcal{T}^{-1}_{k_a,k_b-1}$ 连接在另一个端点.

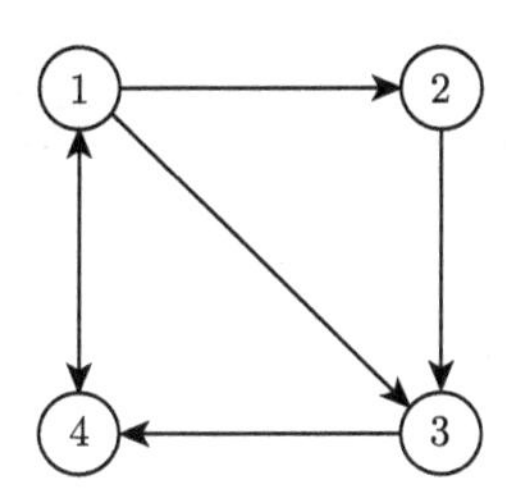

图 3.18 具有有向生成树的拓扑结构 (3)

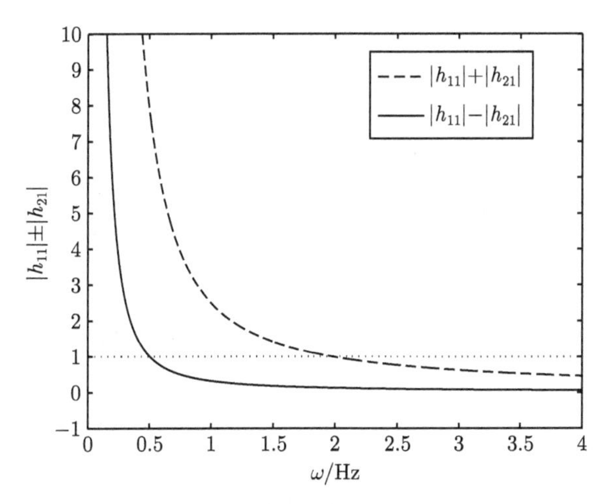

图 3.19 $|h_{11}(\mathrm{j}\omega)|\pm|h_{21}(\mathrm{j}\omega)|$ 对应 ω

根据定理 3.11, 完整的穿越曲线 τ 如图 3.20 所示. τ 包含了 $\mathbb{R}^2$ 平面上使得 $p_\tau(\mathrm{j}\omega) = 0$ 具有虚根的所有点 (τ_a, τ_b) 的集合. τ 将 $\mathbb{R}^2$ 平面分为多个区域, 每个区域中右边平面根的数量不会发生改变. 注意到 $\tau_a = \tau_1$ 和 $\tau_b = \tau_1 + \tau_2$, 则图 3.20 中虚线以上的左上区域是值得关注的. 通过计算 $\mathscr{R}\left(\dfrac{\partial s}{\partial \tau_1}\right)_{s=\mathrm{j}\omega_i}$ 的符号去判断穿越方向, 每个区域中右半平面根的个数得以确定. 如图 3.21 所示的部分区域, 仅有一个标有 0 的区域里的系统右半平面特征根为 0 , 即输入时滞和通信时滞在这一区域取值时多智能体系统可以保持一致. 显然, 时滞的最大容许上界比由引理 3.6 和定理 3.10 求得的要大.

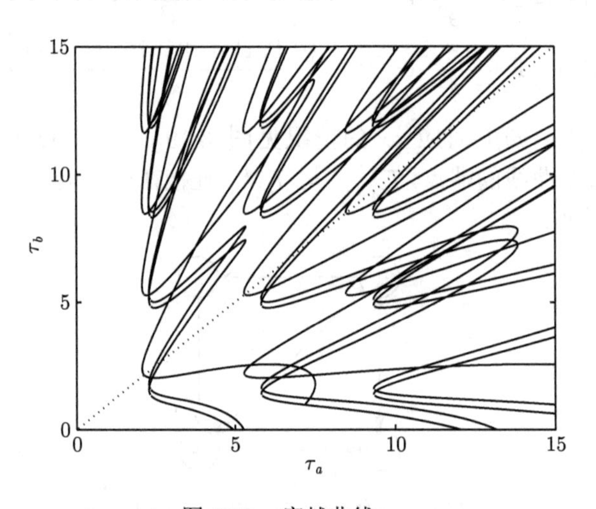

图 3.20　穿越曲线 τ

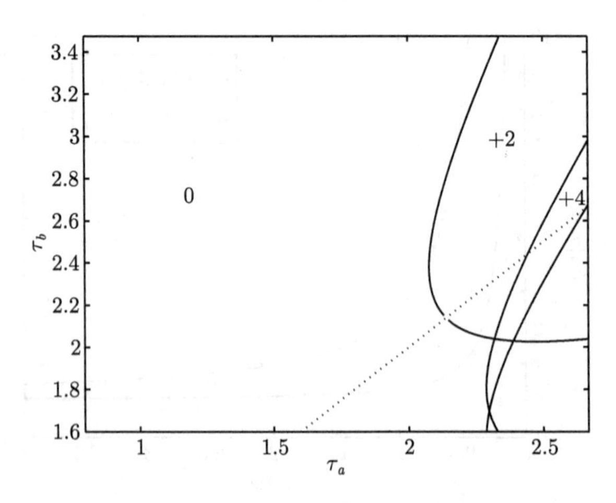

图 3.21　各区域及右半平面根的情况

3.6 小　结

本章分析了具有时滞的积分器形式的多智能体系统一致性问题. 对于一阶积分器系统, 提出了 PID 形式的分布式控制器, 获得了保证系统一致的最大时滞上界. 对于二阶积分器系统, 分别设计了利用邻居节点位置状态和速度状态的分布式控制器和只利用邻居节点位置状态的分布式控制器, 揭示出时滞会对系统的一致性起到积极作用这一科学发现. 最后讨论了同时具有通信时滞和输入时滞的二阶多智能体系统的一致性问题, 从几何角度刻画了保证系统维持一致的时滞边界. 理论分析均通过数值仿真验证了其有效性.

第 4 章　异质多智能体系统分布式一致

4.1　引　　言

现有文献对于多智能体一致性问题的研究主要基于“同质”节点的研究. 这里的“同质”指的是每个智能体的系数矩阵是相同的, 在这种情况下, 首先设计基于邻居节点状态信息的控制协议, 再利用直积理论和矩阵分析原理, 将多个智能体系统的一致性问题转化为单个系统的稳定性问题. 在这一研究框架下, 涌现出了大量的相关研究成果. 在实际应用中, 异质多智能体系统相较于同质多智能体系统更适合描述物理模型, 特别是在任务复杂的环境中, 允许每个智能体可以拥有独立特性的异质多智能体系统更能发挥作用. 一个很自然的问题是, 相同的智能体能够一致是由于其相同的动态特性, 如果考虑的是异质多智能体系统, 现有的研究方法还适用吗? 这里的异质不仅仅指每个智能体的系数矩阵不同, 甚至每个子系统的维数也不同. 显然原有的直积方法在这里是不适用的, 想获得状态同步或一致都是不可能的, 因此寻找新的研究方法急不可待.

区别于由微分（差分）方程构成的正常系统, 广义系统是由耦合的微分（差分）方程和代数方程所描述的系统, 它是正常系统的更一般形式. 广义多智能体系统广泛存在于实际工程应用中, 如网络化的三连杆操作器, 带有拓扑约束的多机器人合作控制. 尽管如此, 广义多智能体系统的协调控制的理论成果却鲜有涉及. 文献 [57] 研究了同质高阶广义多智能体系统的容许一致性, 并利用广义系统二次最优理论获得了分布式控制协议的控制参数. 文献 [58] 结合矩阵理论和线性矩阵不等式方法讨论了具有时滞的同质高阶广义多智能体系统容许条件下的一致性分析问题, 并给出了系统达到容许一致的状态函数. 值得指出的是, 针对广义异质多智能体系统的协调输出一致问题尚没有发现相关的理论成果. 由于异质多智能体系统一致性分析本身存在的难度, 加之广义系统的本质特性, 广义异质多智能体系统的分布式协调控制问题必然存在一定的研究难度.

另外, 具有未知控制方向的多智能体系统是一类特殊的异质系统, 此处的异质体现在各个智能体的控制方向未知且不相同. 处理未知控制方向的标准方法是 Nussbaum 增益方法[59]. 文献 [60] 和文献 [61] 分别研究了一阶和二阶积分器形式的具有未知控制方向的多智能体系统一致性问题. 但文献 [61] 中需要假设系统中一阶积分器的控制方向是已知的并且为 1 . 如果考虑每一阶的控制方向都未知且进一步考虑高阶系统, 则现有的方法均不适用.

区别于一致问题, 最优一致（最优同步）考虑了多智能体系统实现一致的同时达到成本或能耗的最优, 相关成果可见文献 [62]、[63]. 解决线性系统最优一致问题的经典方法是利用最优控制理论获得可以使成本方程取最小值的最优控制器, 而最小化成本方程的过程通常被转化为求解相应的代数里卡蒂方程 (algebraic Riccati equation, ARE) 的过程, 该方程可以利用系统模型信息直接求解. 然而, 在实际应用中精确的系统模型是很难获得的, 这给 ARE 的求解带来了很大的困难. 因此, 研究者提出了一类无模型算法, 即通过强化学习 (reinforcement learning, RL) [64,65] 思想或自适应动态规划[66,67] 方法设计迭代算法. RL 的基本思想是在系统中应用试验控制策略, 对性能结果进行评估, 并在此基础上更新控制策略以提高性能. 对于异质多智能体系统的输出一致问题, 往往需要使用内模方法或求解调节方程. 如何利用强化学习算法在不使用内模并不求解调节方程的情况下解决系统动态信息完全未知的异质多智能体系统的最优输出一致问题或最优输出调节问题具有一定的挑战.

本章首先考虑无领导者和有领导者的线性异质多智能体系统的协调输出一致问题. 动态一致性协议得以提出, 这一动态协议的参数依赖于输出调节方程的解和一个同质系统. 借助同质系统成熟的协调控制分析方法, 异质系统的一致性问题得以解决. 在此基础上研究了广义异质多智能体系统的分布式输出调节问题, 提出了新颖的具有较低保守性的分布式观测器. 基于观测值分别设计了分布式广义输出反馈控制器和分布式正常输出反馈控制器. 另外, 针对每一阶的控制方向均允许未知的高阶线性多智能体系统, 利用自适应反推技术和新颖的 Nussbaum 条件不等式, 解决了其一致性问题. 最后, 基于强化学习方法提出了解决异质多智能体系统的最优输出调节的研究方案.

4.2 线性异质多智能体协调输出一致

考虑如下线性异质多智能体系统:

$$\begin{cases} \dot{x}_i = A_i x_i + B_i u_i \\ y_i = C_i x_i, \quad i = 1, 2, \cdots, N \end{cases} \tag{4.1}$$

其中, $x_i \in \mathbb{R}^{n_i}$、$y_i \in \mathbb{R}^q$、$u_i \in \mathbb{R}^{m_i}$ 分别是状态向量、输出向量和控制输入. 由于每个智能体的动态都是不同的, 特别是状态矩阵的维数也不同, 因此状态一致无法实现. 我们期望实现智能体的输出一致.

定义 4.1 如果对于任意初始条件, 下面公式成立, 则称异质多智能体系

统 (4.1) 实现输出一致：

$$\lim_{t\to\infty}\|y_i - y_j\| = 0, \quad \forall i, j = 1, 2, \cdots, N$$

4.2.1 无领导者协调输出一致

如果异质智能体 (4.1) 能实现输出一致, 则各子系统必将追踪到一个由动态矩阵 S 和输出矩阵 D 构成的虚拟外部系统[68]. 因此, 我们设计如下分布式控制协议:

$$\begin{cases} u_i = K_i(x_i - \Pi_i\eta_i) + \Gamma_i\eta_i \\ \dot{\eta}_i = S\eta_i + QF\displaystyle\sum_{j=1}^{N} a_{ij}(\eta_j - \eta_i), \quad i = 1, 2, \cdots, N \end{cases} \tag{4.2}$$

其中, $K_i \in \mathbb{R}^{m_i\times n_i}$、$F \in \mathbb{R}^{k\times r}$ 和 $Q \in \mathbb{R}^{r\times k}$ 是待定矩阵; $S \in \mathbb{R}^{r\times r}$ 代表虚拟控制系统的状态; $\Pi_i \in \mathbb{R}^{n_i\times r}$ 和 $\Gamma_i \in \mathbb{R}^{m_i\times r}$ 可以通过求解以下调控方程获得：

$$\begin{cases} \Pi_i S = A_i\Pi_i + B_i\Gamma_i \\ 0 = C_i\Pi_i - D \end{cases} \tag{4.3}$$

引理 4.1[69,70]　考虑控制协议 (4.2). 假设 (S, Q) 是可镇定的且网络拓扑 $\mathcal{G}$ 具有有向生成树. 令 $F = \max\left(1, \dfrac{1}{\min\limits_{\lambda\in\Lambda^+(L)}\Re(\lambda)}\right)Q^{\mathrm{T}}P$, 其中 $P = P^{\mathrm{T}}$ 是下列方程的解:

$$S^{\mathrm{T}}P + PS + I_r - PQQ^{\mathrm{T}}P = 0 \tag{4.4}$$

则有

$$\lim_{t\to\infty}\eta_i = \lim_{t\to\infty}\eta_j = \eta_0, \quad \forall i, j = 1, 2, \cdots, N \tag{4.5}$$

其中, η_0 是一个实数值函数.

定理 4.1　假设 (A_i, B_i) 是可镇定的且网络拓扑 $\mathcal{G}$ 具有有向生成树. 考虑控制协议 (4.2). 如果 K_i 使得 $A_i + B_iK_i$ 是 Hurwitz 的, Π_i 和 Γ_i 是调控方程 (4.3) 的解, F 由引理 4.1 求得, 则异质系统 (4.1) 能实现输出一致.

证明　令

$$\varepsilon_i = x_i - \Pi_i\eta_i$$

$$\varepsilon = \mathrm{col}(\varepsilon_1, \varepsilon_2, \cdots, \varepsilon_N)$$

$$\eta = \mathrm{col}(\eta_1, \eta_2, \cdots, \eta_N)$$

我们有

$$\begin{aligned}\dot{\varepsilon}_i &= \dot{x}_i - \Pi_i\dot{\eta}_i \\ &= A_i x_i + B_i u_i - \Pi_i\left(S\eta_i + QF\sum_{j=1}^{N} a_{ij}(\eta_j - \eta_i)\right) \\ &= A_i x_i + B_i K_i \varepsilon_i + B_i \Gamma_i \eta_i - A_i \Pi_i \eta_i - B_i \Gamma_i \eta_i - \Pi_i QF\sum_{j=1}^{N} a_{ij}(\eta_j - \eta_i) \\ &= (A_i + B_i K_i)\varepsilon_i - \Pi_i QF\sum_{j=1}^{N} a_{ij}(\eta_j - \eta_i)\end{aligned} \tag{4.6}$$

因此可得

$$\dot{\varepsilon} = (A + BK)\varepsilon - \operatorname{blockdiag}(\Pi_i)(L \otimes QF)\eta \tag{4.7}$$

由引理 4.1, 有

$$\lim_{t\to\infty} \eta = 1_N \otimes \eta_0 \tag{4.8}$$

则

$$\lim_{t\to\infty} \operatorname{blockdiag}(\Pi_i)(L \otimes QF)\eta = 0 \tag{4.9}$$

因此, 可以得到 $\lim\limits_{t\to\infty} \varepsilon = 0$, 继而 $\lim\limits_{t\to\infty} y_i = \lim\limits_{t\to\infty} C_i \Pi_i \eta_i = D\eta_0$. □

注 4.1 根据定理 4.1, 动态控制器 (4.2) 保证了异质多智能体系统 (4.1) 的输出一致. 其中关键技术在于使得各异质子系统的状态趋向由调控方程的解和虚拟系统的状态构成的函数, 即 $x_i \to \Pi_i\eta_i$. 值得注意的是, $\dot{\eta}_i = S\eta_i + QF\sum_{j=1}^{N} a_{ij}(\eta_j - \eta_i)$ 是同质系统, 并且可以用同质多智能体系统中已经发展较成熟的技术分析. 由引理 4.1, 可得 $\eta_i \to \eta_j$.

在实际中, 系统状态往往是不可获得的. 在这种情况下, 我们提出基于观测器的动态调节器:

$$\begin{cases} u_i &= K_i(\hat{x}_i - \Pi_i\eta_i) + \Gamma_i\eta_i \\ \dot{\eta}_i &= S\eta_i + QF\sum_{j=1}^{N} a_{ij}(\eta_j - \eta_i) \\ \dot{\hat{x}}_i &= A_i\hat{x}_i + B_i u_i - H_i(C_i x_i - C_i\hat{x}_i), \quad i = 1, 2, \cdots, N \end{cases} \tag{4.10}$$

其中, $\hat{x}_i$ 代表状态 x_i 的估计.

定理 4.2　假设 (A_i, B_i) 是可镇定的, (A_i, C_i) 是可观测的, 且网络拓扑 $\mathcal{G}$ 具有有向生成树. 考虑控制协议 (4.10). 如果 K_i 和 H_i 使得 $A_i+B_iK_i$ 和 $A_i+H_iC_i$ 是 Hurwitz 的, Π_i 和 Γ_i 是调控方程 (4.3) 的解, F 由引理 4.1 求得, 则异质系统 (4.1) 能实现输出一致.

证明　令

$$\begin{aligned}
\varepsilon_i &= x_i - \Pi_i\eta_i \\
e_i &= x_i - \hat{x}_i \\
\varepsilon &= \operatorname{col}(\varepsilon_1, \varepsilon_2, \cdots, \varepsilon_N) \\
\eta &= \operatorname{col}(\eta_1, \eta_2, \cdots, \eta_N) \\
e &= \operatorname{col}(e_1, e_2, \cdots, e_N)
\end{aligned}$$

有

$$\begin{aligned}
\dot{\varepsilon}_i =& \dot{x}_i - \Pi_i\dot{\eta}_i \\
=& A_ix_i + B_iu_i - \Pi_i\left(S\eta_i + QF\sum_{j=1}^{N} a_{ij}(\eta_j - \eta_i)\right) \\
=& A_ix_i + B_iK_i(\hat{x} - \Pi_i\eta_i) + B_i\Gamma_i\eta_i - A_i\Pi_i\eta_i - B_i\Gamma_i\eta_i - \Pi_iQF\sum_{j=1}^{N} a_{ij}(\eta_j - \eta_i) \\
=& A_ix_i - A_i\Pi_i\eta_i + B_iK_i(x_i - \Pi_i\eta_i) + B_iK_i(\hat{x}_i - x_i) - \Pi_iQF\sum_{j=1}^{N} a_{ij}(\eta_j - \eta_i) \\
=& (A_i + B_iK_i)\varepsilon_i - B_iK_ie_i - \Pi_iQF\sum_{j=1}^{N} a_{ij}(\eta_j - \eta_i)
\end{aligned} \tag{4.11}$$

则

$$\dot{\varepsilon} = (A + BK)\varepsilon - \operatorname{blockdiag}(B_iK_ie_i) - \operatorname{blockdiag}(\Pi_i)(L \otimes QF)\eta \tag{4.12}$$

注意到

$$\begin{aligned}
\dot{e}_i =& A_ix_i + B_iu_i - A_i\hat{x}_i - B_iu_i + H_i(y_i - \hat{y}_i) \\
=& (A_i + H_iC_i)e_i
\end{aligned} \tag{4.13}$$

因此, 我们得到 $\lim\limits_{t\to\infty} \varepsilon = 0$, 继而有 $\lim\limits_{t\to\infty} y_i = \lim\limits_{t\to\infty} C_i\Pi_i\eta_i = D\eta_0$. □

4.2.2　有领导者协调输出一致

在本小节中, 考虑具有领导者的异质智能体系统的一致性问题. 领导者的动力学方程为

$$\begin{cases} \dot{v} = Sv \\ w = Dv \end{cases} \tag{4.14}$$

如果智能体 i 能够获得领导者信息, 则一条虚拟边 $(i,0)$ 存在且 $a_{i0}=1$; 否则, $a_{i0}=0$. 权重矩阵定义为 $G=\operatorname{diag}(a_{i0})_{N\times N}$. 提出以下输出一致协议:

$$\begin{aligned}u_i&=K_i(x_i-\Pi_i\rho_i)+\Gamma_i\eta_i\\ \dot{\rho}_i&=S\rho_i+\mu M\left(\sum_{j=1}^{N}a_{ij}(\rho_j-\rho_i)+a_{i0}(v-\rho_i)\right),\quad i=1,2,\cdots,N\end{aligned}\tag{4.15}$$

其中, $K_i\in\mathbb{R}^{m_i\times n_i}$、$M\in\mathbb{R}^{r\times r}$ 及 $\mu\in\mathbb{R}$ 待定; $S\in\mathbb{R}^{r\times r}$ 代表虚拟系统的状态; $\Pi_i\in\mathbb{R}^{n_i\times r}$ 和 $\Gamma_i\in\mathbb{R}^{m_i\times r}$ 可以由调控方程 (4.3) 获得.

引理 4.2[71] 假设网络拓扑 $\mathcal{G}$ 具有有向生成树且根节点 r 可以获得领导者的信息, 即 $a_{r0}=1$. 令 X 和 Y 为正定矩阵. 设计控制增益 $M=Y^{-1}P$, 其中 P 是下面的代数里卡蒂方程的唯一正定解:

$$S^{\mathrm{T}}P+PS+X-PY^{-1}P=0\tag{4.16}$$

如果

$$\mu\geqslant\frac{1}{2\min\limits_{\lambda\in\Lambda(L+G)}\Re(\lambda)}\tag{4.17}$$

则

$$\lim_{t\to\infty}\rho_i-v=0,\quad i=1,2,\cdots,N\tag{4.18}$$

定理 4.3 假设 (A_i,B_i) 是可镇定的, 网络拓扑 $\mathcal{G}$ 具有有向生成树且根节点 r 可以获得领导者的信息. 考虑控制协议 (4.15). 如果 K_i 使得 $A_i+B_iK_i$ 是 Hurwitz 的, Π_i 和 Γ_i 是调控方程 (4.3) 的解, μ 和 M 由引理 4.2获得. 则异质系统 (4.1) 能实现对领导者 (4.14) 的输出一致.

证明 令

$$\begin{aligned}\varepsilon_i&=x_i-\Pi_i\rho_i\\ \varepsilon&=\operatorname{col}(\varepsilon_1,\varepsilon_2,\cdots,\varepsilon_N)\\ \bar{\rho}_i&=\rho_i-v\\ \bar{\rho}&=\operatorname{col}(\bar{\rho}_1,\bar{\rho}_2,\cdots,\bar{\rho}_N)\end{aligned}$$

有

$$\begin{aligned}\dot{\varepsilon}_i&=\dot{x}_i-\Pi_i\dot{\rho}_i\\ &=A_ix_i+B_iu_i-\Pi_i\left(S\rho_i+\mu M\left(\sum_{j=1}^{N}a_{ij}(\rho_j-\rho_i)+a_{i0}(v-\rho_i)\right)\right)\\ &=A_ix_i+B_iK_i\varepsilon_i+B_i\Gamma_i\rho_i-A_i\Pi_i\rho_i-B_i\Gamma_i\rho_i\\ &\quad-\Pi_i\left(\mu M\left(\sum_{j=1}^{N}a_{ij}(\rho_j-\rho_i)+a_{i0}(v-\rho_i)\right)\right)\end{aligned}\tag{4.19}$$

即

$$\dot{\varepsilon}=(A+BK)\varepsilon-\mu\text{blockdiag}(\varPi_i)(\mathcal{L}+G)\otimes F\bar{\rho} \tag{4.20}$$

由引理 4.2, 有

$$\lim_{t\to\infty}\bar{\rho}=0 \tag{4.21}$$

因此 $\lim\limits_{t\to\infty}\varepsilon=0$. 继而获得 $\lim\limits_{t\to\infty}y_i=\lim\limits_{t\to\infty}C_i\varPi_i\rho_i=Dv=w$. □

注 4.2 与定理 4.1 类似, 动态输出协调一致协议 (4.15) 依赖于调控方程的解和同质系统. 同质系统 $\dot{\rho}_i=S\rho_i+\mu M\left(\sum\limits_{j=1}^{N}a_{ij}(\rho_j-\rho_i)+a_{i0}(v-\rho_i)\right)$ 的参数可以由引理 4.2 设计, 最后可得 $\rho_i\to v$.

针对系统状态不可得的情况, 设计如下基于状态观测器的动态协调器：

$$\begin{cases}u_i=K_i(\hat{x}_i-\varPi_i\rho_i)+\varGamma_i\rho_i\\ \dot{\rho}_i=S\rho_i+\mu M\left(\sum\limits_{j=1}^{N}a_{ij}(\rho_j-\rho_i)+a_{i0}(v-\rho_i)\right)\\ \dot{\hat{x}}_i=A_i\hat{x}_i+B_iu_i-H_i(C_ix_i-C_i\hat{x}_i),\quad i=1,2,\cdots,N\end{cases} \tag{4.22}$$

其中, $\hat{x}_i$ 代表状态 x_i 的估计.

定理4.4 假设 (A_i,B_i) 是可镇定的, (A_i,C_i) 是可观测的, 网络拓扑 $\mathcal{G}$ 具有有向生成树且根节点 r 可以获得领导者的信息. 考虑控制协议 (4.22). 如果 K_i 和 H_i 使得 $A_i+B_iK_i$ 和 $A_i+H_iC_i$ 是 Hurwitz 的, $\varPi_i$ 和 $\varGamma_i$ 是调控方程 (4.3) 的解, μ 和 M 由引理 4.2 获得. 则异质系统 (4.1) 能实现对领导者 (4.14) 的输出一致.

证明 证明参见定理 4.2 和定理 4.3. □

4.3 广义线性异质多智能体系统协调输出调节

4.2 节中, 研究了线性异质多智能体系统的协调输出一致问题, 本节进一步研究广义子系统组成的异质多智能体系统的协调输出调节问题.

考虑如下 N 个广义线性系统构成的一组智能体系统：

$$\begin{cases}E_i\dot{x}_i=A_ix_i+B_iu_i+P_iv\\ e_i=C_ix_i+F_iv\\ y_i=C_{mi}x_i+F_{mi}v,\quad i=1,2,\cdots,N\end{cases} \tag{4.23}$$

其中, $x_i \in \mathbb{R}^{n_i}$、$u_i \in \mathbb{R}^{m_i}$、$y_i \in \mathbb{R}^{p_i}$ 和 $e_i \in \mathbb{R}^{p_{mi}}$ 分别是智能体 i 的状态、控制输入、测量输出及调控输出; $v \in \mathbb{R}^q$ 代表需要被抑制的扰动或需要被跟踪的参考输入, 由以下外部子系统产生

$$\dot{v} = Sv \tag{4.24}$$

外部系统 v 可以看成领导者且假设只有部分智能体能够直接获得 v 的状态信息. 如果智能体 i 可以获得 v 的信息, 则用虚拟边 $(i,0)$ 表示且有 $a_{i0} > 0$. 否则, $a_{i0} = 0$. 将权重矩阵表示为 $G = \text{diag}(a_{i0})_{N\times N}$.

假设系统状态不可用作反馈控制, 我们提出如下分布式输出反馈控制器:

$$\begin{cases} u_i = K_{1i}\xi_i + K_{2i}\eta_i \\ \dot{\eta}_i = S\eta_i + \mu H\left(\sum\limits_{j\in\mathcal{N}_i} a_{ij}(\eta_j - \eta_i) + a_{i0}(v - \eta_i)\right) \\ E_{ci}\dot{\xi}_i = \mathcal{G}_{1i}\xi_i + \mathcal{G}_{2i}y_i, \quad i = 1, 2, \cdots, N \end{cases} \tag{4.25}$$

注 4.3 在协调控制器 (4.25) 中, η_i 可以看成 v 的估计. 一个非标准的增益矩阵 H 被添加到这个估计器. 这个设计相比于现有的文献提供了更有效且保守性更低的设计. 文献 [72]、[73] 中的观测器被设计为 $\dot{\eta}_i = S\eta_i + \mu\left(\sum\limits_{j\in\mathcal{N}_i} a_{ij}(\eta_j - \eta_i) + a_{i0}(v - \eta_i)\right)$, 其中 μ 必须要求是无限大从而使得 $\lim\limits_{t\to\infty}(\eta_i - v) = 0$ 成立. 在我们接下来的里卡蒂设计方法中, μ 可以选择为具有较小保守性的式 (4.30). 文献 [74] 中提出了一种参考信号产生器为 $\dot{\eta}_i = S\eta_i + \left(\sum\limits_{j\in\mathcal{N}_i} a_{ij}(\eta_j - \eta_i)\right)$, 其中 η_i 无法渐近跟踪 v. 另外, S 的谱被要求是纯虚的, 这也是非常保守的.

令

$$\begin{aligned}
&x = \text{col}(x_1, \cdots, x_N), \quad \xi = \text{col}(\xi_1, \cdots, \xi_N), \quad x_c = \text{col}(x, \xi, \eta) \\
&\bar{v} = \text{col}(v, \cdots, v), \quad e = \text{col}(e_1, \cdots, e_N), \quad \eta = \text{col}(\eta_1, \cdots, \eta_N) \\
&A = \text{blockdiag}(A_1, \cdots, A_N), \quad B = \text{blockdiag}(B_1, \cdots, B_N) \\
&C = \text{blockdiag}(C_1, \cdots, C_N), \quad P = \text{blockdiag}(P_1, \cdots, P_N) \\
&F = \text{blockdiag}(F_1, \cdots, F_N), \quad E = \text{blockdiag}(E_1, \cdots, E_N) \\
&E_c = \text{blockdiag}(E_{c1}, \cdots, E_{cN}), \quad \tilde{E} = \text{blockdiag}(E, E_c, I) \\
&F_m = \text{blockdiag}(F_{m1}, \cdots, F_{mN}), \quad C_m = \text{blockdiag}(C_{m1} \\
&\cdots, C_{mN}), \quad K_1 = \text{blockdiag}(K_{11}, \cdots, K_{1N})
\end{aligned}$$

$$K_2 = \text{blockdiag}(K_{21}, \cdots, K_{2N})$$

由式 (4.23)、式 (4.24) 和控制器 (4.25) 构成的闭环系统为

$$\begin{cases} \tilde{E}\dot{x}_c = A_c x_c + B_c \bar{v} \\ e = C_c x_c + F\bar{v} \end{cases} \tag{4.26}$$

系统 (4.23) 和系统 (4.24) 的协调输出调节问题是可解的, 如果存在一个分布式控制器 (4.25) 使得:

(1) $(\tilde{E}, A_c)$ 是稳定的;

(2) $\lim\limits_{t\to\infty} e_i = 0$ $(i = 1, 2, \cdots, N)$ 对于任意初始条件成立.

假设 4.1 S 不具有负实部的特征根.

假设 4.2 (E_i, A_i, B_i) 是可稳的, (E_i, A_i, C_i) 是可观测的.

假设 4.3 线性广义输出调控方程:

$$\begin{cases} E_i \varPi_i S = A_i \varPi_i + B_i \varGamma_i + P_i \\ 0 = C_i \varPi_i + F_i, \quad i = 1, 2, \cdots, N \end{cases} \tag{4.27}$$

存在解对 $(\varPi_i, \varGamma_i)$.

假设 4.4 有向图 $\mathcal{G}$ 具有有向生成树且至少存在一个节点 i 能直接获得外部系统的信息, 即 $a_{i0} > 0$.

假设 4.5 (E_i, A_i) 是标准的.

由 Luenburger 观测器理论结合式 (4.25) 设计如下的分布式广义输出反馈控制器:

$$\begin{cases} u_i = K_{1i}\xi_i + K_{2i}\eta_i, \quad i \in \mathcal{N} \\ \dot{\eta}_i = S\eta_i + \mu H\left(\sum\limits_{j\in\mathcal{N}_i} a_{ij}(\eta_j - \eta_i) + a_{i0}(v - \eta_i)\right) \\ E_i\dot{\xi}_i = A_i\xi_i + B_i u_i + P_i\eta_i + L_i(y_i - C_{mi}\xi_i - F_{mi}\eta_i) \end{cases} \tag{4.28}$$

考虑闭环系统 (4.26), 令 $L = \text{blockdiag}(L_1, \cdots, L_N)$. 我们有 $\tilde{E} = \text{blockdiag}(E, E, I)$, 且

$$A_c = \begin{bmatrix} A & BK_1 & BK_2 \\ LC_m & A + BK_1 - LC_m & BK_2 + P - LF_m \\ 0 & 0 & I_N \otimes S - \mu(\mathcal{L} + G) \otimes H \end{bmatrix}$$

$$B_c = \begin{bmatrix} P \\ LF_m \\ \mu(\mathcal{L}+G)\otimes H \end{bmatrix}$$

引理 4.3[71] 令 Q 和 R 是正定的. 设计控制率 H 使得 $H = R^{-1}M$, 其中 M 是下列代数里卡蒂方程的唯一正定解:

$$0 = S^{\mathrm{T}}M + MS + Q - MR^{-1}M \tag{4.29}$$

如果假设 4.4 成立且

$$\mu \geqslant \frac{1}{2\min\limits_{i\in\mathcal{N}} \Re(\lambda_i)} \tag{4.30}$$

其中, λ_i $(i \in \mathcal{N})$ 是 $(\mathcal{L}+G)$ 的特征值. 则有

$$\lim_{t\to\infty}(\eta_i - v) = 0, \quad i = 1, 2, \cdots, N \tag{4.31}$$

定理 4.5 假设 4.1∼ 假设 4.5 成立的前提下, 基于输出反馈控制器 (4.28), 系统 (4.23) 和系统 (4.24) 的协调输出调控问题是可解的, 其中 μ 和 H 由引理 4.3 获得, K_{1i}、L_i $(i = 1, 2, \cdots, N)$ 选择为使得 $(E_i, A_i + B_iK_{1i})$、$(E_i, A_i - L_iC_{mi})$ 是稳定的且 $K_{2i} = \varGamma_i - K_{1i}\varPi_i$ $(i = 1, 2, \cdots, N)$, $(\varPi_i, \varGamma_i)$ 是式 (4.27) 的解.

证明 容易得到 $T^{-1}A_cT = \bar{A}_c$, $T^{-1}\tilde{E}T = \tilde{E}$, 其中

$$T = \begin{bmatrix} I & 0 & 0 \\ I & I & 0 \\ 0 & 0 & I \end{bmatrix}$$

$$\bar{A}_c = \begin{bmatrix} A+BK_1 & BK_1 & BK_2 \\ 0 & A-LC_m & P-LF_m \\ 0 & 0 & I_N\otimes S-\mu(\mathcal{L}+G)\otimes H \end{bmatrix}$$

由假设 4.2和假设 4.3 以及引理 4.3, 我们知道 $(\tilde{E}, \bar{A}_c)$ 是稳定的, 则 $(\tilde{E}, A_c)$ 也是稳定的. 令

$$\begin{aligned}
&\tilde{x}_i = x_i - \varPi_i v \\
&\tilde{\xi}_i = \xi_i - \varPi_i v \\
&\tilde{x} = \mathrm{col}(\tilde{x}_1, \cdots, \tilde{x}_N) \\
&\tilde{\eta}_i = \eta_i - v, \quad \tilde{\xi} = \mathrm{col}(\tilde{\xi}_1, \cdots, \tilde{\xi}_N) \\
&\tilde{\eta} = \mathrm{col}(\tilde{\eta}_1, \cdots, \tilde{\eta}_N)
\end{aligned}$$

$$\Pi = \text{blockdiag}(\Pi_1, \cdots, \Pi_N)$$
$$\bar{S} = \text{blockdiag}(S, \cdots, S)$$

有

$$\begin{aligned} E\dot{\tilde{x}} &= E\dot{x} - E\Pi\dot{\bar{v}} \\ &= Ax + BK_1\xi + BK_2\eta + P\bar{v} - E\Pi\bar{S}\bar{v} \\ &= A\tilde{x} + BK_1\tilde{\xi} + BK_2\tilde{\eta} \end{aligned} \tag{4.32}$$

及

$$\begin{aligned} E\dot{\tilde{\xi}} &= E\dot{\xi} - E\Pi\dot{\bar{v}} \\ &= A\xi + BK_1\xi + BK_2\eta + P\eta \\ &\quad + L(C_m x + F_m v - C_m\xi - F_m\eta) - E\Pi\bar{S}\bar{v} \\ &= (A + BK_1)\tilde{\xi} + BK_2\tilde{\eta} + P\tilde{\eta} - LF_m\tilde{\eta} \\ &\quad + LC_m\tilde{x} - LC_m\tilde{\xi} \end{aligned} \tag{4.33}$$

联合式 (4.32) 和式 (4.33) 可得

$$\begin{aligned} \begin{bmatrix} E\dot{\tilde{x}} \\ E\dot{\tilde{\xi}} \end{bmatrix} &= \begin{bmatrix} A & BK_1 \\ LC_m & A + BK_1 - LC_m \end{bmatrix} \begin{bmatrix} \tilde{x} \\ \tilde{\xi} \end{bmatrix} \\ &\quad + \begin{bmatrix} BK_2 \\ BK_2 + P - LF_m \end{bmatrix} \tilde{\eta} \end{aligned} \tag{4.34}$$

由于 $(\tilde{E}, A_c)$ 是稳定的, 可知 $\lim\limits_{t\to\infty} \tilde{x} = 0$, $\lim\limits_{t\to\infty} \tilde{\xi} = 0$. 并且, 我们有

$$e = C(\tilde{x} + \Pi\bar{v}) + F\bar{v} = C\tilde{x} + (C\Pi + F)\bar{v} = C\tilde{x} \tag{4.35}$$

因此, $\lim\limits_{t\to\infty} e = 0$. □

由于广义控制器在现实应用中不是很方便, 接下来我们将设计一般形式的分布式输出反馈控制器保证协调广义输出调节问题的可解. 对于系统 (4.23), 存在非奇异矩阵 T_{1i}、$T_{2i}(i = 1, 2, \cdots, N)$ 使得

$$\bar{E}_i = T_{1i}E_iT_{2i} = \begin{bmatrix} I & 0 \\ 0 & 0 \end{bmatrix} \tag{4.36}$$

令

$$\bar{A}_i = T_{1i}A_iT_{2i} = \begin{bmatrix} \bar{A}_{11i} & \bar{A}_{12i} \\ \bar{A}_{21i} & \bar{A}_{22i} \end{bmatrix}$$
$$\bar{B}_i = T_{1i}B_i = \begin{bmatrix} \bar{B}_{1i} \\ \bar{B}_{2i} \end{bmatrix}$$
$$\bar{P}_i = T_{1i}P_i = \begin{bmatrix} \bar{P}_{1i} \\ \bar{P}_{2i} \end{bmatrix}$$
$$\bar{x}_i = T_{2i}^{-1}x_i = \begin{bmatrix} \bar{x}_{1i} \\ \bar{x}_{2i} \end{bmatrix}$$
$$\bar{C}_i = C_iT_{2i} = \begin{bmatrix} \bar{C}_{1i} & \bar{C}_{2i} \end{bmatrix}$$
$$\bar{C}_{mi} = C_{mi}T_{2i} = \begin{bmatrix} \bar{C}_{1mi} & \bar{C}_{2mi} \end{bmatrix}$$

则系统 (4.23) 可以被描述为

$$\begin{cases} \dot{\bar{x}}_{1i} = \bar{A}_{11i}\bar{x}_{1i} + \bar{A}_{12i}\bar{x}_{2i} + \bar{B}_{1i}u_i + \bar{P}_{1i}v \\ 0 = \bar{A}_{21i}\bar{x}_{1i} + \bar{A}_{22i}\bar{x}_{2i} + \bar{B}_{2i}u_i + \bar{P}_{2i}v \\ e_i = \bar{C}_i\bar{x}_i + F_iv \\ y_i = \bar{C}_{mi}\bar{x}_i + F_{mi}v \end{cases} \tag{4.37}$$

由假设 4.5, 以下的方程成立:

$$\bar{x}_{2i} = -\bar{A}_{22i}^{-1}(\bar{A}_{21i}\bar{x}_{1i} + \bar{B}_{2i}u_i + \bar{P}_{2i}v) \tag{4.38}$$

由式 (4.38) 和式 (4.37) 可得降阶系统:

$$\begin{cases} \dot{\bar{x}}_{1i} = A_{ri}\bar{x}_{1i} + B_{ri}u_i + P_{ri}v \\ e_i = C_{ri}\bar{x}_{1i} + D_{ri}u_i + F_{ri}v \\ y_i = C_{rmi}\bar{x}_{1i} + D_{rmi}u_i + F_{rmi}v \end{cases} \tag{4.39}$$

其中

$$A_{ri} = \bar{A}_{11i} - \bar{A}_{12i}\bar{A}_{22i}^{-1}\bar{A}_{21i}$$
$$B_{ri} = \bar{B}_{1i} - \bar{A}_{12i}\bar{A}_{22i}^{-1}\bar{B}_{2i}$$
$$P_{ri} = \bar{P}_{1i} - \bar{A}_{12i}\bar{A}_{22i}^{-1}\bar{P}_{2i}$$
$$C_{ri} = \bar{C}_{1i} - \bar{C}_{2i}\bar{A}_{22i}^{-1}\bar{A}_{21i}$$
$$D_{ri} = -\bar{C}_{2i}\bar{A}_{22i}^{-1}\bar{B}_{2i}$$

$$
\begin{aligned}
F_{ri} &= F_i - \bar{C}_{2i}\bar{A}_{22i}^{-1}\bar{P}_{2i} \\
C_{rmi} &= \bar{C}_{1mi} - \bar{C}_{2mi}\bar{A}_{22i}^{-1}\bar{A}_{21i} \\
D_{rmi} &= -\bar{C}_{2mi}\bar{A}_{22i}^{-1}\bar{B}_{2i} \\
F_{rmi} &= F_{mi} - \bar{C}_{2mi}\bar{A}_{22i}^{-1}\bar{P}_{2i}
\end{aligned}
$$

对于降阶系统 (4.39), 设计如下的协调输出反馈控制器:

$$
\begin{cases}
u_i = K_{1i}\zeta_i + K_{2i}\eta_i \\
\dot{\eta}_i = S\eta_i + \mu H\left(\sum\limits_{j\in\mathcal{N}_i} a_{ij}(\eta_j - \eta_i) + a_{i0}(v - \eta_i)\right) \\
\dot{\zeta}_i = A_{ri}\zeta_i + B_{ri}u_i + P_{ri}\eta_i + L_i\left(y_i - (C_{rmi}\zeta_i\right. \\
\left.+D_{rmi}u_i + F_{rmi}\eta_i)\right), \quad i = 1, 2, \cdots, N
\end{cases}
\tag{4.40}
$$

令

$$
\begin{aligned}
&\bar{x}_1 = \mathrm{col}(\bar{x}_{11}, \cdots, \bar{x}_{1N}) \\
&\zeta = \mathrm{col}(\zeta_1, \cdots, \zeta_N) \\
&\eta = \mathrm{col}(\eta_1, \cdots, \eta_N), \quad x_{rc} = \mathrm{col}(\bar{x}_1, \zeta, \eta) \\
&A_r = \mathrm{blockdiag}(A_{r1}, \cdots, A_{rN}) \\
&B_r = \mathrm{blockdiag}(B_{r1}, \cdots, B_{rN}) \\
&C_r = \mathrm{blockdiag}(C_{r1}, \cdots, C_{rN}) \\
&P_r = \mathrm{blockdiag}(P_{r1}, \cdots, P_{rN}) \\
&F_r = \mathrm{blockdiag}(F_{r1}, \cdots, F_{rN}) \\
&C_{rm} = \mathrm{blockdiag}(C_{rm1}, \cdots, C_{rmN}) \\
&F_{rm} = \mathrm{blockdiag}(F_{rm1}, \cdots, F_{rmN}) \\
&D_r = \mathrm{blockdiag}(D_{r1}, \cdots, D_{rN}) \\
&D_{rm} = \mathrm{blockdiag}(D_{rm1}, \cdots, D_{rmN})
\end{aligned}
$$

有

$$
\dot{x}_{rc} = A_{rc}x_c + B_{rc}\bar{v} \tag{4.41}
$$

其中

$$
A_{rc} = \begin{bmatrix} A_r & B_rK_1 & B_rK_2 \\ LC_{rm} & \tilde{A}_{rc} & B_rK_2 + P_r - LF_{rm} \\ 0 & 0 & I_N \otimes S - \mu(\mathcal{L} + G) \otimes H \end{bmatrix}
$$

$$B_{rc} = \begin{bmatrix} P_r \\ LF_{rm} \\ \mu(\mathcal{L}+G)\otimes H \end{bmatrix}, \quad \tilde{A}_{rc} = A_r + B_r K_1 - LC_{rm}$$

令

$$\bar{\varPi}_i = T_{2i}^{-1}\varPi_i = \begin{bmatrix} \bar{\varPi}_{1i} \\ \bar{\varPi}_{2i} \end{bmatrix} \tag{4.42}$$

则广义调控方程 (4.27) 可以写为以下一般形式的调控方程:

$$\begin{aligned} &\bar{\varPi}_{1i}S = A_{ri}\bar{\varPi}_{1i} + B_{ri}\varGamma_i + P_{ri} \\ &0 = C_{ri}\bar{\varPi}_{1i} + D_{ri}\varGamma_i + F_{ri}, \quad i=1,2,\cdots,N \end{aligned} \tag{4.43}$$

注 4.4 在假设 4.5 成立的条件下, 由文献 [75] 中的引理 8.5, 我们知道如果 (E_i, A_i, B_i) 是可稳的, 则 (A_{ri}, B_{ri}) 是可稳的, 如果 (E_i, C_i, A_i) 是可测的, 则 (C_{ri}, A_{ri}) 是可测的.

引理 4.4 假设 4.1~ 假设 4.5 成立的前提下, 基于输出反馈控制器 (4.40), 系统 (4.39) 和系统 (4.24) 的协调输出调节问题是可解的, 其中 μ 和 H 由引理 4.3 获得, K_{1i}、L_i $(i=1,2,\cdots,N)$ 选择为使得 $A_{ri}+B_{ri}K_{1i}$、$A_{ri}-L_iC_{rmi}$ 是 Hurwitz 的且 $K_{2i} = \varGamma_i - K_{1i}\bar{\varPi}_{1i}(i\in\mathcal{N})$, $(\bar{\varPi}_{1i}, \varGamma_i)$ 是式 (4.43) 的解.

证明 由假设 4.2~ 假设 4.5, 可知式 (4.41) 中的 A_{rc} 是 Hurwitz 的, 即由式 (4.39) 和式 (4.40) 构成的闭环系统是渐近稳定的. 令 $\tilde{x}_{1i} = \bar{x}_{1i} - \bar{\varPi}_{1i}v$, $\tilde{\zeta}_i = \zeta_i - \bar{\varPi}_{1i}v$, $\tilde{\eta}_i = \eta_i - v$. 由一般形式的调控方程 (4.43) 并利用定理 4.5 中相似的证明, 可得 $\lim\limits_{t\to\infty}\tilde{x}_{1i} = 0$, $\lim\limits_{t\to\infty}\tilde{\zeta}_i = 0$, 且 $\lim\limits_{t\to\infty} e_i = \lim\limits_{t\to\infty}(C_{ri}\tilde{x}_{1i} + D_{ri}K_{1i}\tilde{\zeta}_i + D_{ri}K_{2i}\tilde{\eta}_i) = 0$. □

定理 4.6 假设 4.1~ 假设 4.5 成立的前提下, 基于输出反馈控制器 (4.40), 系统 (4.23) 和系统 (4.24) 的协调输出调控问题是可解的, 其中 μ 和 H 由引理 4.3 获得, K_{1i}、L_i $(i=1,2,\cdots,N)$ 选择为使得 $A_{ri}+B_{ri}K_{1i}$、$A_{ri}-L_iC_{rmi}$ 是 Hurwitz 的且 $K_{2i} = \varGamma_i - K_{1i}\varPi_i$ $(i=1,2,\cdots,N)$, $(\varPi_i, \varGamma_i)$ 是 式 (4.43) 的解.

证明 由引理 4.4, 我们知道系统 (4.39) 和系统 (4.24) 基于控制器 (4.40) 可以实现协调输出调节. 注意到式 (4.39) 和控制器 (4.40) 组成的闭环系统可以表示为 $\dot{x}_{rc} = A_{rc}x_{rc} + B_{rc}\bar{v}$, $x_{rc} = \mathrm{col}(\bar{x}_1, \zeta, \eta)$, 并且式 (4.23) 和式 (4.40) 构成的闭环系统可以表示为 $E_c\dot{x}_c = \hat{A}_c x_c + \hat{B}_c\bar{v}$, 其中 $x_c = \mathrm{col}(x, \zeta, \eta)$, $E_c = \mathrm{blockdiag}(E, I, I)$, 且

$$\hat{A}_c = \begin{bmatrix} A & BK_1 & BK_2 \\ LC_m & A_{c_{22}} & A_{c_{23}} \\ 0 & 0 & I_N\otimes S - \mu(\mathcal{L}+G)\otimes H \end{bmatrix}$$

$$A_{c_{22}} = A_r + B_r K_1 - LC_{rm} - LD_{rm} K_1$$
$$A_{c_{23}} = B_r K_2 + P_r - LF_{rm} - LD_{rm} K_2$$

令 $\bar{T}_1 = \text{blockdiag}(T_1, I, I)$, $\bar{T}_2 = \text{blockdiag}(T_2, I, I)$, $T_1 = \text{blockdiag}(T_{11}, \cdots, T_{1N})$, $T_2 = \text{blockdiag}(T_{21}, \cdots, T_{2N})$ 及

$$N_1 = \begin{bmatrix} I & -\bar{A}_{12}\bar{A}_{22}^{-1} & 0 & 0 \\ 0 & 0 & I & 0 \\ 0 & 0 & 0 & I \\ 0 & I & 0 & 0 \end{bmatrix}$$

$$N_2 = \begin{bmatrix} I & 0 & 0 & 0 \\ -\bar{A}_{22}^{-1}\bar{A}_{21} & -\bar{A}_{22}^{-1}\bar{B}_2 K_1 & -\bar{A}_{22}^{-1}\bar{B}_2 K_2 & I \\ 0 & I & 0 & 0 \\ 0 & 0 & I & 0 \end{bmatrix}$$

其中

$$\bar{B}_2 = \text{blockdiag}(\bar{B}_{21}, \cdots, \bar{B}_{2N})$$
$$\bar{A}_{12} = \text{blockdiag}(\bar{A}_{121}, \cdots, \bar{A}_{12N})$$
$$\bar{A}_{22} = \text{blockdiag}(\bar{A}_{221}, \cdots, \bar{A}_{22N})$$
$$\bar{A}_{21} = \text{blockdiag}(\bar{A}_{211}, \cdots, \bar{A}_{21N})$$

通过计算可得

$$N_1 \bar{T}_1 \hat{A}_c \bar{T}_2 N_2 = \begin{bmatrix} A_{rc} & * \\ 0 & \bar{A}_{22} \end{bmatrix}, \quad N_1 \bar{T}_1 E_c \bar{T}_2 N_2 = \begin{bmatrix} I & 0 \\ 0 & 0 \end{bmatrix} \tag{4.44}$$

即 A_{rc} 的稳定性和 $\bar{A}_{22}$ 的非奇异性意味着 $(E_c, \hat{A}_c)$ 的稳定性.

最后, 易知 $\lim\limits_{t\to\infty} e_i = \lim\limits_{t\to\infty}(C_i x_i + F_i v) = \lim\limits_{t\to\infty}(C_{ri}\bar{x}_{1i} + D_{ri}u_i + F_{ri}v) = 0$. 因此, 系统 (4.23) 和系统 (4.24) 的协调输出调节问题是可解的. □

保证协调广义输出调节问题可解的一般形式的输出反馈控制器的设计过程如下所示:

(1) 利用坐标转化将广义系统 (4.23) 转化为一般形式的降阶系统 (4.39);

(2) 求解调控方程 (4.27) 并且利用式 (4.42);

(3) 为系统 (4.39) 设计控制器 (4.40). 继而它也解决了系统 (4.23) 的协调广义输出调节问题.

4.4 具有未知控制方向的线性异质多智能体系统协调输出一致

考虑一组如下的多智能体系统:

$$\begin{cases} \dot{x}_{i,k} = b_{i,k}x_{i,k+1} \\ \dot{x}_{i,n} = b_{i,n}u_i \end{cases} \tag{4.45}$$

其中, $i = 1, \cdots, N$, $k = 1, \cdots, n-1$; $x_i = [x_{i,1} \ \cdots \ x_{i,n}]^{\mathrm{T}}$; $x_i \in \mathbb{R}^n$ 和 $u_i \in \mathbb{R}$ 分别为状态和控制输入; $b_{i,q}(i = 1, \cdots, N, q = 1, \cdots, n)$ $(b_{i,q} \neq 0)$ 为未知常数.

假设 4.6 不同的智能体的 $b_{i,q}(q = 1, \cdots, n)$ 具有相同的符号. 即 $b_{i,1}(i = 1, \cdots, N)$ 的符号是相同的, $b_{i,2}(i = 1, \cdots, N)$ 的符号是相同的, $\cdots$, $b_{i,n}(i = 1, \cdots, N)$ 的符号是相同的.

定义 4.2 如果对于任意初始条件下面公式成立, 则多智能体系统 (4.45) 达到一致:

$$\lim_{t\to\infty} |x_{i,q} - x_{j,q}| = 0, \quad \forall i, j = 1, \cdots, N; q = 1, \cdots, n$$

注 4.5 一个 Nussbaum 型的函数 $\mathcal{N}(\cdot)$ 具有以下属性[59]:

$$\lim_{k\to\infty} \sup \frac{1}{k}\int_0^k \mathcal{N}(\tau)\mathrm{d}\tau = \infty$$

$$\lim_{k\to\infty} \inf \frac{1}{k}\int_0^k \mathcal{N}(\tau)\mathrm{d}\tau = -\infty$$

为了克服相同的等式条件中存在的多重 Nussbaum 型函数项带来的困难, 文献 [61] 构建了如下新颖的 Nussbaum 型函数去解决一阶和二阶多智能体系统的一致性问题:

$$\mathcal{N}_0(k) = \cosh(\lambda k)\sin(k) \tag{4.46}$$

本节考虑具有 n 个未知控制方向的 n 阶多智能体系统, 基于后推技术和以下引理的新技术将被提出.

引理 4.5[61] 令 $V(t)$ 和 $k_i(t)(i = 1, 2, \cdots, N)$ 为定义在 $[0, t_f)$ 上的光滑函数且 $V(t) \geqslant 0$, $k_i(0) = 0$. 令 $\mathcal{N}_0(\cdot)$ 由式 (4.46) 定义且 $\lambda > \max\left(\frac{1}{\pi}\ln\frac{\eta_{\max}(N-1)}{\eta_{\min}}, 0\right)$, 其中 $\eta_{\max} > \eta_{\min} > 0$. 如果下列的不等式成立:

$$V(t) \leqslant \sum_{i=1}^{N} \eta_i \int_0^{\mathrm{T}} \mathcal{N}_0(k_i(\tau))\dot{k}_i(\tau)\mathrm{d}\tau + \sum_{i=1}^{N} a_i \int_0^{\mathrm{T}} \dot{k}_i(\tau)\mathrm{d}\tau + c, \ \forall t \in [0, t_f) \tag{4.47}$$

其中, a_i 和 η_i 为常数且 $a_i > 0$, η_i 具有相同的符号, 且 $|\eta_i| \in [\eta_{\min}, \eta_{\max}]$, $i = 1, 2, \cdots, N$. 那么, $V(t)$、$k_i(\tau)$ 和 $\sum_{i=1}^{N} \eta_i \int_0^{\mathrm{T}} \mathcal{N}_0(k_i(\tau))\dot{k}_i(\tau)\mathrm{d}\tau$ 在 $[0, t_f)$ 上是有界的.

接下来我们基于自适应后推技术设计一致性控制器. 设计过程分为 n 步. 对于智能体 i $(1 < i \leqslant N)$, 在第 j $(1 \leqslant j \leqslant n-1)$ 步, 状态变量 $x_{i,j+1}$ 可以看成虚拟控制输入, 并为之设计了参考信号 $\alpha_{i,j}$. 在第 n 步, 虚拟控制输入就等于实际控制输入 u_i. 假设网络拓扑是无向连通的.

第 1 步, 定义

$$z_{i,1} = \sum_{j=1}^{N} a_{ij}(x_{i,1} - x_{j,1}) \tag{4.48}$$

$$z_{i,2} = x_{i,2} - \alpha_{i,1} \tag{4.49}$$

令

$$\alpha_{i,1} = \mathcal{N}(k_{i,1}) z_{i,1} \tag{4.50}$$

$$\dot{k}_{i,1} = z_{i,1}^2 \tag{4.51}$$

其中,$\mathcal{N}(k_{i,1})$ 是具有形式 (4.46) 的 Nussbaum 型函数. 即 $\mathcal{N}(k_{i,1}) = \cosh(\lambda_1 k_{i,1}) \sin(k_{i,1})$, $\lambda_1 > \max\left(\frac{1}{\pi}\ln\frac{b_1\max(N-1)}{b_1\min}, 0\right)$, $|b_{i,1}| \in [b_1\min, b_1\max](i = 1, 2, \cdots, N)$. $b_1\min$ 和 $b_1\max$ 分别代表 $|b_{i,1}|$ 的最小值和最大值.

定义

$$V_1 = \frac{1}{2} x^{\mathrm{T}} \mathcal{L} x \tag{4.52}$$

其中, $x = [x_{1,1}\ x_{2,1}\ \cdots\ x_{N,1}]^{\mathrm{T}}$.

V_1 的导数为

$$\begin{aligned}
\dot{V}_1 &= \sum_{i=1}^{N} z_{i,1} b_{i,1} x_{i,2} \\
&= \sum_{i=1}^{N} z_{i,1} b_{i,1} z_{i,2} + \sum_{i=1}^{N} z_{i,1} b_{i,1} \alpha_{i,1} \\
&= \sum_{i=1}^{N} z_{i,1} b_{i,1} z_{i,2} - \sum_{i=1}^{N} z_{i,1}^2 + \sum_{i=1}^{N} z_{i,1}^2 + \sum_{i=1}^{N} z_{i,1} b_{i,1} \alpha_{i,1} \\
&= -\sum_{i=1}^{N} z_{i,1}^2 + \sum_{i=1}^{N} (b_{i,1} N(k_{i,1}) + 1)\dot{k}_{i,1} + \sum_{i=1}^{N} b_{i,1} z_{i,1} z_{i,2}
\end{aligned}$$

$$\leqslant -\frac{3}{4}\sum_{i=1}^{N} z_{i,1}^2 + \sum_{i=1}^{N}(b_{i,1}N(k_{i,1})+1)\dot{k}_{i,1} + \sum_{i=1}^{N} b_{i,1}^2 z_{i,2}^2 \tag{4.53}$$

第 j $(2 \leqslant j \leqslant n-1)$ 步, 定义

$$\begin{cases} z_{i,j} = x_{i,j} - \alpha_{i,j-1} \\ z_{i,j+1} = x_{i,j+1} - \alpha_{i,j} \end{cases} \tag{4.54}$$

令

$$\alpha_{i,j} = \mathcal{N}(k_{i,j})(z_{i,j} - \dot{\alpha}_{i,j-1}) \tag{4.55}$$

$$\dot{k}_{i,j} = z_{i,j}^2 - \dot{\alpha}_{i,j-1} z_{i,j} \tag{4.56}$$

其中, $\mathcal{N}(k_{i,j})$ 是具有形式 (4.46) 的 Nussbaum 型函数. 即 $\mathcal{N}(k_{i,j}) = \cosh(\lambda_j k_{i,j})\sin(k_{i,j})$, $\lambda_j > \max\left(\frac{1}{\pi}\ln\frac{b_j\max(N-1)}{b_j\min}, 0\right)$, $|b_{i,j}| \in [b_j\min, b_j\max]$, $i = 1, 2, \cdots, N$.

定义

$$V_j = \frac{1}{2} z_j^{\mathrm{T}} z_j \tag{4.57}$$

其中, $z_j = [z_{1,j}\ z_{2,j}\ \cdots\ z_{N,j}]^{\mathrm{T}}$. 则有

$$\begin{aligned}
\dot{V}_j &= \sum_{i=1}^{N} z_{i,j}(b_{i,j}x_{i,j+1} - \dot{\alpha}_{i,j-1}) \\
&= \sum_{i=1}^{N} z_{i,j}b_{i,j}z_{i,j+1} + \sum_{i=1}^{N} b_{i,j}z_{i,j}\alpha_{i,j} - \sum_{i=1}^{N} z_{i,j}\dot{\alpha}_{i,j-1} - \sum_{i=1}^{N} z_{i,j}^2 + \sum_{i=1}^{N} z_{i,j}^2 \\
&= -\sum_{i=1}^{N} z_{i,j}^2 + \sum_{i=1}^{N}(b_{i,j}\mathcal{N}(k_{i,j})+1)\dot{k}_{i,j} + \sum_{i=1}^{N} b_{i,j}z_{i,j}z_{i,j+1} \\
&\leqslant -\frac{3}{4}\sum_{i=1}^{N} z_{i,j}^2 + \sum_{i=1}^{N}(b_{i,j}\mathcal{N}(k_{i,j})+1)\dot{k}_{i,j} + \sum_{i=1}^{N} b_{i,j}^2 z_{i,j+1}^2
\end{aligned} \tag{4.58}$$

第 n 步, 定义

$$z_{i,n} = x_{i,n} - \alpha_{i,n-1} \tag{4.59}$$

令

$$u_i = \mathcal{N}(k_{i,n})(z_{i,n} - \dot{\alpha}_{i,n-1}) \tag{4.60}$$

$$\dot{k}_{i,n} = z_{i,n}^2 - \dot{\alpha}_{i,n-1} z_{i,n} \tag{4.61}$$

其中, $\mathcal{N}(k_{i,n})$ 是具有形式 (4.46) 的 Nussbaum 型函数. 即 $\mathcal{N}(k_{i,n}) = \cosh(\lambda_n k_{i,n})\sin(k_{i,n})$, $\lambda_n > \max\left(\frac{1}{\pi}\ln\frac{b_n\max(N-1)}{b_n\min}, 0\right)$, $|b_{i,n}| \in [b_n\min, b_n\max]$, $i = 1, 2, \cdots, N$.

令

$$V_n = \frac{1}{2} z_n^{\mathrm{T}} z_n \tag{4.62}$$

其中, $z_n = [z_{1,n}\ z_{2,n}\ \cdots\ z_{N,n}]^{\mathrm{T}}$. 则有

$$\begin{aligned}
\dot{V}_n &= \sum_{i=1}^{N} z_{i,n}(b_{i,n}u_i - \dot{\alpha}_{i,n-1}) \\
&= \sum_{i=1}^{N} z_{i,n}b_{i,n}u_i - \sum_{i=1}^{N} z_{i,n}\dot{\alpha}_{i,n-1} - \sum_{i=1}^{N} z_{i,n}^2 + \sum_{i=1}^{N} z_{i,n}^2 \\
&= -\sum_{i=1}^{N} z_{i,n}^2 + \sum_{i=1}^{N}(b_{i,n}\mathcal{N}(k_{i,n}) + 1)\dot{k}_{i,n}
\end{aligned} \tag{4.63}$$

为式 (4.63) 的左右两边从 0 到 t 求积分, 得到

$$V_n \leqslant \sum_{i=1}^{N} \int_0^{\mathrm{T}} b_{i,n}\mathcal{N}(k_{i,n})\dot{k}_{i,n}\mathrm{d}\tau + \sum_{i=1}^{N}\int_0^{\mathrm{T}} \dot{k}_{i,n}\mathrm{d}\tau + c_1 \tag{4.64}$$

其中, c_1 为常数.

由引理 4.5, 易知 V_n、$k_{i,n}$ 和 $\sum_{i=1}^{N}\int_0^{\mathrm{T}} b_{i,n}\mathcal{N}(k_{i,n})\dot{k}_{i,n}\mathrm{d}\tau$ 在 $[0, t_f)$ 上是有界的. 因此, 不会发生有限时间逃逸现象并且 $t_f = \infty$. 另外, $z_{i,n}^2$ 在 $[0, t_f)$ 上是可积的. 基于 Barbalat 引理, 可以得知 $\lim\limits_{t\to\infty} z_{i,n} = 0\ (1 \leqslant i \leqslant N)$.

对于第 $n-1$ 步, 由引理 4.5, 得到 $\lim\limits_{t\to\infty} z_{i,n-1} = 0 (1 \leqslant i \leqslant N)$. 由数学归纳法并再利用 $(n-2)$ 次引理 4.5, 可得 $\lim\limits_{t\to\infty} z_{i,j} = 0\ (1 \leqslant i \leqslant N, 1 \leqslant j \leqslant n-2)$. 因此, $\lim\limits_{t\to\infty} z_{i,j} = 0\ (1 \leqslant i \leqslant N, 1 \leqslant j \leqslant n)$, $\lim\limits_{t\to\infty} x_{i,j} = 0\ (1 \leqslant i \leqslant N, 2 \leqslant j \leqslant n)$. 因为 $\mathcal{G}$ 是连通的, 易知 $\lim\limits_{t\to\infty} |x_{i,q} - x_{j,q}| = 0\ (i, j = 1, \cdots, N, q = 1, \cdots, n)$. 因此系统达到了一致.

定理 4.7 假设无向图 $\mathcal{G}$ 是连通的且假设 4.6 成立. 基于虚拟控制率 (4.50)、(4.55) 和实际控制率 (4.60) 以及自适应率 (4.51)、(4.56) 和 (4.61), 系统 (4.45) 能够实现一致.

证明 由以上设计步骤 $1\sim n$ 可得. □

注 4.6 利用自适应后推技术, 具有未知控制方向的高阶多智能体系统的一致问题得以解决. 值得指出的是, 各子系统每一阶的动态的控制方向都是不同的. 需要假设的是控制方向的模是已知的. 通过对每一阶系统应用引理 4.5 和 Barbalat 引理, 一致性得以获证. 文献 [60] 和文献 [61] 讨论了相似的问题并分别聚焦于一阶和二阶多智能体系统. 尽管如此, 如果每一阶的控制方向都是未知的或者考虑更高阶的系统, 文献 [60] 和文献 [61] 的方法均不再适用. 文献 [60] 中所研究的系统 $\dot{x}_i = b_i u_i$ 可以看成系统 (4.45) 的特殊形式. 显然控制器 $u_i = k_i^2 \sin(k_i) \sum a_{i,j}(x_i - x_j)$ 无法解决二阶和高阶系统的一致性问题. 文献 [61] 研究了二阶系统 $\dot{x}_i = v_i$, $\dot{v}_i = b_i u_i$, 同样可以看成系统 (4.45) 的特殊形式. 与文献 [60] 和文献 [61] 中单独的未知控制方向不同的是, 我们所考虑的高阶系统的每一阶都具有未知的控制方向. 即使考虑二阶系统 $\dot{x}_{i,1} = b_{i,1} x_{i,2}$, $\dot{x}_{i,2} = b_{i,2} u_i$, 也和文献 [61] 中不同, 因为一阶和二阶动态均存在未知的控制方向. 在这种情况下, 自适应后推技术得以运用去处理多重未知控制方向带来的困难. 需要在每一层利用新颖的 Nussbaum 型函数 $\mathcal{N}(k_{i,j}) = \cosh(\lambda_j k_{i,j}) \sin(k_{i,j})$ $\lambda_j > \max\left(\dfrac{1}{\pi} \ln \dfrac{b_j \max(N-1)}{b_j \min}, 0\right)$ 和自适应率 $k_{i,j}$ 去构建虚拟控制率 $\alpha_{i,j}$ 与实际控制率 u_i. 并且条件不等式 (4.46) 在每一层都被利用去处理 Nussbaum 型函数的多重项. 这些设计过程是解决多重未知控制方向问题的关键.

注 4.7 后推技术被广泛运用于非线性多智能体系统的分布式控制中, 如文献 [76]~ [78]. 但是, 这些文献中的方法都不能直接应用于本节考虑的问题, 因为无法处理未知控制方向问题. 为了处理未知控制方向带来的困难, Nussbaum 型的函数非常重要并且被运用于虚拟控制率 $\alpha_{i,q}$ 及实际控制率 u_i $(i = 1, \cdots, N, q = 1, \cdots, n)$.

如同在文献 [60] 中指出的, 在某些情况下我们不仅希望 $x_i \to x_j$, 也希望所有的 x_i 能趋向某些特定的值, 如平衡点. 这称为分布式渐近调控问题. 令节点 $x_{N+1} = 0$ 代表平衡点并且可以看成一个领导者. 假设至少存在一个节点 i_r 可以直接获得领导者的信息, 即 $a_{r,N+1} > 0$. 拉普拉斯矩阵 $\bar{\mathcal{L}}$ 可以表示为

$$\bar{\mathcal{L}} = \begin{bmatrix} \mathcal{L}_1 & \mathcal{L}_2 \\ *_{1\times N} & 0 \end{bmatrix} \tag{4.65}$$

在第 1 步中, 令

$$z_{i,1} = \sum_{j=1}^{N+1} a_{i,j}(x_{i,1} - x_{j,1}), \quad 1 \leqslant i \leqslant N \tag{4.66}$$

则

$$\alpha_{i,1}=\mathcal{N}(k_{i,1})z_{i,1}=\mathcal{N}(k_{i,1})\sum_{j=1}^{N+1}a_{i,j}(x_{i,1}-x_{j,1}) \tag{4.67}$$

$$\dot{k}_{i1}=z_{i,1}^2 \tag{4.68}$$

及

$$V_1=\frac{1}{2}x^{\mathrm{T}}\bar{\mathcal{L}}x \tag{4.69}$$

其中, $x=[x_{1,1}\ x_{2,1}\ \cdots\ x_{N+1,1}]^{\mathrm{T}}$.

基于定理 4.7 的同样的设计过程, 我们可以获得 $\lim\limits_{t\to\infty}z_{i,j}=0(1\leqslant i\leqslant N,1\leqslant j\leqslant n)$ 及 $\lim\limits_{t\to\infty}x_{i,j}=0(1\leqslant i\leqslant N,2\leqslant j\leqslant n)$.

令 $x_l=x_{N+1,1}$, $x_f=[x_{1,1}\ x_{2,1}\ \cdots,x_{N,1}]^{\mathrm{T}}$ 及 $z_1=[z_{1,1}\ z_{2,1}\ \cdots,z_{N,1}]^{\mathrm{T}}$, 则对于 $1\leqslant i\leqslant N$, 有

$$z_1=\mathcal{L}_1x_f+\mathcal{L}_2x_l \tag{4.70}$$

由于已经得到 $\lim\limits_{t\to\infty}z_1=0$, 则

$$\lim_{t\to\infty}x_f=-\mathcal{L}_1^{-1}\mathcal{L}_2x_l \tag{4.71}$$

因此由 $\bar{\mathcal{L}}1_{N+1}=0$ 可知 $\mathcal{L}_2=-\mathcal{L}_11_N$, 继而 $-\mathcal{L}_1^{-1}\mathcal{L}_2=1_N$. 因此, 可得 $\lim\limits_{t\to\infty}x_{i,1}=\lim\limits_{t\to\infty}x_{j,1}=x_{N+1,1}=0\ (1\leqslant i\leqslant N,1\leqslant j\leqslant N)$, 即 $\lim\limits_{t\to\infty}x_i=\lim\limits_{t\to\infty}x_j=0\ (1\leqslant i\leqslant N,1\leqslant j\leqslant N)$.

定理 4.8 假设无向图 $\mathcal{G}$ 是连通的且假设 4.6 成立. 将平衡点作为虚拟领导者, 并假设至少存在一个节点 i_r 能够直接获得领导者信息. 基于虚拟控制率 (4.67)、(4.55) 和实际控制率 (4.60), 以及自适应率 (4.68)、(4.56) 和 (4.61), 系统 (4.45) 能够实现一致并且渐近收敛到平衡点.

证明 基于以上讨论, 容易得证, 此处从略. □

注意到定理 4.7和定理 4.8 都可以推广到具有未知控制方向的高阶线性参数化多智能体系统, 系统 (4.45) 可以改写为

$$\begin{cases}\dot{x}_{i,k}=b_{i,k}x_{i,k+1}\\ \dot{x}_{i,n}=b_{i,n}u_i+\phi_i(x_{i,1},\cdots,x_{i,n})^{\mathrm{T}}\theta_i\end{cases} \tag{4.72}$$

其中, $i=1,\cdots,N$, $k=1,\cdots,n-1$; $x_i=(x_{i,1},\cdots,x_{i,n})^{\mathrm{T}}$; $x_i\in\mathbb{R}^n$ 及 $u_i\in\mathbb{R}$ 是状态和控制输入; $b_{i,q}(i=1,\cdots,N,q=1,\cdots,n)$ 是未知定常参数; θ_i 是未知定常向量; ϕ_i 是已知连续时间向量值函数.

为了处理线性参数化不确定, 令

$$u_i = \mathcal{N}(k_{i,n})(z_{i,n} - \dot{\alpha}_{i,n-1} + \phi_i^{\mathrm{T}}\hat{\theta}_i) \tag{4.73}$$

$$\dot{k}_{i,n} = z_{i,n}^2 - \dot{\alpha}_{i,n-1}z_{i,n} + \phi_i^{\mathrm{T}}\hat{\theta}_i z_{i,n} \tag{4.74}$$

$$\dot{\hat{\theta}}_i = \phi_i z_{i,n} \tag{4.75}$$

推论 4.1 假设无向图 $\mathcal{G}$ 是连通的且假设 4.6 成立. 基于虚拟控制率 (4.50)、(4.55) 和实际控制率 (4.73), 以及自适应率 (4.51)、(4.56)、(4.74) 和 (4.75), 系统 (4.72) 能够实现一致.

证明 对于第 $1,2,\cdots,n-1$ 步, 应用和定理 4.7 一样的设计过程. 对于第 n 步, 运用式 (4.59) 和式 (4.73)$\sim$ 式 (4.75). 令

$$V_n = \frac{1}{2}z_n^{\mathrm{T}}z_n + \frac{1}{2}\sum_{i=1}^{N}(\hat{\theta}_i - \theta_i)^{\mathrm{T}}(\hat{\theta}_i - \theta_i) \tag{4.76}$$

其中, $z_n = [z_{1,n}\ z_{2,n}\ \cdots\ z_{N,n}]^{\mathrm{T}}$. 则有

$$\begin{aligned}
\dot{V}_n &= \sum_{i=1}^{N} z_{i,n}(b_{i,n}u_i + \phi_i^{\mathrm{T}}\theta_i - \dot{\alpha}_{i,n-1}) + \sum_{i=1}^{N}(\hat{\theta}_i - \theta_i)^{\mathrm{T}}\phi_i z_{i,n} \\
&= \sum_{i=1}^{N} z_{i,n}b_{i,n}u_i - \sum_{i=1}^{N} z_{i,n}\dot{\alpha}_{i,n-1} + \sum_{i=1}^{N} z_{i,n}\phi_i^{\mathrm{T}}\hat{\theta}_i - \sum_{i=1}^{N} z_{i,n}^2 + \sum_{i=1}^{N} z_{i,n}^2 \\
&= -\sum_{i=1}^{N} z_{i,n}^2 + \sum_{i=1}^{N}(b_{i,n}\mathcal{N}(k_{i,n}) + 1)\dot{k}_{i,n}
\end{aligned}$$

因此, 基于和定理 4.7 一样的证明过程, 可以得知系统 (4.72) 实现了一致性. □

推论 4.2 假设无向图 $\mathcal{G}$ 是连通的且假设 4.6 成立. 将平衡点作为虚拟领导者, 并假设至少存在一个节点 i_r 能够直接获得领导者信息. 基于虚拟控制率 (4.67)、(4.55) 和实际控制率 (4.73), 以及自适应率 (4.68)、(4.56)、(4.74) 和 (4.75), 系统 (4.72) 能够实现一致并且渐近收敛到平衡点.

证明 参见之前的定理和推论, 证明从略. □

4.5 基于强化学习的线性异质多智能体系统最优输出调节

考虑以下由 N 个节点组成的线性异质多智能体系统:

$$\begin{cases}
\dot{x}_i = A_i x_i + B_i u_i + E_i v \\
y_i = C_i x_i + D_i v \\
e_i = C_i x_i + F_i v, \quad i = 1,\cdots,N
\end{cases} \tag{4.77}$$

其中, $x_i \in \mathbb{R}^{n_i}$、$y_i \in \mathbb{R}^{p_i}$、$e_i \in \mathbb{R}^{p_i}$ 和 $u_i \in \mathbb{R}^{m_i}$ 分别表示智能体 i 的状态信息、测量输出、追踪误差和控制输入; A_i、B_i、C_i、D_i、E_i、F_i 均为适维的常数矩阵, 其中 A_i、B_i、E_i 未知; $v \in \mathbb{R}^q$ 表示外部系统的状态信息, 外部系统的动态方程为

$$\dot{v} = Sv \tag{4.78}$$

注 4.8 外部系统 (4.78) 既会给系统 (4.77) 带来干扰又能生成被追踪的参考信号. 在有向图中, 外部系统由智能体标号 0 表示, 可以看成被追随的领导者, 其他 N 个智能体可以看成跟随者. 假设只有部分跟随者可以直接获得领导者信息, 此时定义 $a_{i,0} > 0$, 否则 $a_{i,0} = 0$.

不失一般性地, 给出以下假设.

假设 4.7 (A_i, B_i) 是可稳定的, (A_i, C_i) 是可检测的.

假设 4.8 图 $\mathcal{G}$ 含有有向生成树, 其根节点可以直接获取领导者信息.

假设 4.9 以下输出调节方程有解组 (Π_i, Γ_i):

$$\begin{aligned} \Pi_i S &= A_i \Pi_i + B_i \Gamma_i + E_i \\ 0 &= C_i \Pi_i + F_i, \quad i \in \mathcal{N} \end{aligned} \tag{4.79}$$

假设 4.10 S 的特征值不重复且实部为零.

定义 4.3 如果以下条件均被满足:

(1) 当 $v = 0$ 时, 整个闭环系统渐近稳定;

(2) 在任意初始条件下, 随着时间的推移追踪误差收敛到零, 即 $\lim\limits_{t\to\infty} e_i = 0$.

那么说明分布式输出调节问题得以解决.

定义 4.4 如果最优控制输入 u^* 不仅可以满足上述定义的所有条件, 还能使被定义的成本方程取得最小值, 则表明最优输出调节问题可以被解决.

设计以下补偿器:

$$\dot{z}_i = Sz_i + cH\left(\sum_{j\in\mathcal{N}_i} a_{i,j}(z_j - z_i) + a_{i,0}(v - z_i)\right) \tag{4.80}$$

其中, H 是待求解的补偿器控制增益矩阵; z_i 是补偿器的状态信息; c 是耦合强度, 其选择参见式 (4.30) 中的 μ.

利用以上补偿器设计分布式状态反馈控制器:

$$u_i = K_{1,i} x_i + K_{2,i} z_i \tag{4.81}$$

其中, $K_{1,i}$ 和 $K_{2,i}$ 是待求解的控制增益矩阵.

定义

$$
\begin{aligned}
A &= \mathrm{diag}(A_1, \cdots, A_N), \quad B = \mathrm{diag}(B_1, \cdots, B_N) \\
C &= \mathrm{diag}(C_1, \cdots, C_N), \quad D = \mathrm{diag}(D_1, \cdots, D_N) \\
E &= \mathrm{diag}(E_1, \cdots, E_N), \quad F = \mathrm{diag}(F_1, \cdots, F_N) \\
\varPi &= \mathrm{diag}(\varPi_1, \cdots, \varPi_N), \quad \varGamma = \mathrm{diag}(\varGamma_1, \cdots, \varGamma_N) \\
K_1 &= \mathrm{diag}(K_{11}, \cdots, K_{1N}), \quad x = \mathrm{col}(x_1, \cdots, x_N) \\
K_2 &= \mathrm{diag}(K_{21}, \cdots, K_{2N}), \quad \bar{v} = \mathrm{col}(v, \cdots, v) \\
z &= \mathrm{col}(z_1, \cdots, z_N), \quad x_c = \mathrm{col}(x, z) \\
e &= \mathrm{col}(e_1, \cdots, e_N)
\end{aligned}
$$

对 x_c 求导, 得

$$
\dot{x}_c = A_c x_c + B_c \bar{v} \tag{4.82}
$$

其中

$$
\begin{aligned}
A_c &= \begin{bmatrix} A + BK_1 & BK_2 \\ 0 & I_N \otimes S - c(\mathcal{L} + G) \otimes H \end{bmatrix} \\
B_c &= \begin{bmatrix} E \\ c(\mathcal{L} + G) \otimes H \end{bmatrix} \\
G &= \mathrm{diag}(a_{10}, \cdots, a_{N0})
\end{aligned}
$$

令 $\tilde{x}_i = x_i - \varPi_i v$, $K_{2i} = \varGamma_i - K_{1i}\varPi_i$, $\tilde{z}_i = z_i - v$, $X = \mathrm{col}(\tilde{x}, \tilde{z})$, $\tilde{u}_i = u_i - \varGamma_i v$, $\tilde{u} = \mathrm{col}(\tilde{u}_1, \cdots, \tilde{u}_N)$.

对 $\tilde{x}$、X 求导得

$$
\begin{aligned}
\dot{\tilde{x}} &= \dot{x} - \varPi \dot{\bar{v}} \\
&= Ax + Bu + E\bar{v} - \varPi(I_N \otimes S)\bar{v} \\
&= Ax + Bu + E\bar{v} - (A\varPi + B\varGamma + E)\bar{v} \\
&= A\tilde{x} + B\tilde{u}
\end{aligned} \tag{4.83}
$$

$$
\begin{aligned}
\dot{X} &= \begin{bmatrix} A & 0 \\ 0 & I_N \otimes S - c(\mathcal{L} + G) \otimes H \end{bmatrix} \begin{bmatrix} \tilde{x} \\ \tilde{z} \end{bmatrix} + \begin{bmatrix} B \\ 0 \end{bmatrix} \tilde{u} \\
&= \bar{T}X + \bar{B}\tilde{u}
\end{aligned} \tag{4.84}
$$

其中

$$\bar{T}=\begin{bmatrix} A & 0 \\ 0 & I_N\otimes S-c(\mathcal{L}+G)\otimes H \end{bmatrix},\quad \bar{B}=\begin{bmatrix} B \\ 0 \end{bmatrix}$$

另外有

$$\begin{aligned}\tilde{u}&=u-\varGamma\bar{v}\\&=K_1x+K_2z-\varGamma\bar{v}\\&=K_1(\tilde{x}+\varPi\bar{v})+(\varGamma-K_1\varPi)z-\varGamma\bar{v}\\&=K_1\tilde{x}+K_2\tilde{z}\\&=-KX\end{aligned}\tag{4.85}$$

其中, $K=\begin{bmatrix} -K_1 & -K_2 \end{bmatrix}$.

然后, 定义成本方程:

$$V=\int_t^{\infty}\left(\tilde{x}^{\mathrm{T}}Q\tilde{x}+\tilde{u}^{\mathrm{T}}R\tilde{u}\right)\mathrm{d}\tau\tag{4.86}$$

其中, $Q>0$; $R>0$.

根据式 (4.85), 以上方程可以写成二次型:

$$\begin{aligned}V&=\int_t^{\infty}\left(X^{\mathrm{T}}\begin{bmatrix} Q & 0 \\ 0 & 0 \end{bmatrix}X+\tilde{u}^{\mathrm{T}}R\tilde{u}\right)\mathrm{d}\tau\\&=\int_t^{\infty}\left(X^{\mathrm{T}}\tilde{Q}X+\tilde{u}^{\mathrm{T}}R\tilde{u}\right)\mathrm{d}\tau\\&=X^{\mathrm{T}}MX\end{aligned}\tag{4.87}$$

其中, $M>0$, 并且 $\tilde{Q}=\begin{bmatrix} Q & 0 \\ 0 & 0 \end{bmatrix}$.

基于式 (4.87), 定义哈密顿方程为

$$H_a\equiv(\bar{T}X+\bar{B}\tilde{u})^{\mathrm{T}}MX+X^{\mathrm{T}}M(\bar{T}X+\bar{B}\tilde{u})+X^{\mathrm{T}}\tilde{Q}X+\tilde{u}^{\mathrm{T}}R\tilde{u}\tag{4.88}$$

以上方程对 $\tilde{u}$ 求偏导得

$$\frac{\partial H_a}{\partial\tilde{u}}=2\bar{B}^{\mathrm{T}}MX+2R\tilde{u}\tag{4.89}$$

根据最优控制原理, 令 $\dfrac{\partial H_a}{\partial\tilde{u}}=0$, 可以得到最优控制器 $\tilde{u}^*=-R^{-1}\bar{B}^{\mathrm{T}}MX$, 由此获得最优控制增益 $K^*=R^{-1}\bar{B}^{\mathrm{T}}M$. 将 $\tilde{u}^*=-R^{-1}\bar{B}^{\mathrm{T}}MX$ 代入 $H_a=0$, 得

$$0=(\bar{T}X+\bar{B}\tilde{u}^*)^{\mathrm{T}}MX+X^{\mathrm{T}}M(\bar{T}X+\bar{B}\tilde{u}^*)$$

$$
\begin{aligned}
&+X^{\mathrm{T}}\tilde{Q}X+(\tilde{u}^*)^{\mathrm{T}}R\tilde{u}^* \\
=&(\bar{T}X-\bar{B}R^{-1}\bar{B}^{\mathrm{T}}MX)^{\mathrm{T}}MX \\
&+X^{\mathrm{T}}M(\bar{T}X-\bar{B}R^{-1}\bar{B}^{\mathrm{T}}MX) \\
&+X^{\mathrm{T}}\tilde{Q}X+X^{\mathrm{T}}M\bar{B}R^{-1}\bar{B}^{\mathrm{T}}MX \\
=&X^{\mathrm{T}}(\bar{T}^{\mathrm{T}}M+M\bar{T}+\tilde{Q}-M\bar{B}R^{-1}\bar{B}^{\mathrm{T}}M)X
\end{aligned}
\tag{4.90}
$$

由此得到以下 ARE:

$$
0=\bar{T}^{\mathrm{T}}M+M\bar{T}+\tilde{Q}-M\bar{B}R^{-1}\bar{B}^{\mathrm{T}}M \tag{4.91}
$$

其中, M 是其唯一正定解.

由文献 [79] 可知, 式 (4.91) 有唯一对称正定解 M^*(可称为 M 的最优值), 由此最优控制增益也可以写为 $K^*=R^{-1}\bar{B}^{\mathrm{T}}M^*$.

定理 4.9 由补偿器 (4.80) 和分布式状态反馈控制器 (4.81) 构成的 $\tilde{u}^*$ 可以解决系统 (4.77) 和 系统 (4.78) 的最优输出调节问题.

证明 由式 (4.87) 得 $V>0$, 于是将 V 作为 Lyapunov 函数并对其求导得

$$
\dot{V}=-X^{\mathrm{T}}(\tilde{Q}+M\bar{B}R^{-1}\bar{B}^{\mathrm{T}}M)X \tag{4.92}
$$

根据 $\tilde{Q}>0$ 和 $M\bar{B}R^{-1}\bar{B}^{\mathrm{T}}M>0$ 得 $\dot{V}<0$, 由此可以说明闭环系统 (4.84) 是稳定的, 即 $\tilde{x}\to 0,\tilde{z}\to 0$. 进一步由下面公式可得追踪误差 e_i 最终收敛到零, 即 $e_i\to 0$:

$$
\begin{aligned}
e&=Cx+F\bar{v} \\
&=C(\tilde{x}+\Pi\bar{v})+F\bar{v} \\
&=C\tilde{x}+(C\Pi+F)\bar{v} \\
&=C\tilde{x}
\end{aligned}
$$

由最优输出调节定义可知, 系统式 (4.77) 和式 (4.78) 的最优输出调节问题可解. □

接下来为求解最优控制增益 K^* 提出算法 4.1 (基于模型的策略迭代算法), 由以下步骤构成.

(1) 初始化: 令 ρ 表示学习过程的迭代次数, 且初始值设为 $\rho=0$. 给定控制输入 $\tilde{u}^\rho=-K^0X$, 其中 K^0 是稳定的初始增益, 即满足 $\lambda(\bar{T}-\bar{B}K^0)\subset\mathbb{C}^-$.

(2) 策略评估: 利用 K^ρ, 对以下方程进行求解获得 M^ρ:

$$
\begin{aligned}
&\left(\bar{T}-\bar{B}K^\rho\right)^{\mathrm{T}}M^\rho+M^\rho\left(\bar{T}-\bar{B}K^\rho\right)+\tilde{Q} \\
&+\left(K^\rho\right)^{\mathrm{T}}RK^\rho=0
\end{aligned}
\tag{4.93}
$$

策略更新: 利用 M^ρ 并结合式 (4.94) 求解 $K^{\rho+1}$:

$$K^{\rho+1} = R^{-1}\bar{B}^{\mathrm{T}}M^\rho \tag{4.94}$$

(3) 如果不等式 $\left\|K^{\rho+1} - K^\rho\right\| \leqslant o$ (o 是接近于零的正数) 可以被满足, 那么停止迭代, 否则设置 $\rho = \rho + 1$ 并返回步骤 (2).

(4) 迭代过程结束后获得最优控制增益 $K^* = K^{\rho+1}$.

注 4.9　文献 [80] 对该算法的收敛性进行了详细的解释, 本书不再赘述. 且由文献 [81] 可知, 如果初始化时选择稳定的增益 K_0, 那么在之后每次迭代过程中的增益将保持稳定, 即满足 $\lambda(\bar{T} - \bar{B}K^\rho) \subset \mathbb{C}^-$. K_0 的选择方法可参考文献 [82]. 在已知系统模型信息的情况下可以直接求解式 (4.93) 和式 (4.94), 但在实际工程应用中, 精确的控制模型信息几乎是不可得的, 所以接下来将设计不基于模型的算法 4.2.

首先, 将 u 代入 x_c 的导数, 式 (4.82) 可以被写成

$$\begin{aligned} \dot{x}_c &= \begin{bmatrix} A & 0 \\ 0 & I_N \otimes S - c(\mathcal{L}+G)\otimes H \end{bmatrix} x_c + \begin{bmatrix} B \\ 0 \end{bmatrix} u \\ &\quad + \begin{bmatrix} E \\ c(\mathcal{L}+G)\otimes H \end{bmatrix} \bar{v} \\ &= \bar{T}x_c + \bar{B}u + B_c\bar{v} \end{aligned} \tag{4.95}$$

定义 $T^\rho = \bar{T} - \bar{B}K^\rho$, 得

$$\dot{x}_c = T^\rho x_c + \bar{B}\left(u + K^\rho x_c\right) + B_c\bar{v}$$

联立式 (4.93) 和式 (4.94), 得

$$\begin{aligned} & x_c(t+\Delta t)^{\mathrm{T}} M^\rho x_c(t+\Delta t) - x_c(t)^{\mathrm{T}} M^\rho x_c(t) \\ = & \int_t^{t+\Delta t} x_c^{\mathrm{T}} \left(\left(T^\rho\right)^{\mathrm{T}} M + MT^\rho \right) x_c \mathrm{d}\tau \\ & +2\int_t^{t+\Delta t} \left(u + K^\rho x_c\right)^{\mathrm{T}} \bar{B}^T M^\rho x_c \mathrm{d}\tau + 2\int_t^{t+\Delta t} \bar{v}^{\mathrm{T}} B_c^{\mathrm{T}} M^\rho x_c \mathrm{d}\tau \\ = & -\int_t^{t+\Delta t} x_c^{\mathrm{T}} \left(\tilde{Q} + \left(K^\rho\right)^{\mathrm{T}} RK^\rho \right) x_c \mathrm{d}\tau \\ & +2\int_t^{t+\Delta t} \left(u + K^\rho x_c\right)^{\mathrm{T}} RK^{\rho+1} x_c \mathrm{d}\tau + 2\int_t^{t+\Delta t} \bar{v}^{\mathrm{T}} B_c^{\mathrm{T}} M^\rho x_c \mathrm{d}\tau \end{aligned} \tag{4.96}$$

其中

$$
\begin{aligned}
\bar{v}^{\mathrm{T}} B_c^{\mathrm{T}} M^\rho x_c &= \left(x_c^{\mathrm{T}} \otimes \bar{v}^{\mathrm{T}}\right) \operatorname{vec}\left(B_c^{\mathrm{T}} M^\rho\right) \\
x_c^{\mathrm{T}}\left(\tilde{Q}+\left(K^\rho\right)^{\mathrm{T}} R K^\rho\right) x_c &= \left(x_c^{\mathrm{T}} \otimes x_c^{\mathrm{T}}\right) \operatorname{vec}\left(\tilde{Q}+\left(K^\rho\right)^{\mathrm{T}} R K^\rho\right) \\
\left(u+K^\rho x_c\right)^{\mathrm{T}} R K^{\rho+1} x_c &= \left(x_c^{\mathrm{T}} \otimes u^{\mathrm{T}}\right)\left(I_N \otimes R\right) \operatorname{vec}\left(K^{\rho+1}\right) \\
&\quad +\left(x_c^{\mathrm{T}} \otimes x_c^{\mathrm{T}}\right)\left(I_N \otimes\left(K^\rho\right)^{\mathrm{T}} R\right) \operatorname{vec}\left(K^{\rho+1}\right)
\end{aligned}
$$

然后, 给定正整数 h, 定义

$$
\delta=\left[\begin{array}{c}
\operatorname{vecv}\left(x_c\left(t_1\right)\right)-\operatorname{vecv}\left(x_c\left(t_0\right)\right) \\
\operatorname{vecv}\left(x_c\left(t_2\right)\right)-\operatorname{vecv}\left(x_c\left(t_1\right)\right) \\
\vdots \\
\operatorname{vecv}\left(x_c\left(t_h\right)\right)-\operatorname{vecv}\left(x_c\left(t_{h-1}\right)\right)
\end{array}\right]
$$

$$
\Upsilon_{XX}=\left[\begin{array}{c}
\displaystyle\int_{t_0}^{t_1} x_c^{\mathrm{T}} \otimes x_c^{\mathrm{T}} \mathrm{d} \tau \\
\displaystyle\int_{t_1}^{t_2} x_c^{\mathrm{T}} \otimes x_c^{\mathrm{T}} \mathrm{d} \tau \\
\vdots \\
\displaystyle\int_{t_{h-1}}^{t_h} x_c^{\mathrm{T}} \otimes x_c^{\mathrm{T}} \mathrm{d} \tau
\end{array}\right]
$$

$$
\Upsilon_{XV}=\left[\begin{array}{c}
\displaystyle\int_{t_0}^{t_1} x_c^{\mathrm{T}} \otimes \bar{v}^{\mathrm{T}} \mathrm{d} \tau \\
\displaystyle\int_{t_1}^{t_2} x_c^{\mathrm{T}} \otimes \bar{v}^{\mathrm{T}} \mathrm{d} \tau \\
\vdots \\
\displaystyle\int_{t_{h-1}}^{t_h} x_c^{\mathrm{T}} \otimes \bar{v}^{\mathrm{T}} \mathrm{d} \tau
\end{array}\right]
$$

$$
\Upsilon_{XU}=\left[\begin{array}{c}
\displaystyle\int_{t_0}^{t_1} x_c^{\mathrm{T}} \otimes u^{\mathrm{T}} \mathrm{d} \tau \\
\displaystyle\int_{t_1}^{t_2} x_c^{\mathrm{T}} \otimes u^{\mathrm{T}} \mathrm{d} \tau \\
\vdots \\
\displaystyle\int_{t_{h-1}}^{t_h} x_c^{\mathrm{T}} \otimes u^{\mathrm{T}} \mathrm{d} \tau
\end{array}\right]
$$

其中, $t_0<t_1<\cdots<t_h$.

令

$$\Phi^{\rho} = \begin{bmatrix} \delta \\ -2\left(\Upsilon_{XU}\left(I_N \otimes R\right) - 2\Upsilon_{XX}\left(I_N \otimes K^{\rho T} R\right)\right) \\ -2\Upsilon_{XV} \end{bmatrix}^{\mathrm{T}}$$

$$\Theta^{\rho} = -\Upsilon_{XX}\operatorname{vec}\left(\bar{Q} + \left(K^{\rho}\right)^{\mathrm{T}} R K^{\rho}\right)$$

根据式 (4.96) 得

$$\Phi^{\rho}\begin{bmatrix} \operatorname{vecs}\left(M^{\rho}\right) \\ \operatorname{vec}\left(K^{\rho+1}\right) \\ \operatorname{vec}\left(B_c^{\mathrm{T}} M^{\rho}\right) \end{bmatrix} = \Theta^{\rho} \tag{4.97}$$

如果 Φ^{ρ} 列满秩, 可以用式 (4.98) 求解 M^{ρ} 和 $K^{\rho+1}$:

$$\begin{bmatrix} \operatorname{vecs}\left(M^{\rho}\right) \\ \operatorname{vec}\left(K^{\rho+1}\right) \\ \operatorname{vec}\left(B_c^{\mathrm{T}} M^{\rho}\right) \end{bmatrix} = ((\Phi^{\rho})^{\mathrm{T}}\Phi^{\rho})^{-1}(\Phi^{\rho})^{\mathrm{T}}\Theta^{\rho} \tag{4.98}$$

最后, 得到算法 4.2 (不基于模型的 off-policy 算法), 该算法分为以下步骤.

(1) 初始化: 令 ρ 表示学习过程的迭代次数, 且初始化为 $\rho = 0$. 给定控制输入 $u = -K^0 X + v$, 其中 v 是探测噪声, K^0 是稳定的初始增益, 即满足 $\lambda(\bar{T} - \bar{B}K^0) \subset \mathbb{C}^-$.

(2) 计算 Υ_{XX}、Υ_{XU}、Υ_{XV}.

(3) 判断 Φ^{ρ} 是否满足列满秩条件, 如果满足则根据式 (4.98) 计算 M^{ρ} 和 $K^{\rho+1}$, 否则继续进行数据收集.

(4) 如果不等式 $\left\|K^{\rho+1} - K^{\rho}\right\| \leqslant o$ 可以被满足, 则停止迭代, 否则设置 $\rho = \rho + 1$ 并返回步骤 (3).

注 4.10　给定的控制输入 u 在 off-policy 算法中被称为行为策略, 用于生成系统数据 $(x_c, u, \bar{v})$, 经过 h 次数据收集后, Φ^{ρ} 可以满足列满秩的条件, 即满足 Φ^{ρ} 的列数等于 $[\Upsilon_{XX}\ \Upsilon_{XU}\ \Upsilon_{XV}]$ 的秩, $\operatorname{rank}[\Upsilon_{XX}\ \Upsilon_{XU}\ \Upsilon_{XV}] = (Nn_i + Nq)\left(\dfrac{Nn_i + Nq + 1}{2} + Nm_i + Nq\right)$, 所以 h 需要满足不等式 $h \geqslant (Nn_i + Nq)\left(\dfrac{Nn_i + Nq + 1}{2} + Nm_i + Nq\right)$. 在 Φ^{ρ} 列满秩的情况下式 (4.98) 有唯一解, 因此 Υ_{XX}、Υ_{XU}、Υ_{XV} 可以由持续激励下的最小二乘法唯一确定[81]. 持续激励条件可以通过给控制输入添加探测噪声的方式满足, 而探测噪声的添加并不会影响 off-policy 算法的收敛性和系统的稳定性[83]. 在实际工程中, 随机噪声或正弦信号通常被用来表示探测噪声.

定理 4.10 算法 4.2 中, 随着迭代次数的增加 K^ρ 最终收敛到 K^*, M^ρ 最终收敛到其最优值 M^*, 且最优控制输入为 $u^* = -K^* x_c$.

证明 M^ρ 和 $K^{\rho+1}$ 在 Φ^ρ 列满秩的情况下可以通过式 (4.98) 唯一求解. 另外, M^ρ 是 ARE (4.93) 的唯一解, 且 $K^{\rho+1}$ 通过式 (4.94) 唯一确定. 所以求解式 (4.98) 等同于求解式 (4.93) 和式 (4.94), 即 M^ρ 最终趋向于 M^*, K^ρ 最终收敛到 K^*. 另外根据式 (4.85), 显然得 $u^* = -K^* x_c$. □

注 4.11 由以上定理得最优输出调节控制器 u^* 只与 K^* 和 x_c 有关, 即最优输出调节控制器的设计不需要求解输出调节方程. 且利用算法 4.2 求解 K^* 和采集 x_c 数据过程中并未使用 A、B 和 E 的信息, 所以算法 4.2 可以解决多智能体系统动态信息完全未知情况下的最优输出调节问题.

注 4.12 基于模型的算法 4.1 使用系统模型来预测下一个状态和奖励 (本书考虑的是能量损耗), 并使用这些信息来更新策略, 可以精确地预测多智能体系统在未来的状态和成本, 从而更加高效地更新策略, 适用于状态空间较小, 可以使用可靠的环境模型预测的情况. 算法 4.2 不使用系统模型, 只依靠与环境之间的交互来更新策略, 可以在任意环境中使用, 无须事先对系统建模, 因此具有更广泛的适用性, 适用于状态空间较大或不确定的情况.

4.6 数值算例

例 4.1 考虑拓扑结构如图 4.1 所示的异质多智能体系统 (4.1), 其参数设置如下:

$$A_1 = \begin{bmatrix} -1 & 1 \\ 1 & 1 \end{bmatrix}, \quad A_2 = \begin{bmatrix} 1 & 1 \\ -1 & 0.5 \end{bmatrix}, \quad A_3 = \begin{bmatrix} -2 & 1 \\ 1 & 1 \end{bmatrix}$$

$$B_1 = \begin{bmatrix} 0 \\ 1 \end{bmatrix}, \quad B_2 = \begin{bmatrix} 1 \\ 0 \end{bmatrix}, \quad B_3 = \begin{bmatrix} 1 \\ 2 \end{bmatrix}$$

$$C_1 = \begin{bmatrix} 1 & 1 \end{bmatrix}, \quad C_2 = \begin{bmatrix} 1 & 1 \end{bmatrix}, \quad C_3 = \begin{bmatrix} 2 & 1 \end{bmatrix}, \quad D = \begin{bmatrix} 1 & 1 \end{bmatrix}$$

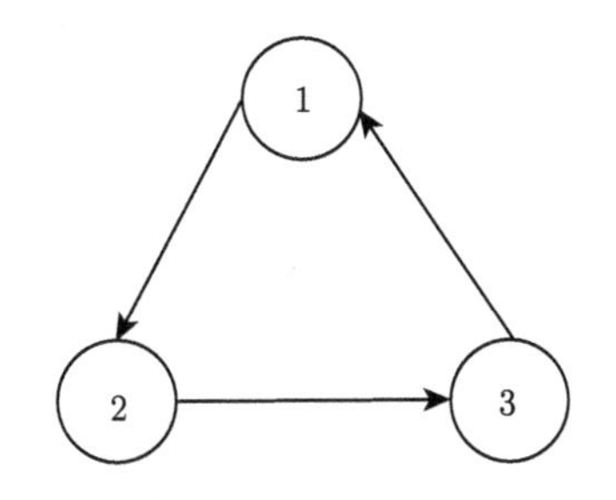

图 4.1 具有有向生成树的拓扑结构

假设 (S,Q) 为

$$S=\begin{bmatrix} 0 & 1 \\ -1 & 0 \end{bmatrix}, \quad Q=\begin{bmatrix} 0 \\ 1 \end{bmatrix}$$

则线性调控方程 (4.3) 的 Π_i、$\Gamma_i(i=1,2,3)$ 可以获得为

$$\Pi_1=\begin{bmatrix} 0.6 & 0.2 \\ 0.4 & 0.8 \end{bmatrix}, \quad \Pi_2=\begin{bmatrix} 0.85 & 0.23 \\ 0.15 & 0.77 \end{bmatrix}, \quad \Pi_3=\begin{bmatrix} 0.29 & 0.26 \\ 1.42 & 0.48 \end{bmatrix}$$

$$\Gamma_1=\begin{bmatrix} -1.8 & -0.6 \end{bmatrix}, \quad \Gamma_2=\begin{bmatrix} -1.23 & -0.15 \end{bmatrix}, \quad \Gamma_3=\begin{bmatrix} -1.09 & 0.34 \end{bmatrix}$$

根据定理 4.1, 输出一致可以保证. $\varepsilon_i(i=1,2,3)$ 的轨迹可见图 4.2 和图 4.3.

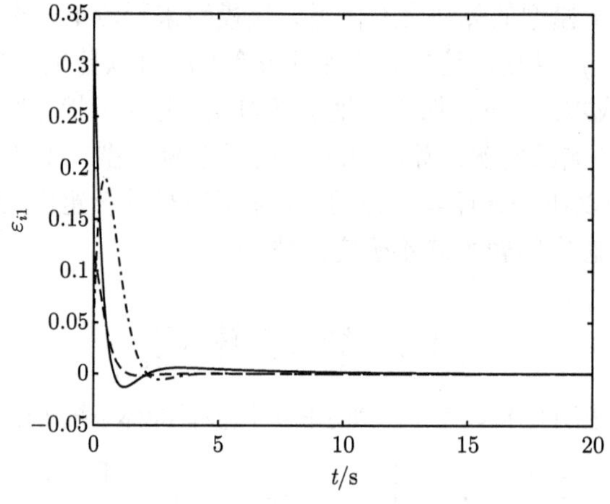

图 4.2 $\varepsilon_{i1}(i=1,2,3)$ 的轨迹

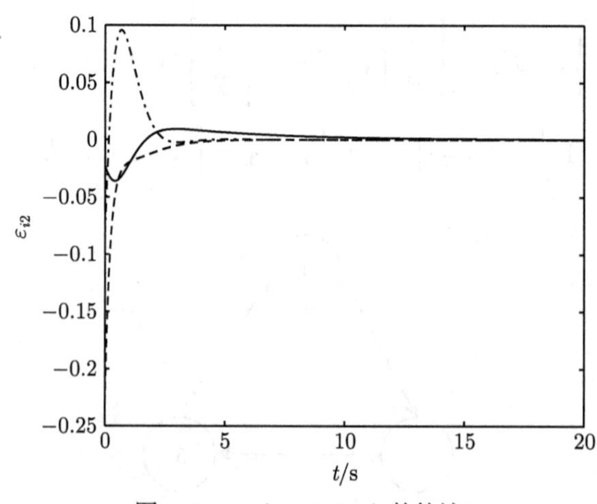

图 4.3 $\varepsilon_{i2}(i=1,2,3)$ 的轨迹

例 4.2 考虑系统 (4.23) 如图 4.4 所示. 智能体 0 是外部系统 (虚拟领导者), 智能体 1 可以直接获得外部系统的信息. 假设对于 $i=1,\cdots,4$, 有

$$E_i=\begin{bmatrix}1&0&0&0\\0&1&0&0\\0&0&0&0\\0&0&0&0\end{bmatrix},\quad A_1=\begin{bmatrix}5&0&-1&6\\0&-1&0&0\\1&0&1&0\\1&-1&0&1\end{bmatrix}$$

$$A_2=\begin{bmatrix}2&-1&1&0\\1&0&0&1\\1&3&1&0\\0&2&0&1\end{bmatrix},\quad A_3=\begin{bmatrix}0&-2&1&0\\1&0&0&1\\1&1&1&0\\0&2&0&1\end{bmatrix}$$

$$A_4=\begin{bmatrix}1&3&-1&3\\0&-1&1&0\\0&0&1&0\\1&-1&0&1\end{bmatrix},\quad B_1=B_4=\begin{bmatrix}0\\0\\1\\0\end{bmatrix}$$

$$B_2=B_3=\begin{bmatrix}0\\1\\0\\0\end{bmatrix},\quad S=\begin{bmatrix}0&1\\-1&0\end{bmatrix},\quad P_1=\begin{bmatrix}-2&3\\0&1\\-1&0\\0&1\end{bmatrix}$$

$$P_2=\begin{bmatrix}-2&1\\0&1\\1&0\\0&1\end{bmatrix},\quad P_3=\begin{bmatrix}2&1\\1&1\\1&0\\0&1\end{bmatrix},\quad P_4=\begin{bmatrix}2&1\\0&1\\1&0\\0&1\end{bmatrix}$$

$$C_1=\begin{bmatrix}0&0&1&1\end{bmatrix},\quad C_2=\begin{bmatrix}2&0&1&0\end{bmatrix}$$

$$C_3=\begin{bmatrix}2&0&2&0\end{bmatrix},\quad C_4=\begin{bmatrix}0&0&1&0\end{bmatrix}$$

$$C_{m1}=\begin{bmatrix}0&0&2&1\end{bmatrix},\quad C_{m2}=\begin{bmatrix}0&2&2&0\end{bmatrix}$$

$$C_{m3}=\begin{bmatrix}1&0&2&0\end{bmatrix},\quad C_{m4}=\begin{bmatrix}-1&0&1&0\end{bmatrix}$$

$$F_1=\begin{bmatrix}-0.5&1\end{bmatrix},\quad F_2=\begin{bmatrix}2&1\end{bmatrix},\quad F_3=\begin{bmatrix}2&1\end{bmatrix}$$

$$F_4=\begin{bmatrix}2&-1\end{bmatrix},\quad F_{m1}=\begin{bmatrix}-1&0\end{bmatrix},\quad F_{m2}=\begin{bmatrix}2&0\end{bmatrix}$$

$$F_{m3}=\begin{bmatrix}1&1\end{bmatrix},\quad F_{m4}=\begin{bmatrix}-1&-1\end{bmatrix}$$

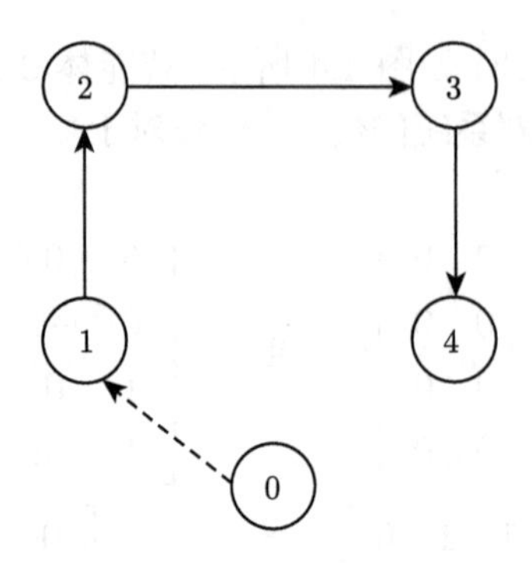

图 4.4 具有虚拟领导者的有向生成树的拓扑结构

将原系统转化为一般形式的降阶系统并且获得广义调控方程 (4.27) 的解 $\varPi_i$、$\varGamma_i$. 则对于一般形式的线性调控方程 (4.43) 可以获得 $\bar{\varPi}_{1i}$、$\varGamma_i(i=1,\cdots,4)$ 为

$$\begin{aligned}\bar{\varPi}_{11} &= \begin{bmatrix} 0.3 & -0.4 \\ 0.5 & 0.5 \end{bmatrix}, \quad \bar{\varPi}_{12} = \begin{bmatrix} -1.6 & 3.8 \\ -0.2 & 1.6 \end{bmatrix} \\ \bar{\varPi}_{13} &= \begin{bmatrix} 0.25 & -0.75 \\ 0 & 0.5 \end{bmatrix}, \quad \bar{\varPi}_{14} = \begin{bmatrix} 3.4 & 2.8 \\ 0 & 2 \end{bmatrix} \\ \varGamma_1 &= \begin{bmatrix} 0.4 & 0.3 \end{bmatrix}, \quad \varGamma_2 = \begin{bmatrix} -0.4 & -0.8 \end{bmatrix} \\ \varGamma_3 &= \begin{bmatrix} -1.75 & 1.75 \end{bmatrix}, \quad \varGamma_4 = \begin{bmatrix} 1 & -1 \end{bmatrix}\end{aligned}$$

智能体的跟踪误差见图 4.5 和图 4.6.

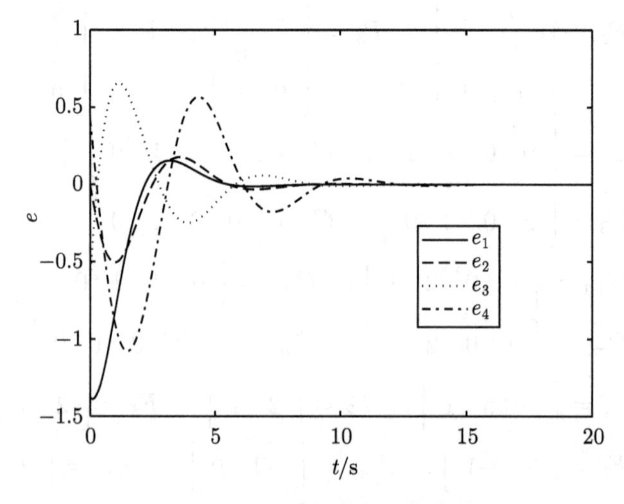

图 4.5 $\mu=0.5$ 时智能体的跟踪误差

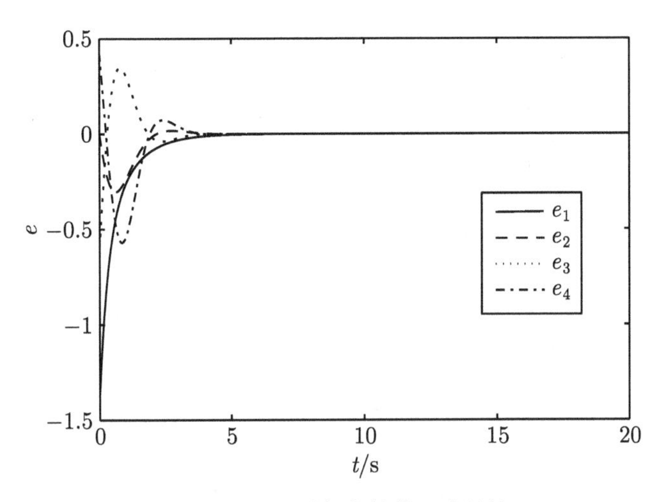

图 4.6 $\mu = 2$ 时智能体的跟踪误差

例 4.3 考虑未知控制方向的三阶多智能体系统 (4.45), 具有如图 4.7 所示的拓扑结构. 系统如下:

$$\begin{aligned}&\dot{x}_1 = -2v_1, \quad \dot{x}_2 = -v_2, \quad \dot{x}_3 = -v_3\\&\dot{v}_1 = 1.5w_1, \quad \dot{v}_2 = w_2, \quad \dot{v}_3 = 2w_3\\&\dot{w}_1 = 0.5u_1, \quad \dot{w}_2 = 2u_2, \quad \dot{w}_3 = 1.5u_3\end{aligned}$$

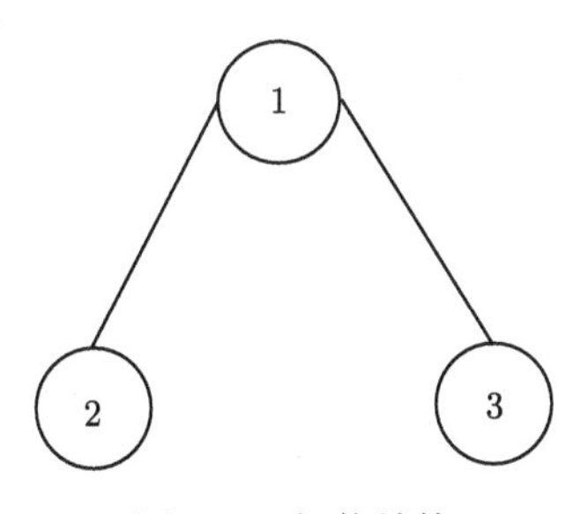

图 4.7 拓扑结构

通过定理 4.7, 对于 $\mathcal{N}(k_{i,1})$、$\mathcal{N}(k_{i,2})$、$\mathcal{N}(k_{i,3})(i=1,2,3)$, 设置 $\lambda_1 = 0.5 > \max\left(\frac{1}{\pi}\ln\frac{2\times 2}{1}, 0\right) = 0.4413$, $\lambda_2 = 0.5 > \max\left(\frac{1}{\pi}\ln\frac{2\times 2}{1}, 0\right) = 0.4413$, 以及 $\lambda_3 = 1 > \max\left(\frac{1}{\pi}\ln\frac{2\times 2}{0.5}, 0\right) = 0.6619$. 仿真结果见图 4.8~ 图 4.10, 可知系统达到一致.

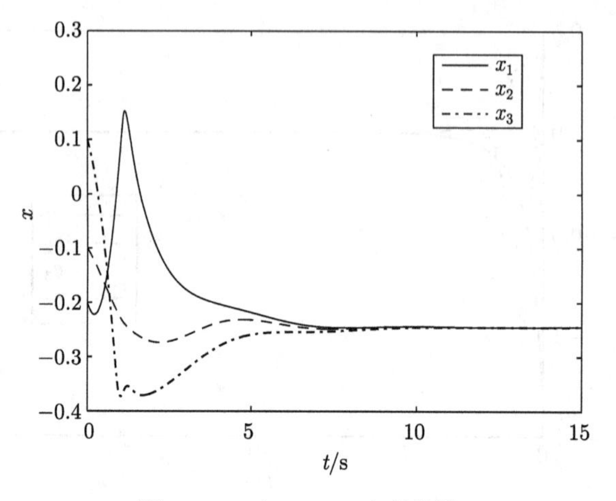

图 4.8　$x_i(i=1,2,3)$ 的轨迹

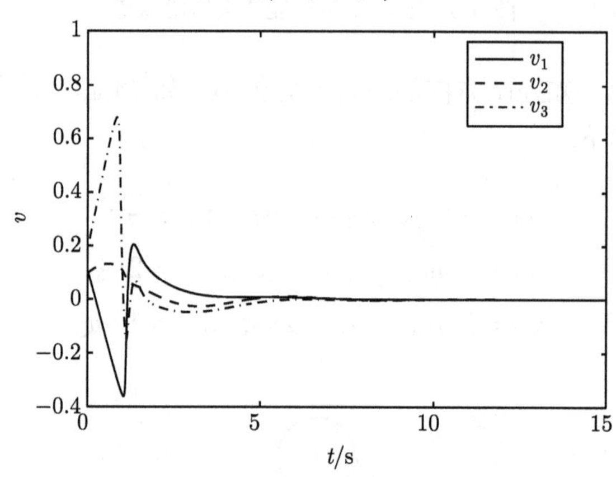

图 4.9　$v_i(i=1,2,3)$ 的轨迹

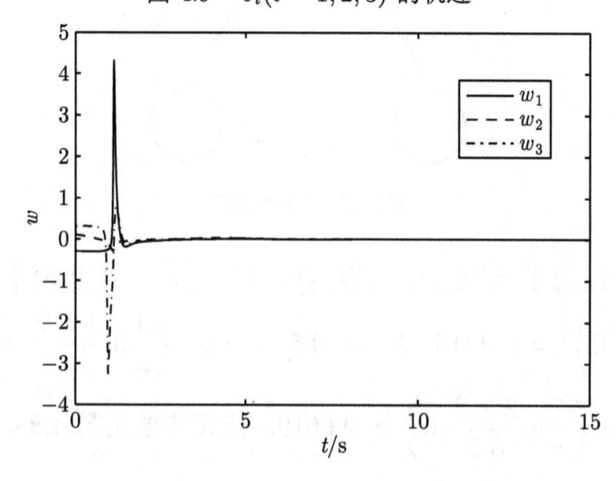

图 4.10　$w_i(i=1,2,3)$ 的轨迹

例 4.4 考虑如图 4.11 所示的网络拓扑结构, 其中标号为 0 的节点表示领导者, 其余节点代表跟随者. 给出如下系统矩阵参数:

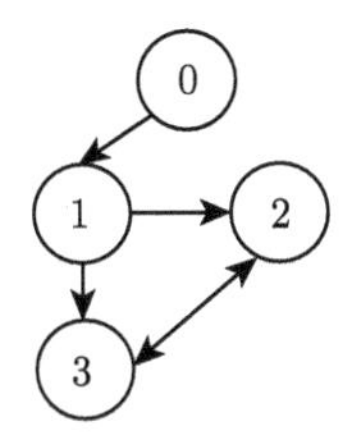

图 4.11 例 4.4 中系统的拓扑结构

$$A_1=\begin{bmatrix}-1 & -1\\ 1 & 0\end{bmatrix},\quad B_1=\begin{bmatrix}1\\1\end{bmatrix},\quad C_1=\begin{bmatrix}1 & 1\end{bmatrix}$$

$$A_2=\begin{bmatrix}-2 & 0\\ 1 & -1\end{bmatrix},\quad B_2=\begin{bmatrix}1\\0\end{bmatrix},\quad C_2=\begin{bmatrix}1 & 1\end{bmatrix}$$

$$A_3=\begin{bmatrix}-3 & 2\\ 2 & -2\end{bmatrix},\quad B_3=\begin{bmatrix}0\\1\end{bmatrix},\quad C_3=\begin{bmatrix}1 & 2\end{bmatrix}$$

$$E_1=E_2=E_3=\begin{bmatrix}1 & 0\\ 0 & 1\end{bmatrix},\quad D_1=D_2=D_3=\begin{bmatrix}1 & 1\end{bmatrix}$$

$$F_1=F_2=F_3=\begin{bmatrix}0.5 & 0.5\end{bmatrix},S=\begin{bmatrix}0 & 1\\ -1 & 0\end{bmatrix}$$

$$\bar{Q}=\mathrm{diag}(1,2),\quad \bar{R}=\mathrm{diag}(1,1)$$

$$Q=\mathrm{diag}(10,10,0.1,0.1,1,1),\quad R=\mathrm{diag}(1,2,3)$$

选择耦合强度 $c=0.5$, 那么可以计算得补偿器的控制增益为

$$H=\begin{bmatrix}1.0917 & -0.1010\\ -0.1010 & 1.3371\end{bmatrix}$$

选择正弦信号作为探测噪声, 并选择 $o=0.01$, 图 4.12 和图 4.13 为仿真结果. 图 4.12 描述了多智能体状态轨迹, 表明闭环系统最终是稳定的. 图 4.13 所示为领导者与跟随者之间的跟踪误差在最优控制器作用下的仿真曲线, 由此可以发现跟踪误差随着时间的推移收敛到 0 , 即表示所有智能体已经跟踪上了外部系统提供的参考信号.

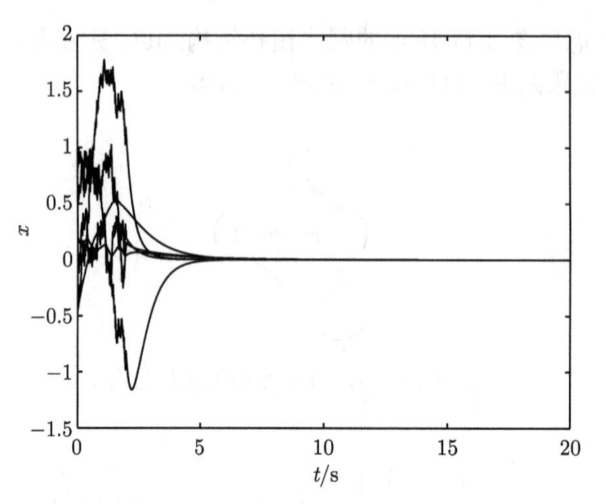

图 4.12 例 4.4 中智能体状态曲线

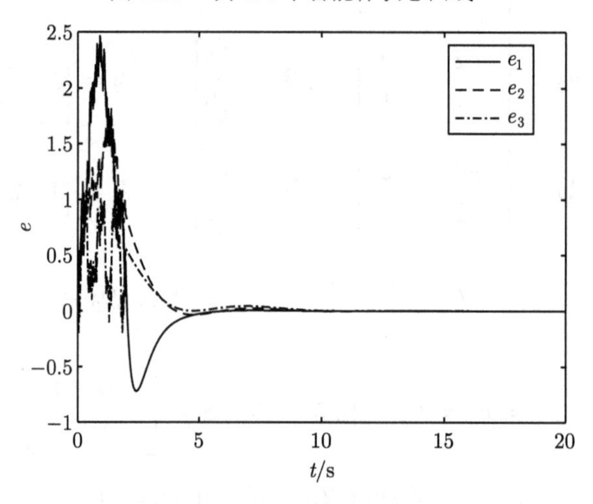

图 4.13 例 4.4 中跟踪误差曲线

4.7 小 结

本章研究了异质多智能体系统的协调控制问题. 首先考虑无领导者和有领导者的线性异质多智能体系统的协调输出一致问题. 在此基础上研究了广义异质多智能体系统的分布式输出调节问题, 提出了新颖的具有较低保守性的分布式观测器. 基于观测值分别设计了分布式广义输出反馈控制器和分布式正常输出反馈控制器. 另外, 针对每一阶的控制方向均允许未知的高阶线性多智能体系统, 利用自适应反推技术和新颖的 Nussbaum 条件不等式, 解决了其一致性问题. 最后, 利用强化学习解决了系统模型未知情况下线性异质多智能体系统的分布式输出调节问题.

第 5 章　高阶非线性多智能体系统的固定时间一致

5.1　引　　言

对于多智能体系统的一致性, 收敛速度是反映协议有效性的重要性能指标. 如果多智能体是渐近收敛的, 则智能体只能在时间趋于无穷时才能达成一致. 文献 [84]~ [87] 研究了有限时间一致性方法, 该方法与渐近一致法相比具有更快的收敛速度. 然而, 上述的工作表明, 在该方法下, 智能体的收敛时间取决于初始条件, 这意味着如果初始状态与平衡点相隔较远, 收敛时间可能很长, 甚至接近无穷. 为了克服这一缺点, 文献 [88] 提出了固定时间一致性方法. 固定时间一致性不仅保持了有限时间一致性的良好性能, 并且可以保证系统的收敛时间被一个独立于初始条件的正常数所限制. 在此基础上, 关于固定时间一致性的研究已经取得了大量的优秀成果[89-93]. 例如, 文献 [89]、[90] 为积分器型多智能体系统提出了实用的固定时间一致性框架. 针对二阶无速度测量的多智能体系统, 文献 [91] 提出了一种基于观测器的连续分布固定时间一致性协议. 文献 [92] 研究了由一阶非线性系统和二阶非线性系统组成的异质领导者-追随者形式的多智能体系统的分布式固定时间一致问题. 文献 [93] 在加权无向拓扑下研究了具有不确定扰动的一阶非线性多智能体系统的鲁棒固定时间一致问题.

值得一提的是, 上述工作中的一致性协议需要拉普拉斯矩阵特征值等全局信息, 这意味着这些策略不是全分布的. 为了弥补这一缺陷, 一些学者将自适应技术应用到一致性研究中, 提出了自适应分布式一致策略. 针对线性多智能体系统的全分布一致性研究已经得到了许多有意义的结果, 例如, 文献 [94]~ [99] 等. 进一步地, 文献 [100]~ [104] 等研究了一些具有非线性动态的多智能体系统的全分布一致性问题. 例如, 文献 [100] 针对二阶非线性动态多智能体系统提出了一种仅基于网络结构局部信息的分布式自适应增益设计策略. 文献 [101] 研究了有向拓扑上具有未建模动力学和未知参数的二阶时变非线性多智能体系统的全分布一致问题. 文献 [102] 提出了基于观测器的全分布协议来解决非线性多智能体系统在有向合作-对抗网络上的一致性问题. 针对一类二阶非线性多智能体系统, 文献 [103] 提出了一种事件触发一致协议, 并且该协议中所有的全局信息都是不可用的. 文献 [104] 提出了解决有向通信拓扑的二阶多智能体系统的全分布有限时间一致性问题的协议.

综合现有的多智能体系统的分布式一致研究, 存在两个局限：一方面, 系统模型为线性形式或低阶非线性动力学, 其中非线性项通常假设为 Lipschitz 连续, 这意味着现有算法无法解决一般高阶非线性系统的某些一致性问题, 例如, 是否可以实现非线性函数由低次项和高次项限定的非线性多智能体系统的一致性呢？另一方面, 某些文献中拓扑图的全局信息虽然不是必需的, 但只能达到全局或者有限时间一致性结果, 而无法在固定时间内实现全分布一致.

本章针对一类非线性函数同时受到低次项和高次项所限制的高阶非线性多智能体系统, 提出了一种新的固定时间观测器-控制器分布式一致性框架. 首先我们为领导者设计了分布式固定时间观测器, 以保证观测器状态能够在固定时间内收敛到领导者的状态. 然后, 通过增加幂积分的方法, 我们为每个追随者设计了一个固定时间控制器, 以保证每个追随者在固定时间内跟踪观测器的状态. 这样, 基于所设计的观测器和控制器, 所有的追随者会在固定时间内和领导者趋于一致. 进一步地, 为了消除所提出的一致性方案对网络拓扑的全局信息的依赖, 提出了全分布式的固定时间一致性协议, 解决了系统的固定时间一致性问题.

5.2 高阶非线性多智能体系统的分布式固定时间一致

考虑如下非线性多智能体系统：

$$\begin{cases} \dot{x}_{im} = x_{i,m+1} + f_m(\bar{x}_{im}) \\ \dot{x}_{in} = u_i + f_n(x_i) \end{cases} \tag{5.1}$$

其中, $i = 0, \cdots, N$; $m = 1, \cdots, n-1$. 标记智能体 $1 \sim N$ 为追随者, 智能体 0 为领导者. 对于第 i 个智能体, $x_i = [x_{i1} \ \cdots \ x_{in}]^{\mathrm{T}} \in \mathbb{R}^n$ 为系统状态, $u_i \in \mathbb{R}$ 为控制输入, $u_0 = 0$. 对于 $m = 1, \cdots, n-1$, $\bar{x}_{im} = [x_{i1} \ \cdots \ x_{im}]^{\mathrm{T}}$, $f_m(\bar{x}_{im}) : \mathbb{R}^m \to \mathbb{R}$ 为初值为 0 的非线性函数.

假设 5.1 针对领导者智能体 (5.1), 对于任意的 $t \in [0, +\infty)$ 和 $m = 1, \cdots, n$, 假设 $|x_{0m}| \leqslant M$, 其中 M 为一个已知的正常数.

假设 5.2 对于任意的 $x_m, y_m \in \mathbb{R}$, $m = 1, \cdots, n$, 偶整数 r_1 和 r_2, 奇整数 r_3 和 r_4, 存在常数 $c_m > 0$, $-\dfrac{1}{n} < \tau_1 = \dfrac{r_1}{r_3} \leqslant 0$ 和 $0 \leqslant \tau_2 = \dfrac{r_2}{r_4} < \dfrac{1}{n}$ 使得

$$|f_1(x_1) - f_1(y_1)| \ \leqslant \ c_1(|x_1 - y_1|^{1+\tau_1} + |x_1 - y_1|^{1+\tau_2})$$

当 $m = 2, \cdots, n$ 时, 有

$$|f_m(x_1, \cdots, x_m) - f_m(y_1, \cdots, y_m)| \leqslant c_m \sum_{s=1}^{m} (|x_s - y_s|^{\frac{1+2\tau_1}{1+\tau_1}} + |x_s - y_s|^{\frac{1+2\tau_2}{1+\tau_2}})$$

注 5.1 我们注意到 $0 < \dfrac{1+2\tau_1}{1+\tau_1} < 1+\tau_1 < 1$ 和 $1+\tau_2 > \dfrac{1+2\tau_2}{1+\tau_2} > 1$, 这意味着在边界条件中系统状态的次数可以大于 1 也可以小于 1. 因此, 假设 5.2 可以看成 Lipschitz 条件的扩展.

引理 5.1 对于任意的实数 $x_1, x_2, \cdots, x_n$ 和正常数 $a, b_1, b_2, \cdots, b_n$, 如果 $b_1+b_2+\cdots+b_{n-2} < 2b_n \leqslant 2(b_1+b_2+\cdots+b_{n-1})$, 则存在正常数 $k_1, \cdots, k_{n-1}$ 和连续函数 $k_n(x_{n-1}) \geqslant 0$ 使得

$$\prod_{m=1}^{n} a x_m^{b_m} \leqslant \sum_{m=1}^{n-1} k_m x_m^{2b_n} + k_n(x_{n-1}) x_n^{2b_n}$$

如果 $b_n > b_1+b_2+\cdots+b_{n-1}$, 则存在正常数 $l_1, \cdots, l_{n+1}$ 使得

$$\prod_{m=1}^{n} a x_m^{b_m} < \sum_{m=1}^{n} l_m x_m^{2b_n} + l_{n+1}$$

并且, 至少存在一组 $x_1, \cdots, x_n$ 的线性组合使得 $\prod\limits_{m=1}^{n} a x_m^{b_m} = \sum\limits_{m=1}^{n} l_m x_m^{2b_n} + l_{n+1}$.

证明 我们将分两种情形来进行证明.

情形 1 $b_1+b_2+\cdots+b_{n-2} < 2b_n \leqslant 2(b_1+b_2+\cdots+b_{n-1})$.

根据引理 1.11, 对于正常数 $\tilde{k}_m (m = 2, \cdots, n-2)$, 我们可以找到正常数 k_m 和 $\tilde{k}_{m+1}$ 使得

$$\begin{aligned}
&\tilde{k}_m \left| \prod_{s=m}^{n} x_s^{\frac{2b_s b_n}{2b_n-(b_1+\cdots+b_{m-1})}} \right| \\
=&\tilde{k}_m |x_m|^{\frac{2b_m b_n}{2b_n-(b_1+\cdots+b_{m-1})}} \times \left| \prod_{s=m+1}^{n} x_s^{\frac{b_s}{2b_n-(b_1+\cdots+b_m)}} \right|^{\frac{2b_n(2b_n-(b_1+\cdots+b_m))}{2b_n-(b_1+\cdots+b_{m-1})}} \\
\leqslant& k_m x_m^{2b_n} + \tilde{k}_{m+1} \left| \prod_{s=m+1}^{n} x_s^{\frac{2b_s b_n}{2b_n-(b_1+\cdots+b_m)}} \right|
\end{aligned} \tag{5.2}$$

在式 (5.2) 的帮助下, 有

$$\begin{aligned}
\prod_{s=1}^{n} a x_s^{b_s} \leqslant& a|x_1|^{b_1} \left| \prod_{s=2}^{n} x_s^{\frac{b_s}{2b_n-b_1}} \right|^{2b_n-b_1} \\
\leqslant& k_1 x_1^{2b_n} + \tilde{k}_2 \left| \prod_{s=2}^{n} x_s^{\frac{b_s}{2b_n-b_1}} \right|^{2b_n} \\
\leqslant& k_1 x_1^{2b_n} + \tilde{k}_2 |x_2|^{\frac{2b_2 b_n}{2b_n-b_1}} \left| \prod_{s=3}^{n} x_s^{\frac{b_s}{2b_n-b_1-b_2}} \right|^{\frac{2b_n(2b_n-b_1-b_2)}{2b_n-b_1}}
\end{aligned}$$

$$\leqslant k_1 x_1^{2b_n} + k_2 x_2^{2b_n} + \tilde{k}_3 \left| \prod_{s=3}^{n} x_s^{\frac{b_s}{2b_n - b_1 - b_2}} \right|^{2b_n}$$

$$\vdots$$

$$\leqslant \sum_{s=1}^{n-2} k_s x_s^{2b_n} + \tilde{k}_{n-1} |x_{n-1}|^{\frac{2b_{n-1}b_n}{2b_n-(b_1+\cdots+b_{n-2})}} |x_n|^{\frac{2b_n^2}{2b_n-(b_1+\cdots+b_{n-2})}}$$

其中,$k_1, \cdots, k_{n-2}$ 和 $\tilde{k}_2, \cdots, \tilde{k}_{n-1}$ 为正常数. 然后, 由于 $b_1+b_2+\cdots+b_{n-2} < 2b_n \leqslant 2(b_1+b_2+\cdots+b_{n-1})$, 由引理 1.11可得存在 $a(\cdot) = \tilde{k}_{n-1}|x_{n-1}|^{\frac{2b_n(b_1+\cdots+b_{n-1}-b_n)}{2b_n-(b_1+\cdots+b_{n-2})}}$ 使得

$$\begin{aligned}
&\tilde{k}_{n-1}|x_{n-1}|^{\frac{2b_{n-1}b_n}{2b_n-(b_1+\cdots+b_{n-2})}}|x_n|^{\frac{2b_n^2}{2b_n-(b_1+\cdots+b_{n-2})}} \\
&\leqslant \left(\tilde{k}_{n-1}|x_{n-1}|^{\frac{2b_n(b_1+\cdots+b_{n-1}-b_n)}{2b_n-(b_1+\cdots+b_{n-2})}}\right)|x_{n-1}|^{\frac{2b_n(b_n-(b_1+\cdots+b_{n-2}))}{2b_n-(b_1+\cdots+b_{n-2})}}|x_n|^{\frac{2b_n^2}{2b_n-(b_1+\cdots+b_{n-2})}} \\
&\leqslant k_{n-1}|x_{n-1}|^{2b_n} + k_n(x_{n-1})|x_n|^{2b_n}
\end{aligned} \tag{5.3}$$

其中, k_{n-1} 为一个正常数; $k_n(x_{n-1}) \geqslant 0$ 为一个连续函数. 显然, 当 $b_1+\cdots+b_{n-1}=b_n$ 时 $k_n(x_{n-1})$ 将会变为一个正常数.

情形 2 $b_n > b_1+b_2+\cdots+b_{n-1}$.

显然, 对于任意正数 y 和 $0 < b_1 < b_2$, 不等式 $y^{b_1} < 1 + y^{b_2}$ 都是成立的. 我们将利用这一事实来进行后续的证明. 首先, 因为 $b_1+b_2+\cdots+b_{n-1} < b_n$, 即 $k=1,\cdots,n-1$ 时 $b_k < b_n-(b_{k+1}+\cdots+b_{n-1})$, 则很容易得出 $x_k^{b_k} < 1 + x_k^{b_n-(b_{k+1}+\cdots+b_{n-1})}$. 因此, 我们有

$$\begin{aligned}
\prod_{m=1}^{n} a x_m^{b_m} &< a(1 + x_1^{b_n-(b_2+\cdots+b_{n-1})}) \prod_{m=2}^{n} x_m^{b_m} \\
&< \prod_{m=2}^{n} a x_m^{b_m} + x_1^{b_n-(b_2+\cdots+b_{n-1})} \prod_{m=2}^{n} a x_m^{b_m} \\
&< \prod_{m=3}^{n} a x_m^{b_m} + x_2^{b_n-(b_3+\cdots+b_{n-1})} \prod_{m=3}^{n} a x_m^{b_m} \\
&\quad + x_1^{b_n-(b_2+\cdots+b_{n-1})} \prod_{m=2}^{n} a x_m^{b_m} \\
&\quad \vdots \\
&< a x_n^{b_n} + \sum_{m=1}^{n-1} \prod_{s=m+1}^{n} a x_m^{b_n-(b_{m+1}+\cdots+b_{n-1})} x_s^{b_s}
\end{aligned}$$

注意到 $b_n-(b_{m+1}+\cdots+b_{n-1})+b_{m+1}+\cdots+b_{n-1}=b_n$ 在情形 1 的帮助下,

我们有

$$\sum_{m=1}^{n-1}\prod_{s=m+1}^{n} a x_m^{b_n-(b_{m+1}+\cdots+b_{n-1})} x_s^{b_s} \leqslant \sum_{m=1}^{n-1} l_m x_m^{2b_n} + \tilde{l}_n x_n^{2b_n}$$

其中, $l_1,\cdots,l_{n-1},\tilde{l}_n$ 为正常数. 然后, 不难推导出

$$a x_n^{b_n} = a\cdot 1^{b_n} x_n^{b_n} \leqslant l_{n+1}\cdot 1^{2b_n} + \bar{l}_n x_n^{2b_n} = l_{n+1} + \bar{l}_n x_n^{2b_n}$$

其中, $l_{n+1},\bar{l}_n$ 为正常数. 令 $l_n=\tilde{l}_n+\bar{l}_n$, 我们有

$$\prod_{m=1}^{n} a x_m^{b_m} < \sum_{m=1}^{n} l_m x_m^{2b_n} + l_{n+1}$$

选择 $k_1+\cdots+k_{n+1}=a$, 很明显可以得到当 $x_1=x_2=\cdots=x_n=1$ 时

$$\prod_{m=1}^{n} a x_m^{b_m} = \sum_{m=1}^{n} k_m x_m^{2b_n} + k_{n+1} \tag{5.4}$$

□

本章的目的是解决领导者-追随者非线性多智能体系统的固定时间一致问题, 即设计一个分布式的固定时间一致方案使得 N 个追随者的状态和领导者的状态趋于一致, 使得 $\lim\limits_{t\to T}|x_{im}-x_{0m}|=0(\forall i=1,\cdots,N, m=1,\cdots,n)$, $T>0$ 是一个固定时间.

首先, 对于系统 (5.1) 中的第 i 个智能体, 我们设计如下的分布式观测器:

$$\begin{aligned}\dot{z}_{0m}^i &= z_{0,m+1}^i-\alpha_1\mathrm{sig}^{p_1}(\zeta_{z_{0m}}^i)-\beta_1\mathrm{sig}^{q_1}(\zeta_{z_{0m}^i})-\gamma_1\zeta_{z_{0m}^i}-d\mathrm{sign}(\zeta_{z_{0m}^i})\\ \dot{z}_{0n}^i &= -\alpha_1\mathrm{sig}^{p_1}(\zeta_{z_{0n}}^i)-\beta_1\mathrm{sig}^{q_1}(\zeta_{z_{0n}^i})-\gamma_1\zeta_{z_{0n}^i}-d\mathrm{sign}(\zeta_{z_{0n}^i})\end{aligned} \tag{5.5}$$

其中, $m=1,\cdots,n-1$; z_{0m}^i 表示 x_{0m} 的估计值; $\alpha_1>0$, $\beta_1>0$ 和 $\gamma_1>0$ 为观测器增益; $0<p_1<1$, $q_1>1$ 和 $d>0$ 为设计常数; $\zeta_{z_{0m}^i}=\sum\limits_{j=1}^{N}a_{ij}(z_{0m}^i-z_{0m}^j)+a_{i0}(z_{0m}^i-x_{0m})$; $\mathrm{sign}(\cdot)$ 为标准的符号函数; 函数 $\mathrm{sig}(\cdot)$ 定义为 $\mathrm{sign}(\cdot)|\cdot|$.

定理 5.1 考虑拓扑图 $\mathcal{G}$ 是无向且连通的, 且增广图 $\hat{\mathcal{G}}$ 包含一个以领导者为根节点的生成树. 针对满足假设 5.1和假设 5.2 的多智能体系统 (5.1), 若观测器增益满足 $\gamma_1\geqslant\dfrac{1}{\lambda_2}$, $\lambda_2 I\leqslant\hat{\mathcal{L}}$, 则分布式观测器 (5.5) 可在固定时间内有效估计领导者的状态.

证明 定义观测器误差为 $\epsilon_{im} = z_{0m}^i - x_{0m}$. 根据 $\zeta_{z_{0m}^i}$ 的定义, 我们很容易得出 $\zeta_{\epsilon_{im}} = \zeta_{z_{0m}^i}$. 根据系统动态 (5.1) 和观测器动态 (5.5), 可以计算误差动态为

$$\begin{aligned}\dot{\epsilon}_{im} &= \epsilon_{i,m+1} - \alpha_1 \mathrm{sig}^{p_1}(\zeta_{\epsilon_{im}}) - \beta_1 \mathrm{sig}^{q_1}(\zeta_{\epsilon_{im}}) - \gamma_1 \zeta_{\epsilon_{im}} - d\mathrm{sign}(\zeta_{\epsilon_{im}}) - f_m(\bar{x}_{0m}) \\ \dot{\epsilon}_{in} &= -\alpha_1 \mathrm{sig}^{p_1}(\zeta_{\epsilon_{in}}) - \beta_1 \mathrm{sig}^{q_1}(\zeta_{\epsilon_{in}}) - \gamma_1 \zeta_{\epsilon_{in}} - d\mathrm{sign}(\zeta_{\epsilon_{in}}) - f_m(x_0)\end{aligned} \tag{5.6}$$

令 $\epsilon_m = [\epsilon_{1m} \ \cdots \ \epsilon_{Nm}]^{\mathrm{T}} \in \mathbb{R}^N$, 则式 (5.6) 可表示为如下紧集的形式:

$$\begin{aligned}\dot{\epsilon}_m &= \epsilon_{m+1} - \alpha_1 \lfloor \zeta_{\epsilon_m} \rceil^{p_1} - \beta_1 \lfloor \zeta_{\epsilon_m} \rceil^{q_1} - \gamma_1 \varrho \lfloor \zeta_{\epsilon_m} \rceil - d\mathrm{sign}(\zeta_{\epsilon_m}) - f_m(\bar{x}_{0m}) 1_N \\ \dot{\epsilon}_n &= -\alpha_1 \lfloor \zeta_{\epsilon_n} \rceil^{p_1} - \beta_1 \lfloor \zeta_{\epsilon_n} \rceil^{q_1} - \gamma_1 \varrho \lfloor \zeta_{\epsilon_n} \rceil - d\mathrm{sign}(\zeta_{\epsilon_n}) - f_n(x_0) 1_N\end{aligned}$$

其中, $\mathrm{sign}(\zeta_{\epsilon_m}) = [\mathrm{sign}(\zeta_{\epsilon_{1m}}) \ \cdots \ \mathrm{sign}(\zeta_{\epsilon_{Nm}})]^{\mathrm{T}}$; $\lfloor \zeta_{\epsilon_m} \rceil^a = [\mathrm{sig}^a(\zeta_{\epsilon_{1m}}) \ \cdots \mathrm{sig}^a(\zeta_{\epsilon_{Nm}})]^{\mathrm{T}}$, $a = p_1, \, q_1$ 或 1; $1_N = [1 \ \cdots \ 1]^{\mathrm{T}}$.

构造 Lyapunov 函数 $U_0 = \dfrac{1}{2} \sum\limits_{m=1}^{n} \epsilon_m^{\mathrm{T}} \hat{\mathcal{L}}^{\mathrm{T}} \epsilon_m$. 注意到 $\hat{\mathcal{L}} \epsilon_m = [\zeta_{\epsilon_{1m}} \ \cdots \ \zeta_{\epsilon_{Nm}}]^{\mathrm{T}}$, 我们计算 U_0 的导数为

$$\begin{aligned}\dot{U}_0 = & \sum_{m=1}^{n-1} \epsilon_m^{\mathrm{T}} \hat{\mathcal{L}}^{\mathrm{T}} \epsilon_{m+1} - \sum_{m=1}^{n} \alpha_1 \epsilon_m^{\mathrm{T}} \hat{\mathcal{L}} \lfloor \hat{\mathcal{L}} \epsilon_m \rceil^{p_1} - \sum_{m=1}^{n} \beta_1 \epsilon_m^{\mathrm{T}} \hat{\mathcal{L}}^{\mathrm{T}} \lfloor \hat{\mathcal{L}} \epsilon_m \rceil^{q_1} \\ & - \sum_{m=1}^{n} \gamma_1 \varrho \epsilon_m^{\mathrm{T}} \hat{\mathcal{L}}^{\mathrm{T}} \lfloor \hat{\mathcal{L}} \epsilon_m \rceil - \sum_{m=1}^{n} d \epsilon_m^{\mathrm{T}} \hat{\mathcal{L}}^{\mathrm{T}} \mathrm{sign}(\hat{\mathcal{L}} \epsilon_m) - \sum_{m=1}^{n} \epsilon_m^{\mathrm{T}} \hat{\mathcal{L}}^{\mathrm{T}} f_m(\bar{x}_{0m}) 1_N\end{aligned}$$

下面将处理上述不等式右边的项. 基于不等式 $2x^{\mathrm{T}}y \leqslant x^{\mathrm{T}}x + y^{\mathrm{T}}y$, 有

$$\sum_{m=1}^{n-1} \epsilon_m^{\mathrm{T}} \hat{\mathcal{L}}^{\mathrm{T}} \epsilon_{m+1} \leqslant \sum_{m=1}^{n} \frac{1}{\lambda_2} \left\| \hat{\mathcal{L}} \epsilon_m \right\|^2 \tag{5.7}$$

然后, 由假设 5.1 和假设 5.2 可得

$$\begin{aligned}\sum_{m=1}^{n} e_m^{\mathrm{T}} \hat{\mathcal{L}}^{\mathrm{T}} f_m(\bar{x}_{0m}) 1_N \leqslant & \sum_{i=1}^{N} c_1 |\zeta_{e_{i1}}| (|x_{01}|^{1+\tau_1} + |x_{01}|^{1+\tau_2}) \\ & + \sum_{i=1}^{N} \sum_{m=2}^{n} c_m |\zeta_{e_{im}}| \sum_{s=2}^{m} \left(|x_{0s}|^{\frac{1+2\tau_1}{1+\tau_1}} + |x_{0s}|^{\frac{1+2\tau_2}{1+\tau_2}} \right) \\ \leqslant & \sum_{m=1}^{n} M' \left\| \hat{\mathcal{L}} \epsilon_m \right\|\end{aligned} \tag{5.8}$$

其中, $M^{'} > 0$ 为和领导者状态 x_{0m} 的上界值相关的常数. 结合式 (5.7) 和式 (5.8), 可以得出

$$\dot{U}_0 \leqslant -\sum_{m=1}^{n} \alpha_1 \epsilon_m^{\mathrm{T}} \hat{\mathcal{L}} \lfloor \hat{\mathcal{L}} \epsilon_m \rceil^{p_1} - \sum_{m=1}^{n} \beta_1 \epsilon_m^{\mathrm{T}} \hat{\mathcal{L}}^{\mathrm{T}} \lfloor \hat{\mathcal{L}} \epsilon_m \rceil^{q_1} - (\gamma_1 - \frac{1}{\lambda_2}) \sum_{m=1}^{n} \left\| \hat{\mathcal{L}} \epsilon_m \right\|^2 - (d - M^{'}) \sum_{m=1}^{n} \left\| \hat{\mathcal{L}} \epsilon_m \right\| \tag{5.9}$$

然后, 选择观测器增益为 $\gamma_1 \geqslant \dfrac{1}{\lambda_2}$ 和 $d > M^{'}$, 则式 (5.9) 可重写为

$$\begin{aligned} \dot{U}_0 &\leqslant -\sum_{m=1}^{n} \alpha_1 \epsilon_m^{\mathrm{T}} \hat{\mathcal{L}} \lfloor \hat{\mathcal{L}} \epsilon_m \rceil^{p_1} - \sum_{m=1}^{n} \beta_1 \epsilon_m^{\mathrm{T}} \hat{\mathcal{L}}^{\mathrm{T}} \lfloor \hat{\mathcal{L}} \epsilon_m \rceil^{q_1} \\ &\leqslant -\sum_{m=1}^{n} \alpha_1 \left\| \hat{\mathcal{L}} \epsilon_m \right\|^{1+p_1} - \sum_{m=1}^{n} \beta_1 \left\| \hat{\mathcal{L}} \epsilon_m \right\|^{1+q_1} \end{aligned} \tag{5.10}$$

由于 $0 < p_1 \leqslant 1$ 和 $q_1 \geqslant 1$, 有

$$\begin{aligned} \sum_{m=1}^{n} \left\| \hat{\mathcal{L}} \epsilon_m \right\|^{1+p_1} &\geqslant (2\lambda_2 U_0)^{\frac{p_1+1}{2}} \\ \sum_{m=1}^{n} \left\| \hat{\mathcal{L}} \epsilon_m \right\|^{1+q_1} &\geqslant (Nn)^{1-q_1} (2\lambda_2 U_0)^{\frac{1+q_1}{2}} \end{aligned}$$

然后, 将上述不等式代入式 (5.10), 可以得到

$$\dot{U}_0 \leqslant -\alpha_1 (2\lambda_2 U_0)^{\frac{p_1+1}{2}} - \beta_1 (Nn)^{1-q_1} (2\lambda_2 U_0)^{\frac{1+q_1}{2}} \tag{5.11}$$

根据引理 1.7, 我们计算固定时间 T_0 为

$$T_0 \leqslant T_{\max 1} = \frac{2}{\alpha_1 (2\lambda_2)^{\frac{1+p_1}{2}} (1 - p_1)} + \frac{2}{\beta_1 (Nn)^{\frac{1-q_1}{2}} (2\lambda_2)^{\frac{1+q_1}{2}} (q_1 - 1)} \tag{5.12}$$

□

接下来, 对于 $i = 1, \cdots, N$, 我们设计追踪误差为 $z_{im} = x_{im} - z_{0m}^{i}$. 结合式 (5.1) 和式 (5.5), 我们可以得出对于任意的 $t \geqslant T_0$, 有

$$\begin{aligned} \dot{z}_{im} &= z_{i,m+1} + \phi_m \\ \dot{z}_{in} &= u_i + \phi_n \end{aligned} \tag{5.13}$$

其中, $z_i = [z_{i1} \ \cdots \ z_{in}]^{\mathrm{T}} \in \mathbb{R}^n$ 为系统状态; $u_i \in \mathbb{R}$ 为控制输入; $\phi_m = f_m(\bar{x}_{im}) - f_m(\bar{x}_{0m}) : \mathbb{R}^m \to \mathbb{R}$ 表示非线性函数. 在设计控制器前, 我们定义

$$\begin{aligned}\Omega_1 = & \left((z_{i1}, \cdots, z_{in}) \middle| \frac{1}{2+\tau_2} \sum_{m=1}^{n} (z_{im} + \sigma_{i,m-1}(z_{i,m-1} + \sigma_{i,m-2}(z_{i,m-2} \right. \\ & \left. + \cdots + \sigma_{i1} z_{i1}^{1+\tau_2})^{1+\tau_2})^{1+\tau_2})^{2+\tau_2} \leqslant \max\left(\left(\frac{2\Delta_n}{k} \right)^{\frac{2+\tau_2}{2(1+\tau_2)}}, 1 \right) \right) \\ \Omega_2 = & \left((z_{i1}, \cdots, z_{in}) | U_{in}(z_{i1}, \cdots, z_{in}) \leqslant \max_{(z_{i1}, \cdots, z_{in}) \in \Omega_1} U_{in}(z_{i1}, \cdots, z_{in}) \right)\end{aligned}$$

其中, $\sigma_{i1} > 0, \cdots; \sigma_{i,n-1} > 0$ 为设计常数或连续函数; $k > 0$ 和 $\Delta_n > 0$ 为常数; U_{in} 为待设计的 Lyapunov 函数. 这些参数将在后续确定. 显然, $\Omega_1 \in \Omega_2$. 然后, 控制器的整个设计过程如下所示.

情形 1　$(z_{i1}(0), \cdots, z_{in}(0)) \notin \Omega_2$.

初始步　构造 $V_{i1} = \dfrac{1}{2+\tau_2} z_{i1}^{2+\tau_2}$. 因为 τ_2 为偶数比基数的比率, 所以 V_{i1} 是一个连续的正定函数. 我们计算 V_{i1} 的导数为

$$\dot{V}_{i1} = z_{i1}^{1+\tau_2}(z_{i2} + \phi_1) = y_{i1}^{1+\tau_2}(y_{i2} + z_{i2}^* + \phi_1) \tag{5.14}$$

其中, $y_{i1} = z_{i1}; y_{i2} = z_{i2} - z_{i2}^*$. 因为 $-\dfrac{1}{n} < \tau_1 \leqslant 0$, $0 \leqslant \tau_2 < \dfrac{1}{n}$, 我们很容易计算得 $0 < 1 + \tau_1 \leqslant 1$, $1 + \tau_2 \geqslant 1$. 根据 引理 5.1 可得 $|y_{i1}|^{1+\tau_1} < 1 + |y_{i1}|^{1+\tau_2}$. 再由假设 5.2 和引理 5.1 得

$$\begin{aligned} y_{i1}^{1+\tau_2}\phi_1 & \leqslant |y_{i1}|^{1+\tau_2}|f_1(x_{i1}) - f_1(x_{01})| \\ & \leqslant c_1|y_{i1}|^{1+\tau_2}(|y_{i1}|^{1+\tau_1} + |y_{i1}|^{1+\tau_2}) \\ & \leqslant c_1|y_{i1}|^{1+\tau_2}(1 + 2|y_{i1}|^{1+\tau_2}) \\ & \leqslant \frac{5c_1}{2} y_{i1}^{2(1+\tau_2)} + \frac{5c_1}{2} \end{aligned} \tag{5.15}$$

将式 (5.15) 代入式 (5.14) 可得

$$\dot{V}_{i1} \leqslant y_{i1}^{1+\tau_2} y_{i2} + y_{i1}^{1+\tau_2} z_{i2}^* + \frac{5c_1}{2} y_{i1}^{2(1+\tau_2)} + \frac{5c_1}{2} \tag{5.16}$$

我们设计虚拟控制器为

$$z_{i2}^* = -\sigma_{i1} y_{i1}^{1+\tau_2}, \quad \sigma_{i1} \geqslant \frac{5c_1}{2} + n - 1 + \kappa_1 \tag{5.17}$$

其中, $\kappa_1 \geqslant 0$ 为设计常数. 然后, 式 (5.16) 转变为

$$\dot{V}_{i1} \leqslant -(n-1+\kappa_1) y_{i1}^{2(1+\tau_2)} + y_{i1}^{1+\tau_2} y_{i2} + \varDelta_1 \tag{5.18}$$

其中, $\varDelta_1 = \dfrac{5c_1}{2} \geqslant 0$ 为一个常数.

迭代步 假设在第 $k-1$ 步存在 Lyapunov 函数 $V_{i,k-1} = \dfrac{1}{2+\tau_2} \sum\limits_{m=1}^{k-1} y_{im}^{2+\tau_2}$ 和虚拟控制器:

$$z_{im}^* = -\sigma_{i,m-1} y_{i,m-1}^{1+\tau_2} \tag{5.19}$$

其中, $m = 2, \cdots, k$, $\sigma_{i,m-1} > 0$ 为常数或连续函数. $y_{i1} = z_{i1}, y_{im} = z_{im} - z_{im}^*$, 使得 $V_{i,k-1}$ 的导数满足

$$\dot{V}_{i,k-1} \leqslant -\sum_{m=1}^{k-1} (n-k+1+\kappa_m) y_{im}^{2(1+\tau_2)} + y_{i,k-1}^{1+\tau_2} y_{ik} + \varDelta_{k-1}$$

其中, $\kappa_m \geqslant 0$, $\varDelta_{k-1} \geqslant 0$ 为设计常数. 然后, 我们证明上述不等式在第 k 步也是成立的. 构造 $V_{ik} = V_{i,k-1} + \dfrac{1}{2+\tau_2} y_{ik}^{2+\tau_2}$ 并计算它的导数为

$$\begin{aligned}\dot{V}_{ik} \leqslant & -\sum_{m=1}^{k-1} (n-k+1+\kappa_m) y_{im}^{2(1+\tau_2)} + y_{i,k-1}^{1+\tau_2} y_{ik} + \varDelta_{k-1} \\ & + y_{ik}^{1+\tau_2} \left(z_{i,k+1} + \phi_k - \sum_{m=1}^{k-1} \frac{\partial z_{ik}^*}{\partial z_{im}} (z_{i,m+1} + \phi_m) \right)\end{aligned} \tag{5.20}$$

由引理 1.11 和引理 5.1得

$$y_{i,k-1}^{1+\tau_2} y_{ik} = y_{i,k-1}^{1+\tau_2} \left(y_{ik}^{\frac{1}{1+\tau_2}}\right)^{1+\tau_2} \leqslant \frac{1}{3} y_{i,k-1}^{2(1+\tau_2)} + \frac{3}{4} y_{ik}^{2(1+\tau_2)} + \frac{3}{4} \tag{5.21}$$

根据假设 5.2 和 z_{im} 的结构, 我们有

$$\begin{aligned} y_{ik}^{1+\tau_2} \phi_k \leqslant & c_k |y_{ik}|^{1+\tau_2} \sum_{m=1}^{k} \left(|z_{im}|^{\frac{1+2\tau_1}{1+\tau_1}} + |z_{im}|^{\frac{1+2\tau_2}{1+\tau_2}} \right) \\ \leqslant & c_k |y_{ik}|^{1+\tau_2} \sum_{m=1}^{k} \left(1 + 2^{\frac{1+2\tau_2}{1+\tau_2}} \left(|y_{im}|^{\frac{1+2\tau_2}{1+\tau_2}} + \sigma_{i,m-1}^{\frac{1+2\tau_2}{1+\tau_2}} |y_{i,m-1}|^{1+2\tau_2} \right) \right) \end{aligned} \tag{5.22}$$

因为 $\dfrac{1+2\tau_2}{1+\tau_2}<1+\tau_2$ 和 $1+2\tau_2\geqslant 1+\tau_2$, 由引理 5.1 可得

$$y_{ik}^{1+\tau_2}\phi_k\leqslant\frac{1}{3}\sum_{m=1}^{k-1}y_{im}^{2(1+\tau_2)}+\delta_{k1}(\cdot)|y_{ik}|^{2(1+\tau_2)}+\varDelta_{k1}\tag{5.23}$$

其中, $\varDelta_{k1}>0$ 为设计常数; $\delta_{k1}(\cdot)\geqslant 0$ 为连续函数. 基于 z_{ik}^* 在式 (5.19) 中的定义, 不难推算出

$$\frac{\partial z_{ik}^*}{\partial z_{im}}=\frac{\partial z_{ik}^*}{\partial y_{i,k-1}}\frac{\partial y_{i,k-1}}{\partial y_{i,k-2}}\cdots\frac{\partial y_{i,m+1}}{\partial y_{im}}\frac{\partial y_{im}}{\partial z_{im}}=-\prod_{s=m}^{k-1}(1+\tau_2)^{k-m}\sigma_{is}y_{is}^{\tau_2}\tag{5.24}$$

然后, 我们很容易得到

$$\begin{aligned}&-y_{ik}^{1+\tau_2}\sum_{m=1}^{k-1}\frac{\partial z_{ik}^*}{\partial z_{im}}z_{i,m+1}\\&\leqslant|y_{ik}|^{1+\tau_2}\sum_{m=1}^{k-1}\prod_{s=m}^{k-1}(1+\tau_2)^{k-m}\sigma_{is}|y_{is}|^{\tau_2}(|y_{i,m+1}|+\sigma_{im}|y_{im}|^{1+\tau_2})\end{aligned}$$

在上述不等式中, $(k-m)\tau_2\leqslant 1+\tau_2\leqslant(k-m)\tau_2+1$, $(k-m)\tau_2\leqslant 1+\tau_2\leqslant(k-m)\tau_2+1+\tau_2$. 因此, 根据引理 5.1, 有

$$-y_{ik}^{1+\tau_2}\sum_{m=1}^{k-1}\frac{\partial z_{ik}^*}{\partial z_{im}}z_{i,m+1}\leqslant\frac{1}{6}\sum_{m=1}^{k-1}y_{im}^{2(1+\tau_2)}+\delta_{k2}(\cdot)y_{ik}^{2(1+\tau_2)}\tag{5.25}$$

其中, $\delta_{k2}(\cdot)\geqslant 0$ 为连续函数. 与式 (5.22) 和式 (5.23) 类似地, 由假设 5.2 和引理 5.1 得

$$\begin{aligned}-y_{ik}^{1+\tau_2}\sum_{m=1}^{k-1}\frac{\partial z_{ik}^*}{\partial z_{im}}\phi_m\leqslant&|y_{ik}|^{1+\tau_2}\sum_{m=1}^{k-1}\prod_{s=m}^{k-1}(1+\tau_2)^{k-m}\sigma_{is}|y_{is}|^{\tau_2}\Bigg(c_1(1+2|y_{i1}|^{1+\tau_2})\\&+c_m\sum_{s=2}^{m}\left(1+2^{\frac{1+2\tau_2}{1+\tau_2}}\left(|y_{is}|^{\frac{1+2\tau_2}{1+\tau_2}}+\sigma_{i,s-1}^{\frac{1+2\tau_2}{1+\tau_2}}|y_{i,s-1}|^{1+2\tau_2}\right)\right)\Bigg)\\\leqslant&\frac{1}{6}\sum_{m=1}^{k-1}y_{im}^{2(1+\tau_2)}+\delta_{k3}(\cdot)y_{ik}^{2(1+\tau_2)}+\varDelta_{k2}\end{aligned}\tag{5.26}$$

其中, $(k-m)\tau_2\leqslant 1+\tau_2$, $(k-m)\tau_2\leqslant 1+\tau_2\leqslant(k-m)\tau_2+1+\tau_2$, $(k-m)\tau_2\leqslant 1+\tau_2\leqslant(k-m)\tau_2+\dfrac{1+2\tau_2}{1+\tau_2}$, $(k-m)\tau_2\leqslant 1+\tau_2\leqslant(k-m)\tau_2+1+2\tau_2$, $\varDelta_{k2}>0$ 为

设计常数. 将式 (5.21)~ 式 (5.26) 代入式 (5.20) 可得

$$\begin{aligned}\dot{V}_{ik}\leqslant&-\sum_{m=1}^{k-1}(n-k+\kappa_m)y_{im}^{2(1+\tau_2)}+y_{i,k}^{1+\tau_2}y_{i,k+1}+\Delta_k\\&+y_{ik}^{1+\tau_2}z_{i,k+1}^*+(\frac{3}{4}+\delta_{k1}(\cdot)+\delta_{k2}(\cdot)+\delta_{k3}(\cdot))y_{ik}^{2(1+\tau_2)}\end{aligned}\tag{5.27}$$

其中，$\Delta_k=\Delta_{k1}+\Delta_{k2}+\dfrac{3}{4}$.

我们设计如下虚拟控制器：

$$\begin{aligned}&z_{i,k+1}^*=-\sigma_{ik}(\cdot)y_{ik}^{1+\tau_2}\\&\sigma_{ik}(\cdot)\geqslant n-k+\frac{3}{4}+\delta_{k1}(\cdot)+\delta_{k2}(\cdot)+\delta_{k3}(\cdot)+\kappa_k\end{aligned}\tag{5.28}$$

其中, $\kappa_k\geqslant0$ 为设计常数. 将式 (5.28) 代入式 (5.27) 可得

$$\dot{V}_{ik}\leqslant-\sum_{m=1}^{k}(n-k+\kappa_m)y_{im}^{2(1+\tau_2)}+y_{i,k}^{1+\tau_2}y_{i,k+1}+\Delta_k$$

迭代步的证明到此结束.

最终步 构造 $V_{in}=V_{i,n-1}+\dfrac{1}{2+\tau_2}y_{in}^{2+\tau_2}$ 并计算它的导数可以得出

$$\begin{aligned}\dot{V}_{in}\leqslant&-\sum_{m=1}^{n-1}(1+\kappa_m)y_{im}^{2(1+\tau_2)}+y_{i,n-1}^{1+\tau_2}y_{in}+\Delta_{n-1}\\&+y_{in}^{1+\tau_2}\left(u_i+\phi_n-\sum_{m=1}^{n-1}\frac{\partial z_{in}^*}{\partial z_{im}}(z_{i,m+1}+\phi_m)\right)\end{aligned}\tag{5.29}$$

根据类似的过程, 我们可以计算式 (5.29) 得到

$$\dot{V}_{in}\leqslant-\sum_{m=1}^{n-1}\kappa_my_{im}^{2(1+\tau_2)}+y_{in}^{1+\tau_2}u_i+\delta_n(\cdot)y_{in}^{2(1+\tau_2)}+\Delta_n\tag{5.30}$$

其中, $\delta_n(\cdot)>0$ 为连续函数; $\Delta_n>0$ 为常数. 我们设计如下实际的控制器:

$$u_i=-\sigma_{in}(\cdot)y_{in}^{1+\tau_2},\quad\sigma_{in}(\cdot)\geqslant\delta_n(\cdot)+\kappa_n\tag{5.31}$$

其中, $\kappa_n\geqslant0$ 为设计常数. 结合式 (5.30) 和式 (5.31), 我们有

$$\dot{V}_{in}\leqslant-\sum_{m=1}^{n}\kappa_my_{im}^{2(1+\tau_2)}+\Delta_n\tag{5.32}$$

至此, 我们就完成了情形 1 的控制器设计过程.

情形 2 $(z_{i1}(0),\cdots,z_{in}(0))\in\Omega_2$.

根据 Ω_2 的构造, $(z_{i1},\cdots,z_{in})\in\Omega_2$ 表明 $U_{in}(z_{i1},\cdots,z_{in})$ 有一个上界, 这也就意味着, $z_{i1},\cdots,z_{in}$ 不可能是无界的. 因此, 必存在正常数 $A_{i1},\cdots,A_{in}$ 使得 $|z_{i1}|\leqslant A_{i1},\cdots,|z_{in}|\leqslant A_{in}$. 接下来, 我们将在下面详细说明控制器的设计过程.

初始步 构造 $U_{i1}=\dfrac{1}{2}z_{i1}^2$. 我们可计算它的导数为

$$\dot{U}_{i1}=z_{i1}(z_{i2}+\phi_1)=x_{i1}(z_{i2}-a_{i2}+a_{i2}+\phi_1) \tag{5.33}$$

其中, $x_{i1}=z_{i1}$. 由假设 5.2 得

$$x_{i1}\phi_1\leqslant c_1|x_{i1}|(|z_{i1}|^{1+\tau_1}+|z_{i1}|^{1+\tau_2})\leqslant c_1|x_{i1}|(1+A_{i1}^{\tau_2-\tau_1})|x_{i1}|^{1+\tau_1}\leqslant \mu_1 x_{i1}^{2+\tau_1} \tag{5.34}$$

其中, $\mu_1\geqslant c_1(1+A_{i1}^{\tau_2-\tau_1})$ 为正常数. 我们将式 (5.34) 代入式 (5.33) 可得

$$\dot{U}_{i1}\leqslant x_{i1}(z_{i2}-a_{i2})+x_{i1}a_{i2}+\mu_1 x_{i1}^{2+\tau_1}$$

我们设计虚拟控制器 a_{i2} 为

$$a_{i2}=-\theta_{i1}x_{i1}^{1+\tau_1},\quad \theta_{i1}\geqslant n-1+\mu_1+\varkappa_1 \tag{5.35}$$

其中 $\varkappa_1\geqslant 0$ 为设计常数. 接下来, 我们有

$$\dot{U}_{i1}\leqslant -(n-1+\varkappa_1)x_{i1}^{2+\tau_1}+x_{i1}(z_{i2}-a_{i2})$$

迭代步 假设在第 $k-1$ 步, 存在 Lyapunov 函数:

$$U_{i,k-1}=\frac{1}{2}x_{i1}^2+\sum_{m=2}^{k-1}\int_{a_{im}}^{z_{im}}\left(s^{\frac{1}{1+(m-1)\tau_1}}-a_{im}^{\frac{1}{1+(m-1)\tau_1}}\right)^{1-(m-1)\tau_1}\mathrm{d}s \tag{5.36}$$

和虚拟控制器:

$$a_{im}=-\theta_{i,m-1}x_{i,m-1}^{1+(m-1)\tau_1} \tag{5.37}$$

其中, $\theta_{i,m-1}>0$ 为设计常数. $x_{i1}=z_{i1},x_{im}=z_{im}^{\frac{1}{1+(m-1)\tau_1}}-a_{im}^{\frac{1}{1+(m-1)\tau_1}}$, 使得 $U_{i,k-1}$ 的导数满足

$$\dot{U}_{i,k-1}\leqslant -\sum_{m=1}^{k-1}(n-k+1+\varkappa_m)x_{im}^{2+\tau_1}+x_{i,k-1}^{1-(k-2)\tau_1}(x_{ik}-a_{ik})$$

其中, $\varkappa_m \geqslant 0$ 是设计常数. 接下来, 我们将证明上述不等式在第 k 步也是成立的. 构造 $U_{ik} = U_{i,k-1} + \int_{a_{ik}}^{z_{ik}} (s^{\frac{1}{1+(k-1)\tau_1}} - a_{ik}^{\frac{1}{1+(k-1)\tau_1}})^{1-(k-1)\tau_1} \mathrm{d}s$. 我们可计算 U_{ik} 的导数为

$$\begin{aligned}\dot{U}_{ik} \leqslant & -\sum_{m=1}^{k-1}(n-k+1+\varkappa_m)x_{im}^{2+\tau_1} + x_{i,k-1}^{1-(k-2)\tau_1}(x_{ik}-a_{ik}) + x_{ik}^{1-(k-1)\tau_1}(z_{i,k+1}+\phi_k) \\ & + \frac{\partial(-a_{ik}^{\frac{1}{1+(k-1)\tau_1}})}{\partial t}\int_{a_{ik}}^{z_{ik}} (s^{\frac{1}{1+(k-1)\tau_1}} - a_{ik}^{\frac{1}{1+(k-1)\tau_1}})^{-(k-1)\tau_1} \mathrm{d}s \end{aligned} \tag{5.38}$$

首先, 由引理 1.11, 不难推导出

$$\begin{aligned} x_{i,k-1}^{1-(k-2)\tau_1}(x_{ik}-a_{ik}) & \leqslant 2^{-(k-1)\tau_1}|x_{i,k-1}|^{1-(k-2)\tau_1}|x_{ik}|^{1+(k-1)\tau_1} \\ & \leqslant \frac{1}{3}x_{i,k-1}^{2+\tau_1} + \mu_{k1}x_{ik}^{2+\tau_1} \end{aligned} \tag{5.39}$$

其中, $\mu_{k1} > 0$ 为设计常数.

基于 x_{im} 的构造, 由假设 5.2 得

$$\begin{aligned} |\phi_k| \leqslant & c_k \sum_{m=1}^{k} (|z_{im}|^{\frac{1+2\tau_1}{1+\tau_1}} + |z_{im}|^{\frac{1+2\tau_2}{1+\tau_2}}) \\ \leqslant & c_k \sum_{m=2}^{k} (1 + A_{im}^{\frac{\tau_2-\tau_1}{(1+\tau_1)(1+\tau_2)}})|x_{im} - \theta_{i,m-1}^{\frac{1}{1+(m-1)\tau_1}} x_{i,m-1}|^{\frac{(1+2\tau_1)(1+(m-1)\tau_1)}{1+\tau_1}} \\ & + c_k(1 + A_{i1}^{\frac{\tau_2-\tau_1}{(1+\tau_1)(1+\tau_2)}})|x_{i1}|^{\frac{1+2\tau_1}{1+\tau_1}} \end{aligned} \tag{5.40}$$

因为 $-\frac{1}{n} < \tau_1 \leqslant 0$, 很容易计算得 $1+k\tau_1 < \frac{1+2\tau_1}{1+\tau_1}$, $1+k\tau_1 < \frac{(1+2\tau_1)(1+(m-1)\tau_1)}{1+\tau_1}$. 因此, 我们有

$$|\phi_k| \leqslant \sum_{i=1}^{k} \tilde{A}_{im}|x_{im}|^{1+k\tau_1} \tag{5.41}$$

其中, $\tilde{A}_{im} > 0$ 为与 A_{im} 相关的常数. 结合式 (5.40) 和式 (5.41), 可以得出

$$x_{i,k-1}^{1-(k-1)\tau_1}|\phi_k| \leqslant \frac{1}{3}\sum_{m=1}^{k-1} x_{im}^{2+\tau_1} + \mu_{k2}x_{ik}^{2+\tau_1} \tag{5.42}$$

其中, $\mu_{k2} > 0$ 为设计常数. 接下来, 利用偏微分方程的求解法则, 我们有

$$\frac{\partial(-a_{ik}^{\frac{1}{1+(k-1)\tau_1}})}{\partial t} = \theta_{i,k-1}^{\frac{1}{1+(k-1)\tau_1}} \sum_{m=1}^{k-1} \frac{\partial x_{i,k-1}}{\partial z_{im}} (z_{i,m+1} + \phi_m)$$

根据式 (5.37), 计算出

$$x_{i,k-1} = z_{i,k-1}^{\frac{1}{1+(k-2)\tau_1}} + \sum_{m=2}^{k-2} \prod_{s=m}^{k-2} \theta_{is}^{\frac{1}{1+s\tau_1}} z_{im}^{\frac{1}{1+(m-1)\tau_1}} + \prod_{s=1}^{k-2} \theta_{is}^{\frac{1}{1+s\tau_1}} z_{i1}$$

使得如下不等式成立:

$$\left|\frac{\partial x_{i,k-1}}{\partial z_{im}}\right| \leqslant \prod_{s=m}^{k-2} \theta_{is}^{\frac{1}{1+s\tau_1}} \frac{1}{1+(m-1)\tau_1} (|x_{im}|^{-(m-1)\tau_1} + \theta_{i,m-1}^{\frac{-(m-1)\tau_1}{1+(m-1)\tau_1}} |x_{i,m-1}|^{-(m-1)\tau_1}) \tag{5.43}$$

然后由式 (5.40) 得

$$\begin{aligned} |\phi_m| \leqslant & c_1(1 + A_{i1}^{\frac{\tau_2-\tau_1}{(1+\tau_1)(1+\tau_2)}})|x_{i1}|^{1+\tau_1} + c_m \sum_{s=2}^{m} (1 + A_{is}^{\frac{\tau_2-\tau_1}{(1+\tau_1)(1+\tau_2)}}) 2^{1-\frac{(1+2\tau_1)(1+(s-1)\tau_1)}{1+\tau_1}} \\ & \times (|x_{is}|^{\frac{(1+2\tau_1)(1+(s-1)\tau_1)}{1+\tau_1}} + \theta_{i,s-1}^{\frac{1+2\tau_1}{1+\tau_1}} |x_{i,s-1}|^{\frac{(1+2\tau_1)(1+(s-1)\tau_1)}{1+\tau_1}}) \end{aligned}$$

由于 $1 + m\tau_1 < 1 + \tau_1$, $1 + m\tau_1 < \dfrac{(1+2\tau_1)(1+(s-1)\tau_1)}{1+\tau_1}$, 且

$$|z_{i,m+1}| \leqslant |x_{i,m+1}|^{1+m\tau_1} + \theta_{im}|x_{im}|^{1+m\tau_1}$$

则容易得出

$$|z_{i,m+1} + \phi_m| \leqslant \sum_{s=1}^{m+1} \bar{A}_{is}|x_{is}|^{1+m\tau_1} \tag{5.44}$$

其中, $\bar{A}_{is} > 0$ 为和 A_{is} 相关的常数. 通过以上的分析, 由引理 5.1 可得

$$\begin{aligned} & \frac{\partial(-a_{ik}^{\frac{1}{1+(k-1)\tau_1}})}{\partial t} \int_{a_{ik}}^{z_{ik}} (s^{\frac{1}{1+(k-1)\tau_1}} - a_{ik}^{\frac{1}{1+(k-1)\tau_1}})^{-(k-1)\tau_1} \mathrm{d}s \\ \leqslant & \left|\frac{\partial(-a_{ik}^{\frac{1}{1+(k-1)\tau_1}})}{\partial t}\right| |z_{ik} - a_{ik}||x_{ik}|^{-(k-1)\tau_1} \end{aligned}$$

$$
\begin{aligned}
&\leqslant \sum_{m=1}^{k-1}\sum_{s=1}^{m+1}\breve{A}_{im}|x_{im}|^{-(m-1)\tau_1}|x_{is}|^{1+m\tau_1}|x_{ik}| \\
&\leqslant \frac{1}{3}\sum_{m=1}^{k-1}x_{im}^{2+\tau_1}+\mu_{k3}x_{ik}^{2+\tau_1}
\end{aligned} \tag{5.45}
$$

其中, $\breve{A}_{im}>0$ 和 $\mu_{k3}>0$ 为设计常数.

将式 (5.39)~ 式 (5.45) 代入式 (5.38) 得

$$
\begin{aligned}
\dot{U}_{ik} \leqslant & -\sum_{m=1}^{k-1}(n-k+\varkappa_m)x_{im}^{2+\tau_1}+(\mu_{k1}+\mu_{k2}+\mu_{k3})x_{ik}^{2+\tau_1} \\
& +x_{ik}^{1-(k-1)\tau_1}(z_{i,k+1}-a_{i,k+1})+x_{ik}^{1-(k-1)\tau_1}a_{i,k+1}
\end{aligned} \tag{5.46}
$$

我们设计如下虚拟控制器:

$$
\begin{cases}
a_{i,k+1}=-\theta_{ik}x_{ik}^{1+k\tau_1} \\
\theta_{ik}\geqslant n-k+\mu_{k1}+\mu_{k2}+\mu_{k3}+\varkappa_k
\end{cases} \tag{5.47}
$$

其中, $\varkappa_k\geqslant 0$ 为设计常数. 结合式 (5.46) 和式 (5.47), 可得

$$
\dot{U}_{ik}\leqslant -\sum_{m=1}^{k}(n-k+\varkappa_m)x_{im}^{2+\tau_1}+x_{ik}^{1-(k-1)\tau_1}(z_{i,k+1}-a_{i,k+1})
$$

迭代步的证明过程到此结束.

最终步 构造 Lyapunov 函数:

$$
U_{in}=\frac{1}{2}x_{i1}^2+\sum_{m=2}^{n}\int_{a_{im}}^{z_{im}}\left(s^{\frac{1}{1+(m-1)\tau_1}}-a_{im}^{\frac{1}{1+(m-1)\tau_1}}\right)^{1-(m-1)\tau_1}\mathrm{d}s \tag{5.48}
$$

受情形 1 和本情形迭代步骤的启发, 我们可以设计以下控制器:

$$
u_i=a_{i,n+1}=-\theta_{in}x_{in}^{1+n\tau_1} \tag{5.49}
$$

使得

$$
\dot{U}_{in}\leqslant -\sum_{m=1}^{n}\varkappa_m x_{im}^{2+\tau_1}
$$

其中, $\theta_{in}>0$ 为设计常数. 情形 2 的控制器设计过程到此结束.

通过结合情形 1 和情形 2, 当 $t \geqslant T_0$ 时, 我们对追踪系统 (5.13) 设计了两个控制器 (5.31) 和 (5.49). 在对系统进行稳定性分析之前, 我们需要证明当 $t < T_0$ 时, 系统 (5.1) 的状态在所设计的控制器作用下是有界的. 由定理 5.1 可得, 观测器的状态 $z_0^i = [z_{01}^i \ \cdots \ z_{0n}^i]^{\mathrm{T}}$ 总是有界的. 由追踪误差的定义 $z_{im} = x_{im} - z_{0m}^i(m = 1, \cdots, n)$ 可得：对于任意的 $t < T_0$, 如果我们想要证明 x_{im} 的有界性, 只需要证明 z_{im} 是有界的. 对于情形 2, $|z_{im}| \leqslant A_{im}$ 总是满足的. 因此, 对于所有的 $t < T_0$, x_{im} 是有界的. 因此, 接下来我们只需要证明当 $z_{im} \notin \Omega_2$ 时 z_{im} 的有界性. 由式 (5.19) 和式 (5.31), 很容易得出

$$\begin{aligned} u_i = & -\sigma_{in}(x_{in} - z_{0n}^i + \sigma_{i,n-1}(x_{i,n-1} - z_{0,n-1}^i + \sigma_{i,n-2}(x_{i,n-2} - z_{0,n-2}^i + \cdots \\ & +\sigma_{i1}(x_{i1} - z_{01}^i)^{1+\tau_2})^{1+\tau_2})^{1+\tau_2})^{1+\tau_2} \end{aligned} \tag{5.50}$$

当 $t \geqslant T_0$ 时, u_i 可重写为

$$\begin{aligned} \tilde{u}_i = & -\sigma_{in}(x_{in} - x_{0n} + \sigma_{i,n-1}(x_{i,n-1} - x_{0,n-1} + \sigma_{i,n-2}(x_{i,n-2} - x_{0,n-2} + \cdots \\ & +\sigma_{i1}(x_{i1} - x_{01})^{1+\tau_2})^{1+\tau_2})^{1+\tau_2})^{1+\tau_2} \end{aligned} \tag{5.51}$$

由于观测器误差 $e_{im} = z_{0m}^i - x_{0m}$ 在时间区间 $[0, T_0]$ 内是有界的. 因此, 必存在正常数 $D_{i1}, \cdots, D_{in}$ 使得 $|e_{i1}| \leqslant D_{i1}, \cdots, |e_{in}| \leqslant D_{in}$ 成立. 我们给出如下坐标变换：

$$\tilde{z}_{i1} = x_{i1} - x_{01}, \cdots, \tilde{z}_{in} = x_{in} - x_{0n}$$

和

$$\tilde{y}_{i1} = \tilde{z}_{i1}, \quad \tilde{y}_{im} = \tilde{z}_{im} + \sigma_{i,m-1}\tilde{y}_{i,m-1}^{1+\tau_2}, \quad m = 2, \cdots, n \tag{5.52}$$

在引理 1.13 的帮助下, 在时间区间 $[0, T_0]$ 内, 我们可计算得

$$|\tilde{u}_i - u_i| \leqslant \sigma_{in} l(|\aleph_n|^{1+\tau_2} + |\aleph_n| \cdot |\tilde{y}_{in}|^{\tau_2}) \tag{5.53}$$

其中

$$l = (1 + \tau_2)(2^{\tau_2 - 1} + 2)$$

$$\begin{aligned} \aleph_n = & \ x_{0n} - z_{0n}^i + \sigma_{i,n-1}(x_{i,n-1} - z_{0,n-1}^i + \sigma_{i,n-2}(x_{i,n-2} - z_{0,n-2}^i + \cdots \\ & + \sigma_{i1}(x_{i1} - z_{01}^i)^{1+\tau_2})^{1+\tau_2})^{1+\tau_2} - \sigma_{i,n-1}(x_{i,n-1} - x_{0,n-1} + \sigma_{i,n-2}(x_{i,n-2} \\ & - x_{0,n-2} + \cdots + \sigma_{i1}(x_{i1} - x_{01})^{1+\tau_2})^{1+\tau_2})^{1+\tau_2} \end{aligned}$$

为了处理该不等式, 我们给出如下命题.

命题 5.1 $|\tilde{u}_i - u_i| \geqslant 0$ 是关于 $\tilde{y}_{i1}, \cdots, \tilde{y}_{in}$ 的一个连续函数并且存在一个初值大于 0 的连续函数 $\varPsi(\cdot)$ 使得 $|\tilde{u}_i - u_i| \leqslant \varPsi(\tilde{y}_{i1}, \cdots, \tilde{y}_{in})$. 同时, 在函数 $\varPsi(\cdot)$ 中, $\tilde{y}_{ij}$ 的最高次幂为 $n\tau_2(j = 1, \cdots, n)$.

证明 我们用 $|\tilde{u}_i - u_i|_m$ 来表示当 $m = n$ 时的 $|\tilde{u}_i - u_i|$. 接下来, 我们用数学归纳法给出此命题的证明.

第一步 当 $m = 1$ 时. 利用引理 1.13, 很容易得出

$$
\begin{aligned}
|\tilde{u}_i - u_i|_1 = &|\sigma_{i1}(x_{i1} - z_{01}^i)^{1+\tau_2} - \sigma_{i1}(x_{i1} - x_{01})^{1+\tau_2}| \\
\leqslant &\sigma_{i1} l(|x_{01} - z_{01}^i|^{1+\tau_2} + |x_{01} - z_{01}^i||x_{i1} - x_{01}|^{\tau_2}) \\
\leqslant &\sigma_{i1} l(D_{i1}^{1+\tau_2} + D_{i1}|\tilde{y}_{i1}|^{\tau_2}) \\
\triangleq &\varPsi_1(\tilde{y}_{i1})
\end{aligned}
$$

显然, $\varPsi_1(\cdot)$ 为 $\varPsi_1(0) = \sigma_{i1} l D_{i1}^{1+\tau_2} > 0$ 的连续函数. 另外, 在 $\varPsi_1(\cdot)$ 中的 $\tilde{y}_{i1}$ 的最高次幂为 τ_2. 因此, 当 $m = 1$ 时, 命题 5.1 是成立的.

第二步 假设当 $m = k$ 时命题 5.1 是成立的. 接下来, 我们将证明命题 5.1 在 $m = k + 1$ 时也是成立的. 当系统 (5.1) 的阶数为 $k + 1$ 时, 利用引理 1.13, 我们有

$$
|\tilde{u}_i - u_i|_{k+1} \leqslant \sigma_{i,k+1} l(|\aleph_{k+1}|^{1+\tau_2} + |\aleph_{k+1}| \cdot |\tilde{y}_{i,k+1}|^{\tau_2}) \tag{5.54}
$$

其中

$$
\begin{aligned}
\aleph_{k+1} = &x_{0,k+1} - z_{0,k+1}^i + \sigma_{ik}(x_{ik} - z_{0k}^i + \sigma_{i,k-1}(x_{i,k-1} - z_{0,k-1}^i + \cdots \\
&+\sigma_{i1}(x_{i1} - z_{01}^i)^{1+\tau_2})^{1+\tau_2})^{1+\tau_2} - \sigma_{ik}(x_{ik} - x_{0k} + \sigma_{i,k-1}(x_{i,k-1} \\
&-x_{0,k-1} + \cdots + \sigma_{i1}(x_{i1} - x_{01})^{1+\tau_2})^{1+\tau_2})^{1+\tau_2}
\end{aligned}
$$

再次利用引理 1.13 可得

$$
\begin{aligned}
|\aleph_{k+1}| \leqslant &D_{i,k+1} + |\sigma_{ik}(x_{ik} - z_{0k}^i + \sigma_{i,k-1}(x_{i,k-1} - z_{0,k-1}^i + \cdots \\
&+\sigma_{i1}(x_{i1} - z_{01}^i)^{1+\tau_2})^{1+\tau_2})^{1+\tau_2} - \sigma_{ik}(x_{ik} - x_{0k} + \\
&\sigma_{i,k-1}(x_{i,k-1} - x_{0,k-1} + \cdots + \sigma_{i1}(x_{i1} - x_{01})^{1+\tau_2})^{1+\tau_2})^{1+\tau_2}| \\
\triangleq &D_{i,k+1} + |\tilde{u}_i - u_i|_k
\end{aligned} \tag{5.55}
$$

将式 (5.55) 代入式 (5.54) 得

$$
\begin{aligned}
|\tilde{u}_i - u_i|_{k+1} \leqslant &\sigma_{i,k+1} l((D_{i,k+1} + |\tilde{u}_i - u_i|_k)^{1+\tau_2} + (D_{i,k+1} + |\tilde{u}_i - u_i|_k) \cdot |\tilde{y}_{i,k+1}|^{\tau_2}) \\
\leqslant &\sigma_{i,k+1} l(2^{\tau_2}(D_{i,k+1}^{1+\tau_2} + |\tilde{u}_i - u_i|_k^{1+\tau_2}) + D_{i,k+1}|\tilde{y}_{i,k+1}|^{\tau_2} + |\tilde{u}_i - u_i|_k|\tilde{y}_{i,k+1}|^{\tau_2})
\end{aligned}
$$

因为 $|\tilde{u}_i-u_i|_k \leqslant \Psi_k(\tilde{y}_{i1},\cdots,\tilde{y}_{ik})$, 其中 $\Psi_k(\tilde{y}_{i1},\cdots,\tilde{y}_{ik})$ 是一个连续函数并且 $\Psi_k(0,\cdots,0)>0$. 并且, 对于 $j=1,\cdots,k$, $\tilde{y}_{ij}$ 在 $\Psi_k(\tilde{y}_{i1},\cdots,\tilde{y}_{ik})$ 中最高次幂为 $k\tau_2$. 则我们可以得出

$$\begin{aligned}|\tilde{u}_i-u_i|_{k+1} \leqslant & 2^{\tau_2}\sigma_{i,k+1}lD_{i,k+1}^{1+\tau_2}+2^{\tau_2}\sigma_{i,k+1}l\Psi_k^{1+\tau_2}(\cdot)+\sigma_{i,k+1}lD_{i,k+1}|\tilde{y}_{i,k+1}|^{\tau_2}\\ &+\sigma_{i,k+1}l\Psi_k^{1+\tau_2}(\cdot)|\tilde{y}_{i,k+1}|^{\tau_2}\\ \triangleq & \Psi_{k+1}(\tilde{y}_{i1},\cdots,\tilde{y}_{i,k+1})\end{aligned} \tag{5.56}$$

其中, $\Psi_{k+1}(\cdot)$ 是一个连续函数并且

$$\Psi_{k+1}(0)=2^{\tau_2}\sigma_{i,k+1}lD_{i,k+1}^{1+\tau_2}+2^{\tau_2}\sigma_{i,k+1}l\Psi_k^{1+\tau_2}(0)>0$$

另外, 我们不难得出 $\tilde{y}_{ij}$ 在 $\Psi_{k+1}(\cdot)$ 中的最高次幂为 $(k+1)\tau_2$. 因此, 命题 5.1 在 $m=k+1$ 时显然是成立的. 利用数学归纳法, 命题 5.1 在 $m=n$ 时也是成立的.

接下来, 构造 $\tilde{V}_{in}=\dfrac{1}{2+\tau_2}\displaystyle\sum_{m=1}^{n}\tilde{y}_{im}^{2+\tau_2}$. 在控制器 (5.31) 的作用下, 即在式 (5.50) 的作用下, 我们可计算它的导数为

$$\dot{\tilde{V}}_{in} \leqslant -\kappa^{'}\sum_{m=1}^{n}\tilde{y}_{im}^{2(1+\tau_2)}+\varDelta_n+\tilde{y}_{in}^{1+\tau_2}(u_i-\tilde{u}_i) \tag{5.57}$$

其中, $\kappa^{'}=\min(\kappa_1,\cdots,\kappa_n)$. 基于命题 5.1, $|\tilde{u}_i-u_i|\leqslant\Psi(\tilde{y}_{i1},\cdots,\tilde{y}_{in})$ 并且在 $\Psi(\cdot)$ 中 $\tilde{y}_{ij}$ 的最高次幂满足 $n\tau_2<1+\tau_2$. 因此, 由引理 5.1 可得

$$\begin{aligned}\tilde{y}_{in}^{1+\tau_2}(u_i-\tilde{u}_i) &\leqslant |\tilde{y}_{in}|^{1+\tau_2}|\tilde{u}_i-u_i|\\ &\leqslant |\tilde{y}_{in}|^{1+\tau_2}\Psi(\tilde{y}_{i1},\cdots,\tilde{y}_{in})\\ &\leqslant \frac{\kappa^{'}}{2}\sum_{m=1}^{n}|\tilde{y}_{im}|^{2(1+\tau_2)}+Q_n\end{aligned} \tag{5.58}$$

其中, $Q_n>0$ 为设计常数. 结合式 (5.57) 和式 (5.58), 我们有

$$\dot{\tilde{V}}_{in} \leqslant -\frac{\kappa^{'}}{2}\sum_{m=1}^{n}\tilde{y}_{im}^{2(1+\tau_2)}+\varDelta_n+Q_n \tag{5.59}$$

这就表明对于任意 $t\in[0,T_0]$, $\tilde{V}_{in}$ 是有界的. 因此, 对于任意 $t\in[0,T_0]$, $\tilde{y}_{im}=x_{im}-x_{0m}$ 也是有界的. 由假设 5.1, 我们可以立即得出对于任意 $t\in[0,T_0]$, x_{im} 也是有界的. □

定理 5.2 对于满足假设 5.1 和假设 5.2 的追踪误差系统 (5.13), 如果我们设计如下形式的固定时间控制器：

$$
\begin{aligned}
u_i &= \begin{cases} -\sigma_{in} y_{in}^{1+\tau_2}, & z_i \notin \Omega_2 \\ -\theta_{in} x_{in}^{1+\tau_1}, & z_i \in \Omega_2 \end{cases} \\
\Omega_1 &= \left\{ z_i \middle| \frac{1}{2+\tau_2} \sum_{m=1}^{n} y_{im}^{2+\tau_2} \leqslant \max\left(\left(\frac{2\Delta_n}{\kappa} \right)^{\frac{2+\tau_2}{2(1+\tau_2)}}, 1 \right) \right\} \\
\Omega_2 &= \left\{ z_i | U_{in}(z_i) \leqslant \max_{z_i \in \Omega_1} U_{in}(z_i) \right\}
\end{aligned} \tag{5.60}
$$

其中, $z_i = [z_{i1}, \cdots, z_{in}]^{\mathrm{T}} \in \mathbb{R}^n$; $\kappa = \kappa' n^{\frac{-\tau_2}{2+\tau_2}} (2+\tau_2)^{\frac{2(1+\tau_2)}{2+\tau_2}}$; $m = 1, \cdots, n$. y_{im} 和 x_{im} 为定义在式 (5.19) 和式 (5.37) 中与 $z_{i1}, \cdots, z_{im}$ 相关的设计参数, $\sigma_{in} > 0$ 为定义在式 (5.31) 中的连续函数, $\theta_{in} > 0$ 为定义在式 (5.49) 中的常数, 则追踪误差系统 (5.13) 将会在固定时间 $t = T_1 + T_2$ 内趋于稳定.

证明 在情形 1 中, Lyapunov 函数 V_{in} 的导数为

$$
\dot{V}_{in} \leqslant -\sum_{m=1}^{n} \kappa_m y_{im}^{2(1+\tau_2)} + \Delta_n \tag{5.61}
$$

利用引理 1.12, 我们有

$$
\begin{aligned}
\sum_{m=1}^{n} y_{im}^{2(1+\tau_2)} &= \sum_{m=1}^{n} (y_{im}^{2+\tau_2})^{\frac{2(1+\tau_2)}{2+\tau_2}} \geqslant n^{\frac{-\tau_2}{2+\tau_2}} (\sum_{m=1}^{n} y_{im}^{2+\tau_2})^{\frac{2(1+\tau_2)}{2+\tau_2}} \\
&= n^{\frac{-\tau_2}{2+\tau_2}} (2+\tau_2)^{\frac{2(1+\tau_2)}{2+\tau_2}} V_{in}^{\frac{2(1+\tau_2)}{2+\tau_2}}
\end{aligned} \tag{5.62}
$$

将式 (5.62) 代入式 (5.61) 可得

$$
\dot{V}_{in} \leqslant -\kappa V_{in}^{\frac{2(1+\tau_2)}{2+\tau_2}} + \Delta_n \tag{5.63}
$$

如果 $\kappa V_{in}^{\frac{2(1+\tau_2)}{2+\tau_2}} \geqslant 2\Delta_n$, 则 $\dot{V}_{in} \leqslant -\dfrac{\kappa}{2} V_{in}^{\frac{2(1+\tau_2)}{2+\tau_2}}$. 因为 $\dfrac{2(1+\tau_2)}{2+\tau_2} \geqslant 1$, 由引理 1.6 可得, 由于 $\Omega_1 \in \Omega_2$, V_{in} 将会在固定时间 $T_1 = \dfrac{2(2+\tau_2)}{k\tau_2}$ 收敛到集合 Ω_2 内. 在情形 2 中, 注意到

$$
U_{in} \leqslant \frac{1}{2} x_{i1}^2 + \sum_{m=2}^{n} |(z_{im}^{\frac{1}{1+(m-1)\tau_1}})^{1+(m-1)\tau_1} - (z_{im}^{\frac{1}{1+(m-1)\tau_1}})^{1+(m-1)\tau_1}||x_{im}|^{1-(m-1)\tau_1}
$$

$$\leqslant \frac{1}{2}x_{i1}^2 + \sum_{m=2}^{n} 2^{-(m-1)\tau_1}|x_{im}|^{1+(m-1)\tau_1}|x_{im}|^{1-(m-1)\tau_1}$$

$$\leqslant \lambda \sum_{m=1}^{n} x_{im}^2 \tag{5.64}$$

其中, $\lambda = \max\left(\frac{1}{2}, 2^{-\tau_1}, \cdots, 2^{-(n-1)\tau_1}\right) > 0$ 是设计常数. 并且, Lyapunov 函数 U_{in} 的导数可进一步计算得

$$\dot{U}_{in} \leqslant -\sum_{m=1}^{n} \varkappa_m x_{im}^{2+\tau_1} \leqslant -\varkappa U_{in}^{\frac{2+\tau_1}{2}}$$

其中, $\varkappa = \min(\varkappa_1, \cdots, \varkappa_n)\lambda^{-\frac{2+\tau_1}{2}}$. 根据引理 1.5, 我们可以总结得出, 状态 $(z_{i1}, \cdots, z_{in})$ 可在一有限时间 $\dfrac{(U_{in}(x_{i1}(0), \cdots, x_{in}(0)))^{-\frac{\tau_1}{2}}}{-\tau_1\varkappa}$ 内达到稳定. 由 U_{in} 的结构我们有

$$U_{in}(x_{i1}(0), \cdots, x_{in}(0)) = \frac{1}{2}\sum_{m=1}^{n} x_{im}^2(0)$$

$$= \frac{1}{2}\sum_{m=1}^{n}(z_{im}(0) + \theta_{i,m-1}(z_{i,m-1}(0) + \theta_{i,m-2}(z_{i,n-2}(0) + \cdots + \theta_{i1}z_{i1}(0)^{1+\tau_1})^{1+\tau_1})^{1+\tau_1})^2$$

$$\leqslant \frac{1}{2}\sum_{m=1}^{n}(A_{im}(0) + \theta_{i,m-1}(A_{i,m-1}(0) + \theta_{i,m-2}(A_{i,n-2}(0) + \cdots + \theta_{i1}A_{i1}(0)^{1+\tau_1})^{1+\tau_1})^{1+\tau_1})^2$$

$$\triangleq A$$

其中, $A > 0$ 是一个常数, 所以收敛时间为 $T_2 = \dfrac{A}{-\tau_1\varkappa}$, 很明显 T_2 是一个固定的时间. 结合以上的分析, 追踪误差系统 (5.13) 在控制器 (5.60) 的作用下会在固定时间 $t = T_1 + T_2$ 内稳定到 0. □

定理 5.3 对于非线性多智能体系统 (5.1), 如果我们设计全分布固定时间观测器 (5.5) 和固定时间控制器 (5.60), 领导者和追随者的状态将会在固定时间 $t = T_0 + T_1 + T_2$ 内趋于一致.

证明 由定理 5.2 可得, 追踪误差系统的所有信号在 $T_1 + T_2$ 内达到固定时间稳定. 这也就是说, 每个追随者的状态 x_{im} 在固定时间 $T_1 + T_2$ 内收敛到领导者状态的观测值 z_{0m}^i. 定理 5.1 说明观测器状态 z_{0m}^i 和领导者状态 x_{0m} 会在固定时间 T_0 内趋于一致. 因此, 所有智能体的所有状态将会在固定时间 $t = T_0 + T_1 + T_2$ 内趋于一致. □

5.3 高阶非线性多智能体系统的全分布固定时间一致

容易看出, 在分布式固定时间观测器 (5.5) 中观测增益 γ_1 与网络拓扑的拉普拉斯矩阵特征值等全局信息有关. 因此, 本节我们进一步研究高阶非线性多智能体系统 (5.1) 的全分布固定时间一致.

对于系统 (5.1) 的第 i 个智能体, 我们设计如下自适应固定时间观测器:

$$\begin{cases} \dot{z}_{0m}^i = z_{0,m+1}^i - \beta_1 \mathrm{sig}^{q_1}(\zeta_{z_{0m}^i}) - \gamma_1 \varrho \mathrm{sig}(\zeta_{z_{0m}^i}) - \breve{d}\mathrm{sign}(\zeta_{z_{0m}^i}) \\ \dot{z}_{0n}^i = -\beta_1 \mathrm{sig}^{q_1}(\zeta_{z_{0n}^i}) - \gamma_1 \varrho \mathrm{sig}(\zeta_{z_{0n}^i}) - \breve{d}\mathrm{sign}(\zeta_{z_{0n}^i}) \\ \dot{\varrho} = -h_1 \varrho + h_2 \sum\limits_{i=1}^{N} \sum\limits_{m=1}^{n} p_i^2 \zeta_{z_{0m}^i}^2 \end{cases} \tag{5.65}$$

其中, $m = 1, \cdots, n-1$; z_{0m}^i 表示 x_{0m} 的估计值; β_1、γ_1、q_1 和 $\zeta_{z_{0m}^i}$ 的定义与式 (5.5) 相同; $\breve{d} > 0$, $h_1 > 0$ 和 $h_2 > 0$ 为设计常数.

定理 5.4 考虑拓扑图 $\mathcal{G}$ 是强连接和完全均衡的. 并且, 至少存在一个追随者系统能够访问领导者系统的信息. 针对满足假设 5.1和假设 5.2 的多智能体系统 (5.1), 当观测器增益满足 $\beta_1 > 0, \gamma_1 \geqslant h_2$ 时, 观测器 (5.65) 的状态可在固定时间内收敛到领导者的状态附近的邻域内.

证明 定义观测器误差为 $e_{im} = z_{0m}^i - x_{0m}$. 令 $e_m = [e_{1m} \ \cdots \ e_{Nm}]^{\mathrm{T}} \in \mathbb{R}^N$, 则 e_m 的导数可表示为如下紧集的形式:

$$\dot{e}_m = e_{m+1} - \beta_1 \lfloor \zeta_{e_m} \rceil^{q_1} - \gamma_1 \varrho \lfloor \zeta_{e_m} \rceil - f_m(\bar{x}_{0m}) 1_N - \breve{d}\mathrm{sign}(\zeta_{e_m})$$

$$\dot{e}_n = -\beta_1 \lfloor \zeta_{e_n} \rceil^{q_1} - \gamma_1 \varrho \lfloor \zeta_{e_n} \rceil - \breve{d}\mathrm{sign}(\zeta_{e_n}) - f_n(x_0) 1_N$$

构造 $\tilde{U}_0 = \dfrac{1}{2} \sum\limits_{m=1}^{n} e_m^{\mathrm{T}} \hat{\mathcal{L}}^{\mathrm{T}} P e_m + \dfrac{1}{2}(\varrho - b)^2$, 其中 $b > 0$ 为设计常数. 我们计算 $\tilde{U}_0$ 的导数为

$$\begin{aligned} \dot{\tilde{U}}_0 = & \sum_{m=1}^{n-1} e_m^{\mathrm{T}} \hat{\mathcal{L}}^{\mathrm{T}} P e_{m+1} - \sum_{m=1}^{n} \beta_1 e_m^{\mathrm{T}} \hat{\mathcal{L}}^{\mathrm{T}} P \lfloor \zeta_{e_m} \rceil^{q_1} - \sum_{m=1}^{n} \gamma_1 \varrho e_m^{\mathrm{T}} \hat{\mathcal{L}}^{\mathrm{T}} P \lfloor \zeta_{e_m} \rceil \\ & - \sum_{m=1}^{n} \breve{d} e_m^{\mathrm{T}} \hat{\mathcal{L}}^{\mathrm{T}} P \mathrm{sign}(\zeta_{e_m}) - \sum_{m=1}^{n} e_m^{\mathrm{T}} \hat{\mathcal{L}}^{\mathrm{T}} P f_m(\bar{x}_{0m}) 1_N + (\varrho - b)\dot{\varrho} \end{aligned}$$

下面, 我们将处理上述不等式右边的项. 基于不等式 $2x^{\mathrm{T}}y \leqslant x^{\mathrm{T}}x + y^{\mathrm{T}}y$, 我们有

$$\sum_{m=1}^{n-1} e_m^{\mathrm{T}} \hat{\mathcal{L}}^{\mathrm{T}} P e_{m+1} \leqslant \sum_{i=1}^{N} \sum_{m=1}^{n} \frac{p_i^2}{\tilde{\lambda}_2} \zeta_{e_{im}}^2 \tag{5.66}$$

其中, $\tilde{\lambda}_2$ 为矩阵 $P\hat{\mathcal{L}}$ 的最小特征值. 然后, 由假设 5.1 和假设 5.2 可得

$$\begin{aligned}\sum_{m=1}^{n}e_m^{\mathrm{T}}\hat{\mathcal{L}}^{\mathrm{T}}Pf_m(\bar{x}_{0m})1_N\leqslant&\sum_{i=1}^{N}c_1p_i|\zeta_{e_{i1}}|(|x_{01}|^{1+\tau_1}+|x_{01}|^{1+\tau_2})\\&+\sum_{i=1}^{N}\sum_{m=2}^{n}c_mp_i|\zeta_{e_{im}}|\sum_{s=2}^{m}\left(|x_{0s}|^{\frac{1+2\tau_1}{1+\tau_1}}+|x_{0s}|^{\frac{1+2\tau_2}{1+\tau_2}}\right)\\\leqslant&\sum_{i=1}^{N}\sum_{m=1}^{n}\tilde{M}'p_i|\zeta_{e_{im}}|\end{aligned}\tag{5.67}$$

其中, $\tilde{M}'>0$ 为和领导者状态 x_{0m} 的上界值相关的常数. 结合式 (5.66) 和式 (5.67) 并利用条件 $0<p_i\leqslant 1$, 我们可得出

$$\begin{aligned}\dot{\tilde{U}}_0\leqslant&-\sum_{i=1}^{N}\sum_{m=1}^{n}\alpha_1p_i|\zeta_{e_{im}}|-\sum_{i=1}^{N}\sum_{m=1}^{n}\beta_1p_i|\zeta_{e_{im}}|^{1+q_1}-\sum_{i=1}^{N}\sum_{m=1}^{n}\left(bh_2-\frac{1}{\tilde{\lambda}_2}\right)p_i^2\zeta_{e_{im}}^2\\&+\frac{h_1}{2}b^2-\sum_{i=1}^{N}\sum_{m=1}^{n}(\gamma_1-h_2)\varrho p_i^2\zeta_{e_{im}}^2-\frac{h_1(\varrho-b)^2}{2}\end{aligned}\tag{5.68}$$

然后, 如果不等式 $b\geqslant\dfrac{1}{h_2\tilde{\lambda}_2}$, $\beta_1>0$, $\gamma_1\geqslant h_2$ 成立, 则式 (5.68) 可重写为

$$\dot{U}_0\leqslant-\sum_{i=1}^{N}\sum_{m=1}^{n}\alpha_1p_i|\zeta_{e_{im}}|-\frac{h_1(\varrho-b)^2}{2}-\sum_{i=1}^{N}\sum_{m=1}^{n}\beta_1p_i|\zeta_{e_{im}}|^{1+q_1}+\frac{h_1}{2}b^2\tag{5.69}$$

令 $q=\dfrac{1+q_1}{2}$, 根据引理 1.11, 不难得出

$$\begin{aligned}&-\frac{(\varrho-b)^2}{4}+\frac{1}{2}\left(\frac{(\varrho-b)^2}{2}\right)^{\frac{1}{2}}\leqslant\frac{1}{8}\\&-\frac{(\varrho-b)^2}{4}+\frac{1}{2}\left(\frac{(\varrho-b)^2}{2}\right)^{q}\leqslant\frac{1}{2}(1-q)q^{\frac{q}{1-q}}\leqslant 0\end{aligned}$$

由于 $0<p_i\leqslant 1$, 我们有

$$\begin{aligned}\sum_{i=1}^{N}\sum_{m=1}^{n}p_i|\zeta_{e_{im}}|&\geqslant\left(\sum_{i=1}^{N}\sum_{m=1}^{n}p_i^2\zeta_{e_{im}}^2\right)^{\frac{1}{2}}\geqslant(2\lambda_2)^{\frac{1}{2}}\left(\sum_{m=1}^{n}\frac{1}{2}e_m^{\mathrm{T}}\hat{\mathcal{L}}^{\mathrm{T}}Pe_m\right)^{\frac{1}{2}}\\\sum_{i=1}^{N}\sum_{m=1}^{n}p_i|\zeta_{e_{im}}|^{1+q_1}&\geqslant(Nn)^{1-q}(2\lambda_2)^q\left(\sum_{m=1}^{n}\frac{1}{2}e_m^{\mathrm{T}}\hat{\mathcal{L}}^{\mathrm{T}}Pe_m\right)^q\end{aligned}$$

然后, 将上述不等式代入式 (5.69) 并使用引理 1.12, 我们得到

$$\begin{aligned}\dot{\tilde{U}}_0 \leqslant& -\alpha_1(2\lambda_2)^{\frac{1}{2}}\left(\sum_{m=1}^{n}\frac{1}{2}e_m^{\mathrm{T}}\hat{\mathcal{L}}^{\mathrm{T}}Pe_m\right)^{\frac{1}{2}} - \beta_1(Nn)^{1-q}(2\lambda_2)^q\left(\sum_{m=1}^{n}\frac{1}{2}e_m^{\mathrm{T}}\hat{\mathcal{L}}^{\mathrm{T}}Pe_m\right)^q \\ &-\frac{h_1}{2}\left(\frac{(\varrho-b)^2}{2}\right)^{\frac{1}{2}} - \frac{h_1}{2}\left(\frac{(\varrho-b)^2}{2}\right)^q + \varXi \\ \leqslant& -h_3U_0^{\frac{1}{2}} - 2^{1-q}h_4U_0^q + \varXi \end{aligned} \tag{5.70}$$

其中, $\varXi = \frac{h_1}{8}+\frac{h_1}{2}(1-q)q^{\frac{q}{1-q}}+\frac{h_1}{2}b^2$; $h_3 = \min(\alpha_1(2\lambda_2)^{\frac{1}{2}}, \frac{h_1}{2})$; $h_4 = \min(\beta_1(2\lambda_2)^q (Nn)^{1-q}, \frac{h_1}{2})$. 根据引理 1.7, 我们计算固定时间 $\tilde{T}_0$ 为 $\tilde{T}_0 \leqslant \tilde{T}_{\max 1} = \frac{2}{h_3\varepsilon} + \frac{1}{2^{1-q}h_4(q-1)\varepsilon}$, 其中 $0<\varepsilon<1$ 为设计常数. □

注 5.2 对于领导者-追随者多智能体系统, 对领导者设计观测器方面已有了一些不错的结果, 如文献 [19]、[105] 等. 与它们相比, 本节中每个智能体的观测器 (5.65) 只使用自身和邻居的局部信息, 即采用的是完全分布式的方式设计.

定理 5.5 对于非线性多智能体系统 (5.1), 基于所设计的全分布固定时间观测器 (5.65) 和固定时间控制器 (5.60), 领导者和追随者的追踪误差将会在固定时间 $t = \tilde{T}_0 + T_1 + T_2$ 内收敛到 0 附近的邻域内.

证明 证明参见定理 5.3. □

5.4 数值算例

考虑一类二阶非线性多智能体系统, 其中领导者标记为 0, 4 个追随者标记为 1~4, 信息交互拓扑如图 5.1 所示. 第 i 个智能体的动态描述为: $\dot{x}_{i1} = x_{i2}$, $\dot{x}_{i2} = u_i + f_2(x_{i1}, x_{i2})$, $i = 0,1,2,3,4$, 其中 $f_2(x_{i1}, x_{i2}) = 0.5x_{i1}^{\frac{1}{3}} - 0.5x_{i1}^{\frac{9}{7}} - 0.1x_{i2}$, $u_0 = 0$. 显然, 基于 Lyapunov 稳定性理论, 领导者的状态满足假设 5.1. 图 5.2 和图 5.3 表示领导者状态 x_{01} 和 x_{02} 的轨迹图和相位图. 对于 $i = 1, 2$, 我们不难计算出

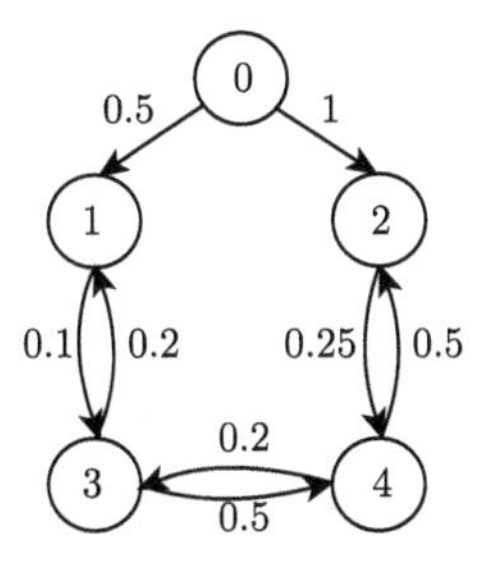

图 5.1 拓扑结构

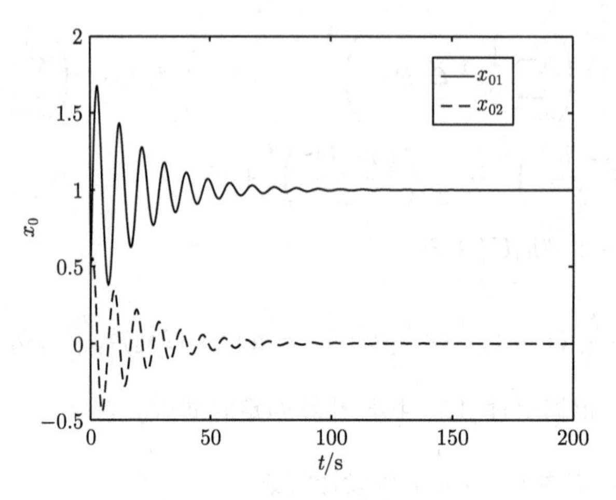

图 5.2　x_{01} 和 x_{02} 的轨迹图

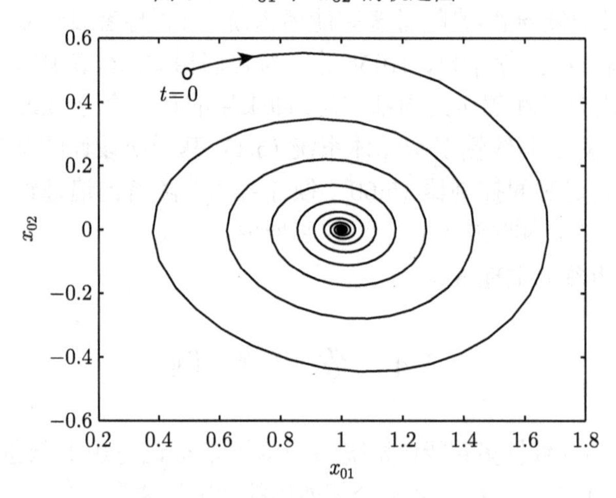

图 5.3　领导者的相位图

$$|f_{i2}(x_{i1},x_{i2})-f_{02}(x_{01},x_{02})|\leqslant 1.678|x_{i1}-x_{01}|^{\frac{9}{7}}+1.678M^{\frac{1}{3}}|x_{i1}-x_{01}| \\ +0.1|x_{i2}-x_{02}|+0.794|x_{i1}-x_{01}|^{\frac{1}{3}} \quad (5.71)$$

其中, $|x_{01}|\leqslant M$. 当 $c_1=0$, $c_2=0.5$, $\tau_1=-\dfrac{3}{10}$, $\tau_2=\dfrac{2}{5}$ 时, 假设 5.1和假设 5.2 是成立的. 我们选择 $q_1=\dfrac{15}{7}$, $\beta_1=3$, $\gamma_1=4$. 首先, 我们选择控制器增益 $\sigma_{i1}=2,\theta_{i1}=1.5$. 因此, 根据所选择的初始条件, $(z_{i1}(0),z_{i2}(0))\notin\Omega_2$, 仿真结果如图 5.4~ 图 5.6 所示.

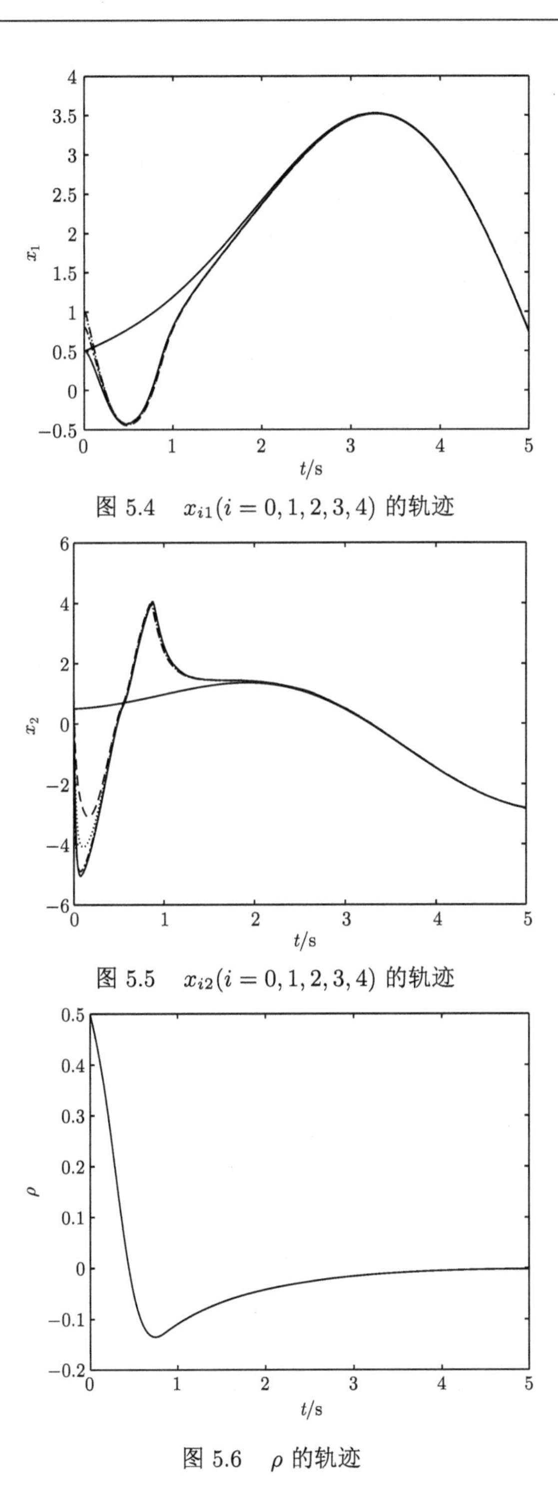

图 5.4 $x_{i1}(i=0,1,2,3,4)$ 的轨迹

图 5.5 $x_{i2}(i=0,1,2,3,4)$ 的轨迹

图 5.6 ρ 的轨迹

5.5　小　　结

本章研究了高阶非线性多智能体系统的固定时间状态一致性问题, 其中智能体的非线性函数被低次项和高次项限制. 首先考虑此系统的分布式固定时间一致问题, 提出了新颖的分布式固定时间观测器-控制器框架. 进一步地, 在不使用通信拓扑图的全局信息的条件下, 利用自适应技术设计了全分布的固定时间观测器, 解决了系统的全分布固定时间一致问题.

第 6 章　高阶非线性多智能体系统的分布式优化

6.1　引　　言

近年来, 分布式优化问题在传感器网络、移动机器人、智能电网等领域的广泛应用引起了国内外学者的关注. 与传统的凸优化问题相比, 多智能体的分布式优化问题具有以下特征：①问题的目标函数是所有目标函数之和, 其中每个目标函数都是凸函数, 且每个智能体只能访问自己的目标函数；②每个智能体只能与其相邻的智能体进行信息交换；③最终每个智能体的状态值将收敛到问题的最优解或者最优解附近. 目前, 针对多智能体系统的离散时间分布式最优算法已产生了一系列重要的研究成果, 仅列出文献 [106]~ [111] 作为参考. 另外, 由于许多实际系统都是在连续时间下运行, 因此连续时间的分布式优化问题得到了广泛的关注, 可见文献 [112]~ [117].

在实际应用中, 分布式优化任务可以在物理动力学上实现, 许多学者基于连续时间算法已解决了一些动态系统的分布式优化问题, 如文献 [118] 中的双积分器智能体系统、文献 [119] 中的高阶积分器智能体系统、文献 [120] 中的线性系统以及文献 [121] 和文献 [122] 中的欧拉-拉格朗日系统. 由于非线性系统涉及复杂的动态, 相比于线性系统或积分器形式的系统而言, 其分布式优化更具挑战性. 在文献 [123] 中, 作者开发了基于嵌入式控制的方法来解决一类具有未知动态的非线性积分器形式的多智能体系统的分布式优化问题. 在文献 [124] 中, 作者研究了具有静态和动态不确定性的 Byrnes-Isidori 标准形式非线性多智能体系统的分布式优化问题. 在文献 [125] 中, 作者考虑了一类具有任意相对度的不确定多输入多输出非线性系统的分布式优化问题. 在文献 [126] 中, 作者利用非线性小增益技术并结合分布式优化和鲁棒非线性控制解决了下三角形式的非线性不确定系统的最优输出一致性问题.

综上所述, 针对多智能体系统的分布式优化研究正处于蓬勃发展阶段, 但仍存在许多有待深入研究的问题：①现有文献大多集中在一些特殊形式的非线性多智能体系统的分布式优化问题上, 但是对于具有更一般形式的高阶非线性系统, 特别是对于参数或结构不确定的系统, 其分布式优化问题还远远没有得到解决; ②在许多物理系统中, 如车摆系统[127]、平面垂直起降飞机系统[128] 等, 都具有上三角结构. 现有研究中的系统无法对这些真实的系统进行建模. 因此, 迫切需要对上三角系统设计分布式最优控制器.

本章首先提出了一类具有更一般形式的解决不确定高阶非线性多智能体系统的分布式优化问题的框架. 基于动态增益思想, 第一步构造了包含调谐参数的分布式最优协调器, 该协调器允许带有未知参数的不确定性, 它覆盖了在文献 [126]、[123]、[120]、[124]、[129] 中提出的确定性情况. 其次, 设计了参考跟踪控制器, 使每个智能体的输出接近于最优协调器的生成值, 从而接近于最优解. 本章随后研究了具有上三角形式的非线性多智能体系统的分布式优化问题, 与上一部分不同的是, 最优协调器和跟踪控制律里引入的是可调的常数低增益, 以实现闭环系统的全局渐近稳定, 达到分布式优化的目标. 与现有的针对非线性系统的跟踪控制的文献 [130]~ [136] 相比, 在本章我们既不需要预知跟踪信号的导数的精确值, 也不需要已知跟踪信号的导数的上界值. 虽然文献 [126] 中跟踪信号的导数的精确值和上界值也是未知的, 但必须满足"输入-状态稳定"这一条件. 需要指出的是, 在本章无须额外的限制条件.

6.2　不确定高阶非线性多智能体系统的分布式优化

考虑如下不确定高阶非线性多智能体系统:

$$\begin{cases} \dot{x}_{i,j} &= x_{i,j+1} + \chi_{i,j}(x_i, x_i(t-\tau), u_i) \\ \dot{x}_{i,n_i} &= u_i + \chi_{i,n_i}(x_i, x_i(t-\tau), u_i) \\ y_i &= x_{i,1},\ j = 1, \cdots, n_i - 1,\ i \in \mathcal{N} \end{cases} \tag{6.1}$$

其中, $x_i = [x_{i,1}\ \cdots\ x_{i,n_i}]^{\mathrm{T}} \in \mathbb{R}^{n_{xi}}$ 表示系统状态; $u_i \in \mathbb{R}^{n_{ui}}$ 表示控制输入; $y_i \in \mathbb{R}^{n_y}$ 表示系统输出; $\chi_{i,j}(\cdot) : \mathbb{R}^{n_{xi}} \times \mathbb{R}^{n_{xi}} \times \mathbb{R}^{n_{ui}} \to \mathbb{R}^{n_{xi}}$ 表示局部 Lipschitz 函数; $\tau > 0$ 表示时滞.

对于系统 (6.1), 本节的目标是设计分布式控制器使得对于任意小的常数 $\varepsilon > 0$, 存在一个有限的时间 T 满足

$$|y_i(t) - y^*| \leqslant \varepsilon, \quad i \in \mathcal{N} \tag{6.2}$$

其中, $y^* \in \mathbb{R}^{n_y}$, 可最小化如下目标函数:

$$g(r) = \sum_{i \in \mathcal{N}} g_i(r) \tag{6.3}$$

其中, 局部价值函数 $g_i : \mathbb{R}^{n_y} \to \mathbb{R}$ 对于智能体 i 是已知的.

为了解决上述分布式优化问题, 我们提出以下至关重要的假设:

假设 6.1　对于任意的 $j=1,\cdots,n_i$ 和 $i\in\mathcal{N}$, 存在常数 $c_1\geqslant 0$ 和 $c_2\geqslant 0$ 使得

$$|\chi_{i,j}|\leqslant c_1\sum_{s=1}^{j}|x_{i,s}|+c_2\sum_{s=1}^{j}|x_{i,s}(t-\tau)| \tag{6.4}$$

假设 6.2　图 $\mathcal{G}$ 是强连通的和平衡的.

假设 6.3　对于任意的 $i\in\mathcal{N}$, $\vartheta>0$ 和 $\nu>0$, g_i 在 $\mathbb{R}^{n_y}$ 是 ν-强凸的且连续可微的, 并且其梯度 ∇g_i 是 ϑ-Lipschitz 的.

注 6.1　显然, 所考虑的每个智能体的系统 (6.1) 是一个非线性系统. 在 $\tau=0$ 的情况下, 假设 6.1 是施加在非线性系统上的标准增长假设, 即线性增长条件, 表明其中的状态至少是线性增长的. 感兴趣的读者可在 [137]～ [140] 文献中找到类似的假设. 此外, 这一条件在实际系统中也不难满足, 如机电系统[141]、化学反应器系统[142] 等, 其中的非线性函数都满足此线性增长条件. 对于时滞系统 (6.1), 我们将常见的线性增长条件展开为式 (6.4) 的形式.

为了解决不确定高阶非线性多智能体系统的分布式优化问题, 我们利用动态增益思想将控制器设计过程分为两个步骤. 首先, 构造动态分布式最优协调器, 以保证生成的信号 $y_i^r(i\in\mathcal{N})$ 趋向于最优解 y^*. 其次, 将信号 y_i^r 视为智能体 i 的参考信号, 并设计参考跟踪控制器使输出 y_i 趋近于 y_i^r, 从而收敛于最优解 y^*. 最后, 由于在某些实际情况下智能体无法访问梯度函数, 所以这里使用梯度函数的实时值.

首先, 设计如下分布式最优协调器:

$$\dot{y}_i^r=-\nabla g_i(y_i)-\sum_{j\in\mathcal{N}}a_{ij}(q_i-q_j) \tag{6.5}$$

$$\dot{q}_i=\alpha\sum_{j\in\mathcal{N}}a_{ji}(y_i^r-y_j^r),\ i\in\mathcal{N} \tag{6.6}$$

其中, $y_i^r\in\mathbb{R}^{n_y}$ 为被控系统 (6.1) 的参考信号; $q_i\in\mathbb{R}^{n_y}$ 为辅助状态; $\alpha>0$ 为任意的设计参数.

定义 $y^r=\mathrm{col}(y_1^r,\cdots,y_N^r)$, $y=\mathrm{col}(y_1,\cdots,y_N)$, $\Delta g(y)=\mathrm{col}(\nabla g_1(y_1),\cdots,\nabla g_N(y_N))$, $q=\mathrm{col}(q_1,\cdots,q_N)$, $\Delta g(y^r)=\mathrm{col}(\nabla g_1(y_1^r),\cdots,\nabla g_N(y_N^r))$, 则协调器 (6.5) 和 (6.6) 可重写为

$$\dot{y}^r=-\Delta g(y)-\bar{L}_{\otimes}\hat{q} \tag{6.7}$$

$$\dot{\hat{q}}=\alpha\bar{L}_{\otimes}^{\mathrm{T}}y^r \tag{6.8}$$

其中, $\hat{q}=(\varUpsilon_1^{\mathrm{T}}\otimes I_{n_y})q$, $\bar{L}=L\varUpsilon_1$, $\varUpsilon_1\in\mathbb{R}^{N\times(N-1)}$ 可使得 $\varUpsilon=(\varUpsilon_1,\ 1_N/\sqrt{N})$ 为一个酉矩阵, $\bar{L}_{\otimes}=\bar{L}\otimes I_{n_y}$. 根据假设 6.3 可得, g 具有唯一的全局最小值. 因

此, 引用文献 [126] 可得, 对于 $y \equiv y^r$ 的系统 (6.7) 和系统 (6.8) 有唯一的平衡点 $\mathrm{col}(y_0^r, \hat{q}_0)$ 并满足

$$\begin{aligned} \bar{L}_{\otimes}\hat{q}_0 &= -\Delta g(1_N \otimes y^*) \\ y_0^r &= 1_N \otimes y^* \end{aligned} \tag{6.9}$$

定义 $\bar{y} = y^r - y_0^r = \mathrm{col}(\bar{y}_1, \cdots, \bar{y}_N)$ 和 $\bar{q} = \hat{q} - \hat{q}_0$. 我们重写式 (6.7) 和式 (6.8) 为如下紧集的形式:

$$\dot{\bar{y}} = -h_1 + h_2 - \bar{L}_{\otimes}\bar{q} \tag{6.10}$$

$$\dot{\bar{q}} = \alpha \bar{L}_{\otimes}^{\mathrm{T}} \bar{y} \tag{6.11}$$

其中, $h_1 = \Delta g(y^r) - \Delta g(y_0^r)$; $h_2 = \Delta g(y^r) - \Delta g(y)$. 然后, 设计动态增益 μ 为

$$\dot{\mu} = \max\left(\frac{\sum_{i=1}^{N}(|e_{i1}|^2 + |\bar{y}_i|^2) + |\bar{q}|^2}{\mu^2} - \mu_1, 0\right) \tag{6.12}$$

其中, $e_{i1} = y_i - y_i^r$ 为系统 (6.1) 的追踪误差; $\mu_1 > 0$ 为一个正常数.

对于式 (6.10)～ 式 (6.12), 考虑如下 Lyapunov 函数: $V_0(\bar{y}, \bar{q}) = [\bar{y}^{\mathrm{T}}\ \bar{q}^{\mathrm{T}}](P \otimes I_{n_y})\begin{bmatrix} \bar{y} \\ \bar{q} \end{bmatrix}$, 其中 $P = \begin{bmatrix} \alpha\kappa_1 I_N & \kappa_2 \bar{L} \\ \kappa_2 \bar{L}^{\mathrm{T}} & \kappa_1 I_{N-1} \end{bmatrix}$, κ_1 和 κ_2 为正常数. 我们通过适当选择 κ_1 和 κ_2 使得矩阵 P 为正定的, 以保证矩阵 $\bar{P} = \alpha\kappa_1^2 I_{N-1} - \kappa_2^2 \bar{L}^{\mathrm{T}}\bar{L}$ 是正定的. 函数 V_0 的时间导数为

$$\begin{aligned} \dot{V}_0 = &2\alpha\kappa_1\bar{y}^{\mathrm{T}}(-h_1 + h_2 - \bar{L}_{\otimes}\bar{q}) + 2\alpha\kappa_2\bar{y}^{\mathrm{T}}\bar{L}_{\otimes}\bar{L}_{\otimes}^{\mathrm{T}}\bar{y} \\ &+ 2\kappa_2(-h_1^{\mathrm{T}} + h_2^{\mathrm{T}} - \bar{q}^{\mathrm{T}}\bar{L}_{\otimes}^{\mathrm{T}})\bar{L}_{\otimes}\bar{q} + 2\alpha\kappa_1\bar{q}^{\mathrm{T}}\bar{L}_{\otimes}^{\mathrm{T}}\bar{y} \end{aligned} \tag{6.13}$$

根据假设 6.3, 不难计算得出

$$\left\{\begin{aligned} -2\alpha\kappa_1\bar{y}^{\mathrm{T}}h_1 &\leqslant -2\alpha\kappa_1\nu|\bar{y}|^2 \\ 2\alpha\kappa_1\bar{y}^{\mathrm{T}}h_2 &\leqslant \alpha\kappa_1\varrho_1|\bar{y}|^2 + \frac{\alpha\kappa_1\vartheta^2}{\varrho_1}|e_1|^2 \\ -2\kappa_2 h_1^{\mathrm{T}}\bar{L}_{\otimes}\bar{q} &\leqslant \kappa_2\varrho_2\bar{q}^{\mathrm{T}}\bar{L}_{\otimes}^{\mathrm{T}}\bar{L}_{\otimes}\bar{q} + \frac{\kappa_2\vartheta^2}{\varrho_2}|\bar{y}|^2 \\ 2\kappa_2 h_2^{\mathrm{T}}\bar{L}_{\otimes}\bar{q} &\leqslant \frac{\kappa_2\vartheta^2}{\varrho_3}|e_1|^2 + \kappa_2\varrho_3\bar{q}^{\mathrm{T}}\bar{L}_{\otimes}^{\mathrm{T}}\bar{L}_{\otimes},\bar{q} \end{aligned}\right. \tag{6.14}$$

其中, $e_{i1}=y_i-y_i^r$; $e_1=[e_{11}\ e_{21}\ \cdots\ e_{N1}]^{\mathrm{T}}$; $\varrho_1>0$, $\varrho_2>0$ 和 $\varrho_3>0$ 为设计常数. 根据式 (6.13) 和式 (6.14), 我们有

$$\dot{V}_0(\bar{y},\bar{q})\leqslant-\rho_1|\bar{y}|^2-\rho_2\bar{q}^{\mathrm{T}}\bar{L}_{\otimes}^{\mathrm{T}}\bar{L}_{\otimes}\bar{q}+\rho_3|e_1|^2 \tag{6.15}$$

其中

$$\begin{cases}\rho_1=2\kappa_1\alpha\nu-\alpha\kappa_1\varrho_1-\dfrac{\kappa_2\vartheta^2}{\varrho_2}-2\alpha\kappa_2|\bar{L}_{\otimes}\bar{L}_{\otimes}^{\mathrm{T}}|\\ \rho_2=2\kappa_2-\kappa_2\varrho_2-\kappa_2\varrho_3\\ \rho_3=\dfrac{\alpha\kappa_1\vartheta^2}{\varrho_1}+\dfrac{\kappa_2\vartheta^2}{\varrho_3}\end{cases}$$

为正设计常数.

接下来, 我们将设计参考跟踪控制器, 使实际输出信号 y_i 接近协调器生成的信号 y_i^r. 引入如下坐标转换:

$$z_{i,j}=\frac{x_{i,j}}{\mu_i^{j-1}},\quad v_i=\frac{u_i}{\mu_i^{n_i}},\quad j=1,\cdots,n_i;\ i\in\mathcal{N} \tag{6.16}$$

其中, μ_i 为智能体 i 的动态增益, 设计为

$$\dot{\mu}_i=\max\left(|e_{i,1}|^2-\mu_{i,1},0\right) \tag{6.17}$$

其中, $\mu_{i,1}>0$ 为一个设计常数. 然后, 系统 (6.1) 可重写为

$$\begin{cases}\dot{z}_{i,j}\ =\mu_i z_{i,j+1}+\bar{\chi}_{i,j}(z_i,z_i(t-\tau),v_i)-\dfrac{\dot{\mu}_i}{\mu_i}(j-1)z_{i,j}\\ \dot{z}_{i,n_i}=\mu_i v_i+\bar{\chi}_{i,n_i}(z_i,z_i(t-\tau),v_i)-\dfrac{\dot{\mu}_i}{\mu_i}(n_i-1)z_{i,n_i}\\ y_i\ \ =z_{i,1},\quad j=1,\cdots,n_i-1,\quad i\in\mathcal{N}\end{cases} \tag{6.18}$$

其中, $z_i=[z_{i,1}\ \cdots\ z_{i,n_i}]^{\mathrm{T}}$; $\bar{\chi}_{i,j}(z_i,z_i(t-\tau),v_i)=\dfrac{\chi_{i,j}(x_i,x_i(t-\tau),u_i)}{\mu_i^{j-1}}$.

根据跟踪误差 $e_{i,1}$ 的定义, 如果我们要为系统 (6.1) 设计参考跟踪控制器, 那么在迭代过程的每一步都不可避免地要引入 y_i^r 的导数. 由假设 6.1 可知, 未知的最优解 y^* 也将被引入, 这导致使用非自适应控制方法设计控制器是不可能的. 动态增益法作为一种自适应的控制方法, 已在文献 [137] 中推广到具有线性增长条件的非线性系统. 因此, 我们使用动态增益 (6.17) 来帮助我们实现控制目标. 具体来说, 通过坐标变换 (6.16) 将动态增益 (6.17) 引入原系统 (6.1), 然后设计 (6.18) 的控制器. 在动态增益的帮助下, 控制器可以在存在未知参数的情况下自动调整以稳定系统.

定理 6.1　对于满足假设 6.1～ 假设 6.3的系统 (6.1), 我们设计如下动态参考跟踪控制器

$$v_i = -\beta_{i,n_i} e_{i,n_i} \tag{6.19}$$

其中, $\beta_{i,n_i} > 0$ 为一个正常数; $e_{i,1} = z_{i,1} - y_i^r$; $e_{i,m} = z_{i,m} - z_{i,m}^*(\bar{x}_{i,m-1}, \mu_i)$; $z_{i,m}^*$ 为待设计的虚拟控制律, 使得所有状态都是全局有界的, 并且 $|y_i(t) - y^*| < \varepsilon$, $\forall t \geqslant T$, 其中 T 为一个有限的时间, $\varepsilon > 0$ 为一个正常数, 可以通过调整设计参数使其任意小.

证明　首先, 我们将控制器设计分为 n_i 步.

初始步　构造 Lyapunov 函数 $V_1 = \dfrac{1}{2}\sum_{i=1}^{N} e_{i,1}^2$, 我们有

$$\begin{aligned}
\dot{V}_1 &= \sum_{i=1}^{N} e_{i,1}\left(\mu_i z_{i,2} + \bar{\chi}_{i,1} - \dot{y}_i^r\right) \\
&= \sum_{i=1}^{N} e_{i,1}\left(\mu_i e_{i,2} + \mu_i z_{i,2}^* + \bar{\chi}_{i,1} - \dot{y}_i^r\right)
\end{aligned} \tag{6.20}$$

根据 y_i^r 的导数, 一个直接的计算可得 $\sum_{i=1}^{N} -e_{i1}\dot{y}_i^r = -e_1^{\mathrm{T}}(-h_1 + h_2 - \bar{L}_{\otimes}\bar{q})$.

因此, 不难得出

$$\begin{cases}
e_1^{\mathrm{T}} h_1 \leqslant \sum_{i=1}^{N} \dfrac{\vartheta}{2\epsilon_1}|e_{i1}|^2 + \dfrac{\vartheta\epsilon_1}{2}|\bar{y}|^2 \\
-e_1^{\mathrm{T}} h_2 \leqslant \sum_{i=1}^{N} \vartheta|e_{i1}|^2 \\
e_1^{\mathrm{T}} \bar{L}_{\otimes}\bar{q} \leqslant \dfrac{\sigma_1}{2}\bar{q}^{\mathrm{T}}\bar{L}_{\otimes}^{\mathrm{T}}\bar{L}_{\otimes}\bar{q} + \sum_{i=1}^{N} \dfrac{|e_{i1}|^2}{2\sigma_1}
\end{cases}$$

其中, $\epsilon_1 > 0$ 和 $\sigma_1 > 0$ 为设计常数. 然后, 由假设 6.1 可得

$$\begin{aligned}
e_{i,1}\bar{\chi}_{i,1} \leqslant\ & c_1|e_{i,1}|(|e_{i,1}| + |y_i^r|) \\
\leqslant\ & c_1|e_{i,1}|(|e_{i,1}| + |\bar{y}_i| + |y^*|) \\
& + c_2|e_{i,1}|(|e_{i,1}(t-\tau)| + |\bar{y}_i(t-\tau)| + |y^*|) \\
\leqslant\ & \mu_i p_{i,1} e_{i,1}^2 + \frac{\varpi_{i,1}}{2}|e_{i,1}(t-\tau)|^2 + \frac{\iota_1}{2}|\bar{y}_i|^2 \\
& + \frac{\varkappa_1 |y^*|^2}{\mu_i} + \frac{\varpi_1}{2}|\bar{y}_i(t-\tau)|^2
\end{aligned} \tag{6.21}$$

其中, $p_{i,1} > 0$, $\varpi_{i,1} > 0$, $\iota_1 > 0$, $\varpi_1 > 0$, $\varkappa_1 > 0$ 为已知的设计常数且 $p_{i,1} = c_1 + \frac{c_1^2}{2\iota_1} + \frac{(c_1+c_2)^2|}{4\varkappa_1} + \frac{c_2^2}{2\pi_{i,1}} + \frac{c_2^2}{2\varpi_1}$. 然后, 式 (6.20) 可重写为

$$
\begin{aligned}
\dot{V}_1 \leqslant & \sum_{i=1}^{N} \mu_i e_{i,1}(e_{i,2} + z_{i,2}^*) + \frac{\sigma_1}{2}\bar{q}^{\mathrm{T}}\bar{L}_{\otimes}^{\mathrm{T}}\bar{L}_{\otimes}\bar{q} + \sum_{i=1}^{N}\frac{\varkappa_1|y^*|^2}{\mu_i} \\
& + \sum_{i=1}^{N}\mu_i(p_{i,1} + \vartheta + \frac{\vartheta}{2\epsilon_1} + \frac{1}{2\sigma_1})e_{i,1}^2 + \sum_{i=1}^{N}(\frac{\iota_1}{2} + \frac{\vartheta\epsilon_1}{2})|\bar{y}_i|^2 \\
& + \sum_{i=1}^{N}\frac{\pi_{i,1}}{2}|e_{i,1}(t-\tau)|^2 + \frac{\varpi_1}{2}\sum_{i=1}^{N}|\bar{y}_i(t-\tau)|^2
\end{aligned} \tag{6.22}
$$

令 $\gamma_{i,1} > 0$ 为一个设计常数. 设计如下虚拟控制律:

$$
\begin{cases}
z_{i,2}^* = -\beta_{i,1}e_{i,1} \\
\beta_{i,1} \geqslant \gamma_{i,1} + \vartheta + \dfrac{\vartheta}{2\epsilon_1} + \dfrac{1}{2\sigma_1} + p_{i,1}
\end{cases}
$$

使得

$$
\begin{aligned}
\dot{V}_1 \leqslant & -\sum_{i=1}^{N}\mu_i\gamma_{i,1}|e_{i,1}|^2 + \sum_{i=1}^{N}\mu_i e_{i,1}e_{i,2} + \sum_{i=1}^{N}\frac{\varkappa_1|y^*|^2}{\mu_i} \\
& + \sum_{i=1}^{N}(\frac{\vartheta\epsilon_1}{2} + \frac{\iota_1}{2})|\bar{y}_i|^2 + \frac{\sigma_1}{2}\bar{q}^{\mathrm{T}}\bar{L}_{\otimes}^{\mathrm{T}}\bar{L}_{\otimes}\bar{q} \\
& + \sum_{i=1}^{N}\frac{\pi_{i,1}}{2}|e_{i,1}(t-\tau)|^2 + \sum_{i=1}^{N}\frac{\varpi_1}{2}|\bar{y}_i(t-\tau)|^2
\end{aligned} \tag{6.23}
$$

迭代步 假设在步骤 $k-1$, 存在 Lyapunov 函数 V_{k-1} 和虚拟控制器 $z_{i,m}^* = -\beta_{i,m-1}e_{i,m-1}$ $(m = 2, \cdots, k)$, 其中 $\beta_{i,m-1} > 0$ 为设计常数, 使得

$$
\begin{aligned}
\dot{V}_{k-1} \leqslant & -\sum_{i=1}^{N}\sum_{j=1}^{k-1}\mu_i\gamma_{i,k-1}|e_{i,j}|^2 + \sum_{i=1}^{N}\mu_i e_{i,k-1}e_{i,k} + \sum_{i=1}^{N}\sum_{j=1}^{k-1}(\frac{\vartheta\epsilon_j}{2} + \frac{\iota_j}{2})|\bar{y}_i|^2 \\
& + \sum_{i=1}^{N}\sum_{j=1}^{k-1}\frac{\varpi_j}{2}|\bar{y}_i(t-\tau)|^2 + \sum_{i=1}^{N}\sum_{j=1}^{k-1}\frac{\sigma_j}{2}\bar{q}^{\mathrm{T}}\bar{L}_{\otimes}^{\mathrm{T}}\bar{L}_{\otimes}\bar{q} + \sum_{i=1}^{N}\sum_{j=1}^{k-1}\frac{\varkappa_j|y^*|^2}{\mu_i} \\
& + \sum_{i=1}^{N}\sum_{j=1}^{k-1}\sum_{s=1}^{j}\frac{\pi_{i,s}}{2}|e_{i,j}(t-\tau)|^2 - \sum_{i=1}^{N}\frac{\dot{\mu}_i}{\mu_i}\bar{e}_{i,k-1}^{\mathrm{T}}Q_{i,k-1}\bar{e}_{i,k-1}
\end{aligned} \tag{6.24}
$$

其中, $\gamma_{i,k-1}>0$, $\pi_{i,s}>0$, $\iota_j>0$, $\varpi_j>0$, $\varkappa_j>0$, 和 $\sigma_j>0$ 为已知的设计常数, 满足 $\gamma_{i,k-1}<\gamma_{i,k-2}<\cdots<\gamma_{i,1}$, $\bar{e}_{i,k-1}=[e_{i,1}\ e_{i,2}\ \cdots\ e_{i,k-1}]^{\mathrm{T}}$, 和

$$Q_{i,k-1}=\begin{bmatrix} 0 & 0 & \cdots & 0 \\ -\beta_{i,1} & 1 & \ddots & \vdots \\ \vdots & \ddots & \ddots & 0 \\ -\prod_{s=1}^{k-2}\beta_{i,s} & \cdots & -\beta_{i,k-2} & k-2 \end{bmatrix}$$

接下来, 我们将证明式 (6.24) 在第 k 步仍是成立的.

通过构造 $V_k=V_{k-1}+\dfrac{1}{2}\sum_{i=1}^{N}e_{i,k}^2$, 我们可以很容易推断出 $e_{i,k}=z_{i,k}+\sum_{j=2}^{k-1}\prod_{s=j}^{k-1}\beta_{i,s}z_{i,j}+\prod_{s=1}^{k-1}\beta_{i,s}e_{i,1}$. 然后, 我们得出

$$\begin{aligned}
\dot{V}_k\leqslant&-\sum_{i=1}^{N}\sum_{j=1}^{k-1}\mu_i\gamma_{i,k-1}|e_{i,j}|^2+\sum_{i=1}^{N}\mu_i e_{i,k-1}e_{i,k}+\sum_{i=1}^{N}\sum_{j=1}^{k-1}\left(\frac{\vartheta\epsilon_j}{2}+\frac{\iota_j}{2}\right)|\bar{y}_i|^2\\
&+\sum_{i=1}^{N}\sum_{j=1}^{k-1}\frac{\varpi_j}{2}|\bar{y}_i(t-\tau)|^2+\sum_{i=1}^{N}\sum_{j=1}^{k-1}\frac{\sigma_j}{2}\bar{q}^{\mathrm{T}}\bar{L}_{\otimes}^{\mathrm{T}}\bar{L}_{\otimes}\bar{q}+\sum_{i=1}^{N}\sum_{j=1}^{k-1}\frac{\varkappa_j|y^*|^2}{\mu_i}\\
&+\sum_{i=1}^{N}e_{i,k}\left(\mu_i z_{i,k+1}+\bar{\chi}_{i,k}-\frac{\dot{\mu}_i}{\mu_i}(k-1)z_{i,k}\right)+\sum_{i=1}^{N}\sum_{j=1}^{k-1}\sum_{s=1}^{j}\frac{\pi_{i,s}}{2}|e_{i,j}(t-\tau)|^2\\
&+\sum_{i=1}^{N}\sum_{j=2}^{k-1}\prod_{s=j}^{k-1}\beta_{i,s}e_{i,k}\left(\mu_i z_{i,j+1}+\bar{\chi}_{i,j}-\frac{\dot{\mu}_i}{\mu_i}(j-1)z_{i,j}\right)\\
&+\sum_{i=1}^{N}\prod_{s=1}^{k-1}\beta_{i,s}e_{i,k}(\mu_i e_{i,2}-\mu_i\beta_{i,1}e_{i,1}+\bar{\chi}_{i,1}-\dot{y}_i^r)\\
&-\sum_{i=1}^{N}\frac{\dot{\mu}_i}{\mu_i}\bar{e}_{i,k-1}^{\mathrm{T}}Q_{i,k-1}\bar{e}_{i,k-1}
\end{aligned}\tag{6.25}$$

然后, 基于杨氏不等式, 有

$$e_{i,k-1}e_{i,k}\leqslant\frac{\gamma_{i,k-1}-\gamma_{i,k}}{4}|e_{i,k-1}|^2+\frac{1}{\gamma_{i,k-1}-\gamma_{i,k}}|e_{i,k}|^2\tag{6.26}$$

$$\sum_{j=1}^{k-1}\prod_{s=j}^{k-1}\beta_{i,s}e_{i,k}z_{i,j+1}\leqslant\left(\beta_{i,k-1}+\sum_{j=1}^{k-1}\prod_{s=j}^{k-1}\frac{\beta_{i,s}^2(\beta_{i,j}-\beta_{i,j-1})^2}{\gamma_{i,k-1}-\gamma_{i,k}}\right)|e_{i,k}|^2$$

$$+\frac{\gamma_{i,k-1}-\gamma_{i,k}}{4}\sum_{j=1}^{k-1}|e_{i,j}|^2 \tag{6.27}$$

$$\begin{aligned}\sum_{i=1}^{N}\prod_{s=1}^{k-1}\beta_{i,s}e_{i,k}\dot{y}_i^r \leqslant & \frac{\vartheta\epsilon_k}{2}|\bar{y}|^2+\frac{\sigma_k}{2}\bar{q}^{\mathrm{T}}\bar{L}_{\otimes}^{\mathrm{T}}\bar{L}_{\otimes}\bar{q}+\frac{\gamma_{i,k-1}-\gamma_{i,k}}{4}|e_{i,1}|^2 \\ &+\sum_{i=1}^{N}\prod_{s=1}^{k-1}\beta_{i,s}^2\left(\frac{\vartheta^2}{\gamma_{i,k-1}-\gamma_{i,k}}+\frac{\vartheta}{2\epsilon_k}+\frac{1}{2\sigma_k}\right)|e_{i,k}|^2\end{aligned} \tag{6.28}$$

其中, $\gamma_{i,k}<\gamma_{i,k-1}$, ϵ_k, σ_k 为正常数. 因为 μ_i 为动态增益, 即 $\dot{\mu}_i \geqslant 0$ 且 $\mu_i(0)\geqslant 1$, 则可计算得

$$\begin{aligned}|\bar{\chi}_{i,j}| \leqslant & \frac{c_1\sum\limits_{s=1}^{j}\mu_i^{s-1}|z_{i,s}|+c_2\sum\limits_{s=1}^{j}\mu_i^{s-1}|z_{i,s}(t-\tau)|}{\mu_i^{j-1}} \\ \leqslant & c_1\sum_{s=1}^{j}|z_{i,s}|+c_2\sum_{s=1}^{j}|z_{i,s}(t-\tau)|\end{aligned}$$

我们很容易推断出

$$\begin{aligned}|\bar{\chi}_{i,j}| \leqslant & c_1\max\left(1+\beta_{i,1},\cdots,1+\beta_{i,j-1}\right)\sum_{s=1}^{j}|e_{i,s}|+c_1|\bar{y}_i|+c_2|\bar{y}_i(t-\tau)| \\ &+c_2\max\left(1+\beta_{i,1},\cdots,1+\beta_{i,j-1}\right)\sum_{s=1}^{j}|e_{i,s}(t-\tau)|+(c_1+c_2)|y^*|\end{aligned} \tag{6.29}$$

然后, 可得出

$$\begin{aligned}&\sum_{i=1}^{N}e_{i,k}\left(\bar{\chi}_{i,k}+\sum_{j=1}^{k-1}\prod_{s=j}^{k-1}\beta_{i,s}\bar{\chi}_{i,j}\right) \\ \leqslant & \sum_{i=1}^{N}\mu_i p_{i,k}e_{i,k}^2+\sum_{i=1}^{N}\sum_{j=1}^{k}\frac{\pi_{i,k}}{2}|e_{i,j}(t-\tau)|^2 \\ &+\sum_{i=1}^{N}\frac{\iota_k}{2}|\bar{y}_i|^2+\sum_{i=1}^{N}\sum_{j=1}^{k-1}\frac{\gamma_{i,k-1}-\gamma_{i,k}}{4}e_{i,j}^2 \\ &+\sum_{i=1}^{N}\frac{\varpi_k}{2}|\bar{y}_i(t-\tau)|^2+\sum_{i=1}^{N}\frac{\varkappa_k|y^*|^2}{\mu_i}\end{aligned} \tag{6.30}$$

其中, $p_{i,k}$、$\pi_{i,k}$、ι_k、ϖ_k、$\varkappa_k$ 为正设计常数. 通过式 (6.16) 可以得出

$$(k-1)z_{i,k}+\sum_{j=2}^{k-1}\prod_{s=j}^{k-1}\beta_{i,s}(j-1)z_{i,j}$$

$$= -\prod_{s=1}^{k-1}\beta_{i,s}e_{i,1} - \prod_{s=2}^{k-1}\beta_{i,s}e_{i,2} - \cdots - \beta_{i,k-1}e_{i,k-1} + (k-1)e_{i,k} \tag{6.31}$$

使得

$$\begin{aligned} & e_{i,k}\left((k-1)z_{i,k} + \sum_{j=2}^{k-1}\prod_{s=j}^{k-1}\beta_{i,s}(j-1)z_{i,j}\right) \\ = & \begin{bmatrix} e_{i,1} \\ e_{i,2} \\ \vdots \\ e_{i,k} \end{bmatrix}^{\mathrm{T}} \begin{bmatrix} 0 & 0 & \cdots & 0 \\ \vdots & \vdots & & \vdots \\ 0 & 0 & \cdots & 0 \\ -\prod_{s=1}^{k-1}\beta_{i,s} & \cdots & -\beta_{i,k-1} & k-1 \end{bmatrix} \begin{bmatrix} e_{i,1} \\ e_{i,2} \\ \vdots \\ e_{i,k} \end{bmatrix} \end{aligned}$$

因此, 容易得出

$$\bar{e}_{i,k-1}^{\mathrm{T}}Q_{i,k-1}\bar{e}_{k-1} + e_{i,k}\left((k-1)z_{i,k} + \sum_{j=2}^{k-1}\sum_{s=j}^{k-1}\beta_{i,s}(j-1)z_{i,j}\right) = \bar{e}_{i,k}^{\mathrm{T}}Q_{i,k}\bar{e}_{i,k} \tag{6.32}$$

进一步, 设计如下虚拟控制律:

$$\left\{\begin{aligned} & z_{i,k+1}^{*} = -\beta_{i,k}e_{i,k} \\ & \quad \beta_{i,k} \geqslant \gamma_{i,k} + \sum_{j=1}^{k-1}\prod_{s=j}^{k-1}\frac{\beta_{i,s}^{2}(\beta_{i,j}-\beta_{i,j-1})^{2}}{\gamma_{i,k-1}-\gamma_{i,k}} \\ & \qquad + \prod_{s=1}^{k-1}\beta_{i,s}^{2}\left(\frac{\vartheta^{2}}{\gamma_{i,k-1}-\gamma_{i,k}} + \frac{\vartheta}{2\epsilon_{k}} + \frac{1}{2\sigma_{k}}\right) \\ & \qquad + \frac{1}{\gamma_{i,k-1}-\gamma_{i,k}} + \beta_{i,k-1} + p_{i,k} \end{aligned}\right. \tag{6.33}$$

使得

$$\begin{aligned} \dot{V}_{k} \leqslant & -\sum_{i=1}^{N}\sum_{j=1}^{k}\mu_{i}\gamma_{i,k}|e_{i,j}|^{2} + \sum_{i=1}^{N}\mu e_{i,k}e_{i,k+1} \\ & + \sum_{i=1}^{N}\sum_{j=1}^{k}\left(\frac{\vartheta\epsilon_{j}}{2} + \frac{\iota_{j}}{2}\right)|\bar{y}_{i}|^{2} + \sum_{i=1}^{N}\sum_{j=1}^{k}\frac{\varpi_{j}}{2}|\bar{y}_{i}(t-\tau)|^{2} \\ & + \sum_{i=1}^{N}\sum_{j=1}^{k}\sum_{s=1}^{j}\frac{\pi_{i,s}}{2}|e_{i,j}(t-\tau)|^{2} - \sum_{i=1}^{N}\frac{\dot{\mu}_{i}}{\mu_{i}}\bar{e}_{i,k}^{\mathrm{T}}Q_{i,k}\bar{e}_{i,k} \\ & + \sum_{i=1}^{N}\sum_{j=1}^{k}\frac{\sigma_{j}}{2}\bar{q}^{\mathrm{T}}\bar{L}_{\otimes}^{\mathrm{T}}\bar{L}_{\otimes}\bar{q} + \sum_{i=1}^{N}\sum_{j=1}^{k}\frac{\varkappa_{j}|y^{*}|^{2}}{\mu_{i}} \end{aligned} \tag{6.34}$$

最终步 构造 $V_{n_i}=\frac{1}{2}\sum_{i=1}^{N}\sum_{j=1}^{n_i}e_{i,j}^2$. 按照迭代步的具体步骤, 实际的控制器 v_i 可以设计为式 (6.19). 此外, 很明显, 对于任意 $k=2,\cdots,n_i+1$, 即 $-\sum_{i=1}^{N}\frac{\dot{\mu}_i}{\mu_i}\bar{e}_{i,n_i}^{\mathrm{T}}Q_{i,n_i}\bar{e}_{i,n_i}\leqslant 0$, $Q_{i,k-1}$ 是一个非负定矩阵. 因此, 我们有

$$\begin{aligned}\dot{V}_{n_i}\leqslant&-\sum_{i=1}^{N}\sum_{j=1}^{n_i}\mu_i\gamma_{i,n_i}|e_{i,j}|^2+\sum_{i=1}^{N}\sum_{j=1}^{n_i}\frac{\varpi_j}{2}|\bar{y}_i(t-\tau)|^2+\sum_{i=1}^{N}\sum_{j=1}^{n_i}\frac{\varkappa_j|y^*|^2}{\mu_i}\\&+\sum_{i=1}^{N}\sum_{j=1}^{n_i}\frac{\sigma_j}{2}\bar{q}^{\mathrm{T}}\bar{L}_{\otimes}^{\mathrm{T}}\bar{L}_{\otimes}\bar{q}+\sum_{i=1}^{N}\sum_{j=1}^{n_i}\sum_{s=1}^{j}\frac{\pi_{i,s}}{2}|e_{i,j}(t-\tau)|^2\\&+\sum_{i=1}^{N}\sum_{j=1}^{n_i}\left(\frac{\vartheta\epsilon_j}{2}+\frac{\iota_j}{2}\right)|\bar{y}_i|^2\end{aligned}\tag{6.35}$$

其中, $0<\gamma_{i,n_i}<\cdots<\gamma_{i,1}$ 为一个已知的设计常数. 至此, 控制器的设计过程已完成. 然后, 我们设计如下的 Lyapunov-Krasovskii 泛函:

$$\begin{aligned}V=&V_0+V_{n_i}+\sum_{i=1}^{N}\sum_{j=1}^{n_i}\sum_{s=1}^{j}\int_{t-\tau}^{T}\frac{\pi_{i,s}}{2}|e_{i,j}(\eta)|^2\mathrm{d}\eta\\&+\sum_{i=1}^{N}\sum_{j=1}^{n_i}\int_{t-\tau}^{T}\frac{\varpi_j}{2}|\bar{y}_i(\eta)|^2\mathrm{d}\eta\\\triangleq&V_0+V_{n_i}+W\end{aligned}$$

使得

$$\begin{aligned}\dot{V}\leqslant&-\sum_{i=1}^{N}\left(\mu_i\gamma_{i,n_i}-\frac{\pi_{i,1}}{2}-\rho_3\right)|e_1|^2+\sum_{i=1}^{N}\sum_{j=1}^{n_i}\frac{\varkappa_j|y^*|^2}{\mu_i}\\&-\sum_{i=1}^{N}\left(\rho_1-\sum_{j=1}^{n_i}(\frac{\vartheta\epsilon_j}{2}+\frac{\iota_j}{2}+\frac{\varpi_j}{2})\right)|\bar{y}_i|^2\\&-\sum_{i=1}^{N}\sum_{j=2}^{n_i}\left(\mu_i\gamma_{i,n_i}-\sum_{s=1}^{j}\frac{\pi_{i,s}}{2}\right)|e_{i,j}|^2\\&-\left(\rho_2-\sum_{j=1}^{n_i}\frac{\sigma_j}{2}\right)\bar{q}^{\mathrm{T}}\bar{L}_{\otimes}^{\mathrm{T}}\bar{L}_{\otimes}\bar{q}\end{aligned}\tag{6.36}$$

我们可以选择合适的设计常数 κ_1、κ_2、α、ϱ_1、ϱ_2、ϱ_3、ϵ_j、γ_{i,n_i} 使得

$$\begin{cases} d_1 = \rho_1 - \sum\limits_{j=1}^{n_i}\left(\dfrac{\vartheta\epsilon_j}{2} + \dfrac{\iota_j}{2} + \dfrac{\varpi_j}{2}\right) > 0 \\ d_2 = \rho_2 - \sum\limits_{j=1}^{n_i}\dfrac{\sigma_j}{2} > 0 \end{cases} \tag{6.37}$$

然后, 我们选择动态增益 $\mu_i(t)$ 的初始值为

$$\mu_i(0) \geqslant \max\left(\frac{\pi_{i,1} + 2\rho_3 + 2d_3}{2\gamma_{i,n_i}}, \frac{\sum\limits_{s=1}^{j}\varpi_{i,s} + 2d_3}{2\gamma_{i,n_i}}, 1\right)$$

使得

$$\dot V \leqslant -d_4\left(|\bar y|^2 + |\bar q|^2 + \sum_{i=1}^{N}\sum_{j=1}^{n_i}|e_{i,j}|^2\right) + \sum_{i=1}^{N}\sum_{j=1}^{n_i}\frac{\varkappa_j|y^*|^2}{\mu_i}$$

其中 $d_4 = \min\left(d_1, d_2\lambda_{\min}(\bar L_{\otimes}^{\mathrm T}\bar L_{\otimes}), d_3\right)$.

根据 V 的结构可得, 我们可以找到一个常数 $d_5 \in (0,1)$ 使得 $W \leqslant d_5V$, 即 $V_0 + V_{n_i} \geqslant (1-d_5)V$. 因此我们有

$$\dot V \leqslant -KV + \sum_{i=1}^{N}\sum_{j=1}^{n_i}\frac{\varkappa_j|y^*|^2}{\mu_i} \tag{6.38}$$

其中, $K = d_4(1-d_5)\min\left(\dfrac{1}{\lambda_{\max}(P)}, 2\right)$. 假设 $\lim\limits_{t\to+\infty}\mu_i(t) = +\infty$. 因为 $\dot\mu_i(t) \geqslant 0$, 则存在一个有限的时间 $t_1 \in [0,+\infty)$ 使得 $\mu_i(t) \geqslant \max\left(\mu_i(0), \dfrac{4\sum\limits_{j=1}^{n_i}\varkappa_j|y^*|^2}{\mu_{i1}^2K}\right)$. 然后, 容易推断出

$$\dot V \leqslant -KV + \sum_{i=1}^{N}\frac{\mu_{i1}^2K}{4} \tag{6.39}$$

即 $V \leqslant \mathrm e^{-Kt}V(0) + \sum\limits_{i=1}^{N}\dfrac{\mu_{i1}^2}{4}$. 因此, 存在一个有限的时间 $t_2 = \max\left(0, \dfrac{1}{K}\ln\left(\dfrac{5V(0)}{\sum\limits_{i=1}^{N}\mu_{i1}^2}\right)\right)$ 使得 $\mathrm e^{-Kt}V(0) < \sum\limits_{i=1}^{N}\dfrac{\mu_{i1}^2}{4}$, $\forall t \geqslant t_2$. 因此, 对于 $\forall T_1 = t_1 + t_2$, 我们有 $V < \sum\limits_{i=1}^{N}\dfrac{\mu_{i1}^2}{2}$,

即 $|e_{i1}| < \mu_{i1}$. 这表示对于 $\forall t \geqslant T_1$ 有 $\dot{\mu}_i(t) = 0$. 这和假设 $\lim\limits_{t\to+\infty} \mu_i(t) = +\infty$ 是矛盾的. 因此, $\mu_i(t)$ 是全局有界的. 由 $\mu_i(t) \geqslant 1$ 可得

$$V \leqslant \mathrm{e}^{-Kt}V(0) + \frac{\sum\limits_{i=1}^{N}\sum\limits_{j=1}^{n_i} \varkappa_j |y^*|^2}{K} \tag{6.40}$$

且存在一个有限的时间

$$T_2 = \max\left(0, \frac{1}{K}\ln\left(\frac{KV(0)}{\delta\sum\limits_{i=1}^{N}\sum\limits_{j=1}^{n_i} \varkappa_j |y^*|^2}\right)\right) \tag{6.41}$$

对于任意的 $0 < \delta < 1$ 使得 $V \leqslant (1+\delta)\dfrac{\sum\limits_{i=1}^{N}\sum\limits_{j=1}^{n_i} \varkappa_j |y^*|^2}{K}$. 因此, 我们可以得出

$$\begin{cases} |e_{i,j}|^2 \leqslant 2(1+\delta)\dfrac{\sum\limits_{j=1}^{n_i} \varkappa_j |y^*|^2}{K} \\ |\bar{y}|^2 \leqslant \dfrac{(1+\delta)}{\lambda_{\min}(P)}\dfrac{\sum\limits_{j=1}^{n_i} \varkappa_j |y^*|^2}{K} \\ |\bar{q}|^2 \leqslant \dfrac{(1+\delta)}{\lambda_{\min}(P)}\dfrac{\sum\limits_{j=1}^{n_i} \varkappa_j |y^*|^2}{K} \end{cases} \tag{6.42}$$

这意味着 V、$e_{i,j}$、$\bar{y}$、$\bar{q}$ 是全局有界的. 基于式 (6.16), 我们有 $z_{i,j}$ 和 $x_{i,j}$ 也是全局有界的. 因此, 由 Barbalat 引理得 $\lim\limits_{t\to+\infty} \dot{\mu}_i(t) = 0$, 即 $|y_i(t) - y_i^r(t)| < 2\mu_{i1}$, $\forall t \geqslant T_3$, 其中 T_3 是一个有限的时间, 其存在性由式 (6.17) 保证. 令 $T = T_2 + T_3$. 然后对于 $\forall t \geqslant T$ 有

$$\begin{aligned} |y_i(t) - y^*| &\leqslant |y_i - y_i^r(t)| + |\bar{y}_i(t)| \\ &\leqslant 2\mu_{i1} + \frac{1+\delta}{\lambda_{\min}(P)}\frac{\sum\limits_{j=1}^{n_i} \varkappa_j |y^*|^2}{K} \end{aligned} \tag{6.43}$$

令 $\varepsilon = 2\mu_{i1} + \dfrac{1+\delta}{\lambda_{\min}(P)}\dfrac{\sum\limits_{j=1}^{n_i} \varkappa_j |y^*|^2}{K}$. 通过选择合适的 κ_1、κ_2、α、ϱ_1、ϱ_2、ϱ_3、ϵ_j、σ_j、μ_{i1} 和 δ, ε 理论上可以被调节至任意小. □

注 6.2 本书采用的控制器设计方法是增加幂积分法和动态增益法. 增加幂积分法是对反步法的改进. 与反步法相比, 增加幂积分法可以避免反步法设计过程中不可避免的“维度爆炸”问题. 此外, 与常用的常增益设计方法相比, 动态增益方法可以适用于不确定的非线性系统.

6.3 上三角结构非线性多智能体系统的分布式优化

考虑如下上三角形式的非线性多智能体系统:

$$\begin{cases} \dot{x}_{i,1} = x_{i,2} + \chi_{i,1}(\tilde{x}_{i,3}, \tilde{x}_{i,3}(t-\tau)) \\ \qquad\qquad \vdots \\ \dot{x}_{i,n_i-2} = x_{i,n_i-1} + \chi_{i,n_i-2}(\tilde{x}_{i,n_i}, \tilde{x}_{i,n_i}(t-\tau)) \\ \dot{x}_{i,n_i-1} = x_{i,n_i} \\ \dot{x}_{i,n_i} = u_i \\ y_i = x_{i,1}, \quad i \in \mathcal{N} \end{cases} \tag{6.44}$$

其中, $\tilde{x}_{i,j} = [x_{i,j} \ \cdots \ x_{i,n_i}]^{\mathrm{T}} \in \mathbb{R}^{n_{xi}}$ 为系统状态; $\tau > 0$ 为时滞; $u_i \in \mathbb{R}^{n_{ui}}$ 和 $y_i \in \mathbb{R}^{n_y}$ 分别为控制输入和系统输出; $\chi_{i,j}(\cdot) : \mathbb{R}^{n_{xi}} \times \mathbb{R}^{n_{xi}} \to \mathbb{R}^{n_{xi}}$ 为局部 Lipschitz 函数.

与 6.2 节类似, 对于系统 (6.44), 需要设计分布式控制器使得

$$\lim_{t\to+\infty} y_i(t) = y^*, \quad i \in \mathcal{N} \tag{6.45}$$

其中, $y^* \in \mathbb{R}^{n_y}$ 最小化目标函数 (6.3). 由于系统 (6.44) 是上三角系统, 非线性函数 $\chi_{i,j}(\tilde{x}_{i,j+2}, \tilde{x}_{i,j+2}(t-\tau))$ 不受常用的低三角线性增长形式的约束. 因此, 我们特别提出以下假设:

假设 6.4 对于 $i \in \mathcal{N}$ 和 $j = 1, \cdots, n_i - 2$, 存在常数 $\varpi_1 \geqslant 0$ 和 $\varpi_2 \geqslant 0$ 使得

$$|\chi_{i,j}(\tilde{x}_{i,j+2}, \tilde{x}_{i,j+2}(t-\tau))| \leqslant \varpi_1 \sum_{s=j+2}^{n_i} |x_{i,s}| + \varpi_2 \sum_{s=j+2}^{n_i} |x_{i,s}(t-\tau)| \tag{6.46}$$

考虑到智能体不能通过函数 ∇g_i 交互, 但在实际中可以获得 $\nabla g_i(y_i)$ 的值. 因此, 我们构造分布式最优协调器如下:

$$\dot{y}_i^r = -\varepsilon \nabla g_i(y_i) - \varepsilon \sum_{j\in\mathcal{N}} a_{ij}(\eta_i - \eta_j) \tag{6.47}$$

$$\dot{\eta}_i = \varepsilon\varsigma \sum_{j\in\mathcal{N}} a_{ij}(y_i^r - y_j^r) \tag{6.48}$$

其中, $y_i^r \in \mathbb{R}^{n_y}$ 为被控系统 (6.44) 的参考信号; $\eta_i \in \mathbb{R}^{n_y}$ 为辅助状态; $\varsigma > 0$ 为任意的设计参数; $0 < \varepsilon < 1$ 为低增益常数.

选择 $U = (U_1, 1_N/\sqrt{N}) \in \mathbb{R}^{N\times N}$ 为一个酉矩阵. 定义 $y^r = \mathrm{col}(y_1^r, \cdots, y_N^r)$, $\eta = \mathrm{col}(\eta_1, \cdots, \eta_N)$, $\Delta g(y) = \mathrm{col}(\nabla g_1(y_1), \cdots, \nabla g_N(y_N))$, $y = \mathrm{col}(y_1, \cdots, y_N)$ 和 $\Delta g(y^r) = \mathrm{col}(\nabla g_1(y_1^r), \cdots, \nabla g_N(y_N^r))$, 协调器 (6.47) 和 (6.48) 可重写为如下紧集的形式:

$$\dot{y}^r = -\varepsilon\Delta g(y) - \varepsilon\bar{\mathcal{L}}_{\otimes}\hat{\eta} \tag{6.49}$$

$$\dot{\hat{\eta}} = \varepsilon\varsigma\bar{\mathcal{L}}_{\otimes}^{\mathrm{T}} y^r \tag{6.50}$$

其中, $\hat{\eta} = (U_1^{\mathrm{T}} \otimes I_{n_y})\eta$; $\bar{\mathcal{L}} = \mathcal{L}U_1$; $\bar{\mathcal{L}}_{\otimes} = \bar{\mathcal{L}} \otimes I_{n_y}$. 系统 (6.49) 和系统 (6.50) 有唯一的平衡点 $\mathrm{col}(y_0^r, \hat{q}_0)$, 定义如式 (6.9) 所示. 考虑如下 Lyapunov 函数: $V_0(\bar{y}, \bar{\eta}) = [\bar{y}^{\mathrm{T}}\ \bar{\eta}^{\mathrm{T}}](P \otimes I_{n_y}) \begin{bmatrix} \bar{y} \\ \bar{\eta} \end{bmatrix}$, 其中 $P = \begin{bmatrix} \varsigma\kappa_1 I_N & \kappa_2\bar{\mathcal{L}} \\ \kappa_2\bar{\mathcal{L}}^{\mathrm{T}} & \kappa_1 I_{N-1} \end{bmatrix}$, κ_1 和 κ_2 为正常数. 通过选取合适的 κ_1 和 κ_2, 我们保证矩阵 $\bar{P} = \varsigma\kappa_1^2 I_{N-1} - \kappa_2^2\bar{\mathcal{L}}^{\mathrm{T}}\bar{\mathcal{L}}$ 是正定的, 则 P 的正定性也是可以得到的.

与 6.2 节类似, V_0 的时间导数为

$$\dot{V}_0(\bar{y}, \bar{\eta}) \leqslant -\varepsilon\rho_1|\bar{y}|^2 - \varepsilon\rho_2\bar{\eta}^{\mathrm{T}}\bar{\mathcal{L}}_{\otimes}^{\mathrm{T}}\bar{\mathcal{L}}_{\otimes}\bar{\eta} + \varepsilon\rho_3|e_1|^2 \tag{6.51}$$

其中

$$\begin{aligned}
\rho_1 &= 2\kappa_1\varsigma\nu - \varsigma\kappa_1\zeta_1 - \frac{\kappa_2\vartheta^2}{\zeta_2} - 2\varsigma\kappa_2|\bar{\mathcal{L}}_{\otimes}\bar{\mathcal{L}}_{\otimes}^{\mathrm{T}}| \\
\rho_2 &= 2\kappa_2 - (\kappa_2\zeta_2 + \kappa_2\zeta_3) \\
\rho_3 &= \frac{\varsigma\kappa_1\vartheta^2}{\zeta_1} + \frac{\kappa_2\vartheta^2}{\zeta_3}
\end{aligned}$$

为正设计常数.

接下来, 我们将使用反馈控制方法设计系统 (6.44) 的参考跟踪控制器. 设计过程分为四个部分. 首先, 通过一组坐标变换引入低增益的 ε. 其次, 对变换系统的标称系统设计迭代控制律. 然后, 我们处理转换后的系统的不确定性. 最后, 在上述三部分的基础上, 设计了系统的参考跟踪控制器.

首先, 引入如下坐标转换:

$$z_{i,j} = \frac{x_{i,j}}{\varepsilon^{j-1}}, \quad v_i = \frac{u_i}{\varepsilon^{n_i}}, \quad j = 1, \cdots, n_i;\ i \in \mathcal{N} \tag{6.52}$$

然后, 系统 (6.44) 可重写为

$$\begin{cases} \dot{z}_{i,1} = \varepsilon z_{i,2} + \bar{\chi}_{i,1}(\tilde{z}_{i,3}, \tilde{z}_{i,3}(t-\tau)) \\ \quad\vdots \\ \dot{z}_{i,n_i-2} = \varepsilon z_{i,n_i-1} + \bar{\chi}_{i,n_i-2}(\tilde{z}_{i,n_i}, \tilde{z}_{i,n_i}(t-\tau)) \\ \dot{z}_{i,n_i-1} = \varepsilon z_{i,n_i} \\ \dot{z}_{i,n_i} = \varepsilon v_i \\ y_i = z_{i,1}, \quad i \in \mathcal{N} \end{cases} \tag{6.53}$$

其中

$$\bar{\chi}_{i,j}(\tilde{z}_{i,j+2}, \tilde{z}_{i,j+2}(t-\tau)) = \frac{\chi_{i,j}(\tilde{x}_{i,j+2}, \tilde{x}_{i,j+2}(t-\tau))}{\varepsilon^{j-1}}$$

系统 (6.53) 的标称系统为

$$\begin{cases} \dot{z}_{i,1} = \varepsilon z_{i,2} \\ \dot{z}_{i,2} = \varepsilon z_{i,3} \\ \quad\vdots \\ \dot{z}_{i,n_i} = \varepsilon v_i \\ y_i = z_{i,1} \end{cases} \tag{6.54}$$

在假设 6.2∼ 假设 6.4下, 可以为系统 (6.54) 设计迭代控制器. 迭代设计的整个过程如下所示.

初始步　构造 Lyapunov 函数 $V_1(e_{i,1}) = \dfrac{1}{2}\sum\limits_{i=1}^{N} e_{i,1}^2$, 我们有

$$\dot{V}_1(e_{i,1}) = \sum_{i=1}^{N} e_{i,1}\left(\varepsilon z_{i,2} - \dot{y}_i^r\right) \tag{6.55}$$

根据协调器方程不难得出

$$\sum_{i=1}^{N} -e_{i,1}\dot{y}_i^r = -\varepsilon e_1^{\mathrm{T}}(-h_1 + h_2 - \bar{\mathcal{L}}_{\otimes}\bar{\eta}) \tag{6.56}$$

首先, 计算得

$$\varepsilon e_1^{\mathrm{T}}\bar{\mathcal{L}}_{\otimes}\bar{\eta} \leqslant \frac{\varepsilon\iota_1}{2}\bar{\eta}^{\mathrm{T}}\bar{\mathcal{L}}_{\otimes}^{\mathrm{T}}\bar{\mathcal{L}}_{\otimes}\bar{\eta} + \sum_{i=1}^{N}\frac{\varepsilon|e_{i,1}|^2}{2\iota_1} \tag{6.57}$$

其中, $\iota_1 > 0$ 为设计常数. 接下来, 由假设 6.2 得

$$\varepsilon e_1^{\mathrm{T}} h_1 \leqslant \sum_{i=1}^{N} \frac{\varepsilon\vartheta}{2\varkappa_1}|e_{i,1}|^2 + \frac{\varepsilon\vartheta\varkappa_1}{2}|\bar{y}|^2 \tag{6.58}$$

其中, $\varkappa_1 > 0$ 为设计常数. 然后, 我们有

$$\varepsilon e_1^{\mathrm{T}} h_2 \leqslant \sum_{i=1}^{N} \varepsilon\vartheta|e_{i,1}|^2 \tag{6.59}$$

将式 (6.57)~ 式 (6.59) 代入式 (6.55) 有

$$\begin{aligned}\dot{V}_1(e_{i,1}) \leqslant & \sum_{i=1}^{N} \varepsilon e_{i,1}e_{i,2} + \sum_{i=1}^{N} \varepsilon e_{i,1}z_{i,2}^{*} + \frac{\varepsilon\vartheta\varkappa_1}{2}|\bar{y}|^2 + \frac{\varepsilon\iota_1}{2}\bar{\eta}^{\mathrm{T}}\bar{\mathcal{L}}_{\otimes}^{\mathrm{T}}\bar{\mathcal{L}}_{\otimes}\bar{\eta} \\ & + \sum_{i=1}^{N} \varepsilon\left(\vartheta + \frac{\vartheta}{2\varkappa_1} + \frac{1}{2\iota_1}\right)|e_{i,1}|^2\end{aligned} \tag{6.60}$$

其中, $e_{i,2} = z_{i,2} - z_{i,2}^{*}$. 设计虚拟控制器为

$$z_{i,2}^{*} = -\alpha_{i,1}e_{i,1},\ \alpha_{i,1} \geqslant \vartheta + \frac{\vartheta}{2\varkappa_1} + \frac{1}{2\iota_1} + \varrho_{i,1} \tag{6.61}$$

其中, $\varrho_{i,1} > 0, i \in \mathcal{N}$ 为设计常数. 结合式 (6.60) 和式 (6.61), 我们有

$$\dot{V}_1(e_{i,1}) \leqslant -\sum_{i=1}^{N} \varepsilon\varrho_{i,1}|e_{i,1}|^2 + \sum_{i=1}^{N} \varepsilon e_{i,1}e_{i,2} + \frac{\varepsilon\vartheta\varkappa_1}{2}|\bar{y}|^2 + \frac{\varepsilon\iota_1}{2}\bar{\eta}^{\mathrm{T}}\bar{\mathcal{L}}_{\otimes}^{\mathrm{T}}\bar{\mathcal{L}}_{\otimes}\bar{\eta}$$

迭代步 假设在步骤 $k-1$, 存在 Lyapunov 函数 $V_{k-1}(e_{i,1}, \cdots, e_{i,k-1})$ 和定义为如下的虚拟控制器 $z_{i,2}^{*}, \cdots, z_{i,k}^{*}$ 和参数 $e_{i,1}, \cdots, e_{i,k}$:

$$z_{i,m}^{*} = -\alpha_{i,m-1}e_{i,m-1} \tag{6.62}$$

$$e_{i,m} = z_{i,m} - z_{i,m}^{*} \tag{6.63}$$

其中, $m = 2, \cdots, k$; $\alpha_{i,m-1} > 0$ 为设计常数. 然后, 如下不等式成立:

$$\dot{V}_{k-1}(e_{i,1}, \cdots, e_{i,k-1}) \leqslant -\sum_{i=1}^{N}\sum_{j=1}^{k-1} \varepsilon\varrho_{i,k-1}|e_{i,j}|^2 + \sum_{j=1}^{k-1} \frac{\varepsilon\iota_j}{2}\bar{\eta}^{\mathrm{T}}\bar{\mathcal{L}}_{\otimes}^{\mathrm{T}}\bar{\mathcal{L}}_{\otimes}\bar{\eta}$$

$$+\sum_{i=1}^{N}\varepsilon e_{i,k-1}e_{i,k}+\sum_{j=1}^{k-1}\frac{\varepsilon\vartheta\varkappa_j}{2}|\bar{y}|^2 \tag{6.64}$$

其中, $\varrho_{i,k-1}<\varrho_{i,k-2}$; ι_j、$\varkappa_j$ 为设计常数. 接下来, 我们将证明式 (6.64) 在第 k 步也是满足的. 根据式 (6.62) 和式 (6.63), 可以证实

$$e_{i,k}=z_{i,k}+\sum_{j=2}^{k-1}\vartheta_{j,k-1}z_{i,j}+\vartheta_{1,k-1}e_{i,1} \tag{6.65}$$

其中, $\vartheta_{j,k-1}=\prod_{s=j}^{k-1}\alpha_{i,s}$. 构造如下的 Lyapunov 函数:

$$V_k(e_{i,1},\cdots,e_{i,k})=V_{k-1}(e_{i,1},\cdots,e_{i,k-1})+\frac{1}{2}\sum_{i=1}^{N}e_{i,k}^2$$

然后, 我们有

$$\begin{aligned}\dot{V}_k(e_{i,1},\cdots,e_{i,k})\leqslant&\dot{V}_{k-1}(e_{i,1},\cdots,e_{i,k-1})+\sum_{i=1}^{N}\varepsilon e_{i,k}z_{i,k+1}-\sum_{i=1}^{N}\vartheta_{1,k-1}e_{i,k}\dot{y}_i^r\\&+\sum_{i=1}^{N}\sum_{j=1}^{k-1}\vartheta_{j,k-1}\varepsilon e_{i,k}(e_{i,j+1}-\alpha_{i,j}e_{i,j})\end{aligned} \tag{6.66}$$

根据式 (6.64), 可以推导出以下内容:

$$\sum_{i=1}^{N}\varepsilon e_{i,k-1}e_{i,k}\leqslant\frac{\varepsilon(\varrho_{i,k-1}-\varrho_{i,k})}{3}\sum_{i=1}^{N}|e_{i,k-1}|^2+\frac{3\varepsilon}{4(\varrho_{i,k-1}-\varrho_{i,k})}\sum_{i=1}^{N}|e_{i,k}|^2 \tag{6.67}$$

其中, $0<\varrho_{i,k}<\varrho_{i,k-1}$ 为一个正常数. 类似地, 我们有

$$\begin{aligned}&\sum_{i=1}^{N}\sum_{j=1}^{k-1}\vartheta_{j,k-1}\varepsilon e_{i,k}(e_{i,j+1}-\alpha_{i,j}e_{i,j})\\\leqslant&\left(\alpha_{i,k-1}+\frac{3\varepsilon}{4(\varrho_{i,k-1}-\varrho_{i,k})}\sum_{i=1}^{N}\sum_{j=1}^{k-1}\vartheta_{j,k-1}^2(\alpha_{i,j-1}-\alpha_{i,j})^2\right)|e_{i,k}|^2\\&+\frac{\varepsilon(\varrho_{i,k-1}-\varrho_{i,k})}{3}\sum_{i=1}^{N}\sum_{j=1}^{k-1}|e_{i,j}|^2\end{aligned} \tag{6.68}$$

由式 (6.47), 我们可以验证

$$-\sum_{i=1}^{N}\vartheta_{1,k-1}e_{i,k}\dot{y}_i^r=-\varepsilon\vartheta_{1,k-1}\mathrm{col}(e_{1,k},\cdots,e_{N,k})^{\mathrm{T}}(-h_1+h_2-\bar{\mathcal{L}}_{\otimes}\bar{\eta}) \tag{6.69}$$

由杨氏不等式得

$$\vartheta_{1,k-1}\varepsilon\mathrm{col}(e_{1,k},\cdots,e_{N,k})^{\mathrm{T}}\bar{\mathcal{L}}_{\otimes}\bar{\eta}\leqslant\frac{\varepsilon\iota_k}{2}\bar{\eta}^{\mathrm{T}}\bar{\mathcal{L}}_{\otimes}^{\mathrm{T}}\bar{\mathcal{L}}_{\otimes}\bar{\eta}+\sum_{i=1}^{N}\frac{\vartheta_{1,k-1}^2\varepsilon|e_{i,k}|^2}{2\iota_k} \tag{6.70}$$

其中, $\iota_k>0$ 为设计常数. 然后, 由假设 6.2, 我们有

$$\vartheta_{1,k-1}\varepsilon\mathrm{col}(e_{1,k},\cdots,e_{N,k})^{\mathrm{T}}h_1\leqslant\sum_{i=1}^{N}\frac{\vartheta_{1,k-1}^2\varepsilon\vartheta}{2\varkappa_k}|e_{i,k}|^2+\frac{\varepsilon\vartheta\varkappa_k}{2}|\bar{y}|^2 \tag{6.71}$$

其中, $\varkappa_k>0$ 为设计常数. 类似地, 可得

$$\begin{aligned}-\vartheta_{1,k-1}\varepsilon\mathrm{col}(e_{1,k},\cdots,e_{N,k})^{\mathrm{T}}h_2\leqslant&\sum_{i=1}^{N}\frac{\varepsilon(\varrho_{i,k-1}-\varrho_{i,k})}{3}|e_{i,1}|^2\\&+\sum_{i=1}^{N}\frac{3\varepsilon\vartheta^2}{4(\varrho_{i,k-1}-\varrho_{i,k})}\vartheta_{1,k-1}^2|e_{i,k}|^2\end{aligned} \tag{6.72}$$

将式 (6.67)~ 式 (6.72) 代入式 (6.66) 并构造虚拟控制器 $z_{i,k+1}^*$:

$$\begin{aligned}z_{i,k+1}^*=&-\alpha_{i,k}e_{i,k}\\\alpha_{i,k}\geqslant&\varrho_{i,k}+\vartheta_{1,k-1}^2\left(\frac{3\vartheta^2}{4(\varrho_{i,k-1}-\varrho_{i,k})}+\frac{\vartheta}{2\varkappa_k}+\frac{1}{2\iota_k}\right)+\frac{3}{4(\varrho_{i,k-1}-\varrho_{i,k})}\\&+\frac{3}{4(\varrho_{i,k-1}-\varrho_{i,k})}\sum_{i=1}^{N}\sum_{j=1}^{k-1}\vartheta_{j,k-1}^2(\alpha_{i,j-1}-\alpha_{i,j})^2+\alpha_{i,k-1}\end{aligned} \tag{6.73}$$

使得

$$\begin{aligned}\dot{V}_k(e_{i,1},\cdots,e_{i,k})\leqslant&-\sum_{i=1}^{N}\sum_{j=1}^{k}\varepsilon\varrho_{i,k}|e_{i,j}|^2+\sum_{j=1}^{k}\frac{\varepsilon\vartheta}{2}\varkappa_j|\bar{y}|^2\\&+\sum_{i=1}^{N}\varepsilon e_{i,k}e_{i,k+1}+\sum_{j=1}^{k}\frac{\varepsilon\iota_j}{2}\bar{\eta}^{\mathrm{T}}\bar{\mathcal{L}}_{\otimes}^{\mathrm{T}}\bar{\mathcal{L}}_{\otimes}\bar{\eta}\end{aligned} \tag{6.74}$$

迭代步证明完毕.

最终步 构造

$$V_{n_i}(e_{i,1},\cdots,e_{i,n_i})=\frac{1}{2}\sum_{i=1}^{N}\sum_{j=1}^{n_i}e_{i,j}^2$$

根据迭代步, 实际控制器 v_i 可设计为

$$v_i = -\alpha_{i,n_i} e_{i,n_i} \tag{6.75}$$

其中, $\alpha_{i,n_i} > 0$ 和 $\alpha_{i,k}$ 类似. 然后, 我们有

$$\begin{aligned}\dot{V}_{n_i}(e_{i,1}, \cdots, e_{i,n_i}) \leqslant & -\sum_{i=1}^{N}\sum_{j=1}^{n_i} \varepsilon \varrho_{i,n_i} |e_{i,j}|^2 + \sum_{j=1}^{n_i} \frac{\vartheta\varepsilon}{2} \varkappa_j |\bar{y}|^2 \\ & + \sum_{j=1}^{n_i} \frac{\varepsilon \iota_j}{2} \bar{\eta}^{\mathrm{T}} \bar{\mathcal{L}}_{\otimes}^{\mathrm{T}} \bar{\mathcal{L}}_{\otimes} \bar{\eta}\end{aligned} \tag{6.76}$$

这就完成了系统迭代控制器的设计过程. 接下来, 我们提出以下引理来处理非线性函数.

引理 6.1　如果系统满足假设 6.2~ 假设 6.4, 则存在正常数 $\varpi_3 \geqslant 0$ 和 $\varpi_4 \geqslant 0$ 使得

$$|\bar{\chi}_{i,j}(\tilde{e}_{i,j+2}, \tilde{e}_{i,j+2}(t-\tau))| \leqslant \varepsilon^2 \left(\varpi_3 \sum_{s=j+1}^{n_i} |e_{i,s}| + \varpi_4 \sum_{s=j+1}^{n_i} |e_{i,s}(t-\tau)|\right)$$

证明　根据式 (6.52) 和假设 6.4, 可直接计算得

$$\begin{aligned}|\bar{\chi}_{i,j}(\tilde{z}_{i,j+2}, \tilde{z}_{i,j+2}(t-\tau))| \leqslant & \frac{\varpi_1 \sum\limits_{s=j+2}^{n_i} |x_{i,s}| + \varpi_2 \sum\limits_{s=j+2}^{n_i} |x_{i,s}(t-\tau)|}{\varepsilon^{j-1}} \\ \leqslant & \frac{\sum\limits_{s=j+2}^{n_i} \varepsilon^{s-1}(\varpi_1 |z_{i,s}| + \varpi_2 |z_{i,s}(t-\tau)|)}{\varepsilon^{j-1}}\end{aligned}$$

因为 ε 为一个低增益, 很容易得出

$$|\bar{\chi}_{i,j}(\tilde{z}_{i,j+2}, \tilde{z}_{i,j+2}(t-\tau))| \leqslant \sum_{s=j+2}^{n_i} \varepsilon^2 (\varpi_1 |z_{i,s}| + \varpi_2 |z_{i,s}(t-\tau)|) \tag{6.77}$$

根据式 (6.62), $z_{i,k} = e_{i,k} - \alpha_{i,k-1} e_{i,k-1}$, 我们有

$$\begin{aligned}& |\bar{\chi}_{i,j}(\tilde{e}_{i,j+2}, \tilde{e}_{i,j+2}(t-\tau))| \\ \leqslant & \sum_{s=j+2}^{n_i} \varepsilon^2 (\varpi_1 (|e_{i,s}| + \alpha_{i,s-1} |e_{i,s-1}|)\end{aligned}$$

$$
\begin{aligned}
&+\varpi_2(|e_{i,s}(t-\tau)|+\alpha_{i,s-1}|e_{i,s-1}(t-\tau)|))\\
\leqslant&\varepsilon^2\varpi_1(\alpha_{i,j+1}|e_{i,j+1}|+(1+\alpha_{i,j+2})|e_{i,j+1}|+\cdots\\
&+(1+\alpha_{i,n_i-1})|e_{i,n_i-1}|+|e_{n_i}|)\\
&+\varepsilon^2\varpi_2(\alpha_{i,j+1}|e_{i,j+1}(t-\tau)|+(1+\alpha_{i,j+2})|e_{i,j+1}(t-\tau)|\\
&+\cdots+(1+\alpha_{i,n_i-1})|e_{i,n_i-1}(t-\tau)|+|e_{n_i}(t-\tau)|)\\
\leqslant&\varepsilon^2\varpi_3\sum_{s=j+1}^{n_i}|e_{i,s}|+\varepsilon^2\varpi_4\sum_{s=j+1}^{n_i}|e_{i,s}(t-\tau)|
\end{aligned}
$$

其中, $\varpi_3=\varpi_1(1+\alpha_{i,n_i-1})$; $\varpi_4=\varpi_2(1+\alpha_{i,n_i-1})$. □

然后, 由式 (6.65), 很容易得当 $k<j$ 时 $\partial e_{i,k}/\partial z_{i,j}=0$, 当 $k\geqslant j$ 时 $\partial e_{i,k}/\partial z_{i,j}=\vartheta_{j,k-1}$. 因此, 根据 V_{n_i} 的结构和引理 6.1, 不难推算出

$$
\begin{aligned}
&\sum_{i=1}^{N}\sum_{j=1}^{n_i}\frac{\partial V_{n_i}(e_{i,1},\cdots,e_{i,n_i})}{\partial z_{i,j}}\bar{\chi}_{i,j}(\tilde{e}_{i,j+2},\tilde{e}_{i,j+2}(t-\tau))\\
\leqslant&\sum_{i=1}^{N}\sum_{j=1}^{n_i}\sum_{s_1=j}^{n_i-1}\vartheta_{j,s_1-1}e_{is_1}\varepsilon^2(\varpi_3\sum_{s=j+1}^{n_i}|e_{i,s}|+\varpi_4\sum_{s=j+1}^{n_i}|e_{i,s}(t-\tau)|)\\
\leqslant&\sum_{i=1}^{N}\sum_{j=1}^{n_i}\beta_1\varepsilon^2|e_{i,j}|^2+\sum_{i=1}^{N}\sum_{j=1}^{n_i}\beta_2\varepsilon^2|e_{i,j}(t-\tau)|^2
\end{aligned}
$$

根据式 (6.75), 对于系统 (6.44), 我们设计追踪信号控制器:

$$
u_i=-\alpha_{i,n_i}\left(\varepsilon x_{i,n_i}+\sum_{j=2}^{n_i-1}\varepsilon^{n_i-j+1}\vartheta_{j,n_i-1}x_{i,j}+\varepsilon^{n_i}\vartheta_{1,n_i-1}e_{i,1}\right)\tag{6.78}
$$

因此, V_{n_i} 的导数为

$$
\begin{aligned}
\dot{V}_{n_i}(e_{i,1},\cdots,e_{i,n_i})=&\sum_{i=1}^{N}\left(\sum_{j=1}^{n_i}\frac{\partial V_{n_i}(e_{i,1},\cdots,e_{i,n_i})}{\partial z_{i,j}}(\varepsilon z_{i,j+1}\right.\\
&\left.+\bar{\chi}_{i,j}(\tilde{e}_{i,j+2},\tilde{e}_{i,j+2}(t-\tau)))+\frac{\partial V_{n_i}(e_{i,1},\cdots,e_{i,n_i})}{\partial y_i^r}\dot{y}_i^r\right)\\
\leqslant&-\sum_{i=1}^{N}\sum_{j=1}^{n_i}\varepsilon\left(\varrho_{i,n_i}-\varepsilon\beta_1\right)|e_{i,j}|^2+\sum_{j=1}^{n_i}\frac{\varepsilon\vartheta\varkappa_j}{2}|\bar{y}|^2\\
&+\sum_{j=1}^{n_i}\frac{\varepsilon\iota_j}{2}\bar{\eta}^{\mathrm{T}}\bar{\mathcal{L}}_{\otimes}^{\mathrm{T}}\bar{\mathcal{L}}_{\otimes}\bar{\eta}+\sum_{i=1}^{N}\sum_{j=1}^{n_i}\beta_2\varepsilon^2|e_{i,j}(t-\tau)|^2
\end{aligned}\tag{6.79}
$$

定理 6.2 对于满足假设 6.2～ 假设 6.4 的系统 (6.44), 由分布式最优协调器 (6.47)、(6.48) 和参考跟踪控制器 (6.78) 组成的闭环系统为全局渐近稳定的, 同时实现了分布式优化目标, 即 $\lim\limits_{t\to\infty} y_i(t)=y^*$.

证明 设计

$$W(e_{i,1},\cdots,e_{i,n_i})=\sum_{i=1}^{N}\sum_{j=1}^{n_i}\int_{t-\tau}^{T}\beta_2\varepsilon^2|e_{i,j}(\eta)|^2\mathrm{d}\eta \tag{6.80}$$

并构造如下 Lyapunov-Krasovskii 泛函:

$$V(e_{i,1},\cdots,e_{i,n_i},\bar{y},\bar{\eta})=V_0(\bar{y},\bar{\eta})+V_{n_i}(e_{i,1},\cdots,e_{i,n_i})+W(e_{i,1},\cdots,e_{i,n_i})$$

使用杨氏不等式, 我们有

$$\begin{aligned}\dot{V}(e_{i,1},\cdots,e_{i,n_i},\bar{y},\bar{\eta})\leqslant&-\sum_{i=1}^{N}\sum_{j=1}^{n_i}\varepsilon\left(\varrho_{i,n_i}-\rho_3-(\beta_1+\beta_2)\varepsilon\right)|e_{i,j}|^2\\&-\varepsilon\left(\rho_2-\sum_{j=1}^{n_i}\frac{\iota_j}{2}\right)\bar{\eta}^{\mathrm{T}}\bar{\mathcal{L}}_{\otimes}^{\mathrm{T}}\bar{\mathcal{L}}_{\otimes}\bar{\eta}\\&-\varepsilon\left(\rho_1-\sum_{j=1}^{n_i}\frac{\vartheta\varkappa_j}{2}\right)|\bar{y}|^2\end{aligned} \tag{6.81}$$

通过合理的选择参数值使得 $d_1=\varrho_{i,n_i}-\rho_3>0$, $d_2=\rho_2-\sum\limits_{j=1}^{n_i}\iota_j/2>0$ 和 $d_3=\rho_1-\sum\limits_{j=1}^{n_i}\vartheta\varkappa_j/2>0$. 因此, 我们可以选择 $0<d_4<d_1$ 和 $0<\varepsilon<((d_1-d_4)/(\beta_1+\beta_2),1)$ 使得

$$\dot{V}(e_{i,1},\cdots,e_{i,n_i},\bar{y},\bar{\eta})\leqslant-\sum_{i=1}^{N}\sum_{j=1}^{n_i}\varepsilon d_4|e_{i,j}|^2-\varepsilon d_2\lambda_{\min}(\bar{\mathcal{L}}_{\otimes}^{\mathrm{T}}\bar{\mathcal{L}}_{\otimes})|\bar{\eta}|^2-\varepsilon d_3|\bar{y}|^2 \tag{6.82}$$

基于 Lyapunov 稳定性理论和 $V(e_{i,1},\cdots,e_{i,n_i},\bar{y},\bar{\eta})$ 的结构, 状态为 $(e,\bar{\eta},\bar{y})$ 的闭环系统是全局渐近稳定的. 然后, 不难计算得当 $t\to\infty$ 时, 对于 $j=1,\cdots,n_i$, $\bar{y}_i(t)\to0$, $\bar{\eta}\to0$ 和 $e_{i,j}(t)\to0$. 也就是说, $\lim\limits_{t\to\infty}y_i\to y_i^r$, $\lim\limits_{t\to\infty}y_i^r\to y^*$, $\lim\limits_{t\to\infty}\hat{\eta}\to\hat{\eta}_0$, $\lim\limits_{t\to\infty}x_{i,j}\to0$, $j=2,\cdots,n_i$. 然后, 我们有 $\lim\limits_{t\to\infty}y_i(t)\to y^*$. □

6.4 数值算例

例 6.1 考虑以下不确定非线性多智能体系统:

$$\dot{x}_{i,1}=x_{i,2}+\chi_{i,1},\quad \dot{x}_{i,2}=u_i+\chi_{i,2},\quad y_i=x_{i,1} \tag{6.83}$$

其中, $i=1,2,3,4,5$; $\chi_{1,1}=x_{1,1}+\sin(x_{1,2}(t-\tau))$; $\chi_{1,2}=x_{1,2}$; $\chi_{2,1}=x_{2,1}$; $\chi_{2,2}=x_{2,1}+\cos(x_{2,2})$; $\chi_{j,1}=x_{j,1}+\dfrac{1}{2}\sin(x_{j,2}(t-\tau))$; $\chi_{j,2}=0$; $j=3,4,5$. 时滞为 $\tau=0.05$.

选择 $c_1=1$ 和 $c_2=1$ 以满足假设 6.1. 对于 $i=1,2,3,4,5$, 我们构造 $g_i(r)=0.005(r-0.2i)^2$. 因此, 由假设 6.3 可得 $\nu=0.01$, $\vartheta=0.01$ 和 $y^*=0.6$. 定义图 6.1 为通信拓扑图 $\mathcal{G}$, 邻接矩阵 $\mathcal{A}$ 为

$$\mathcal{A}=0.01\begin{bmatrix}0&0&1&0&8\\9&0&0&0&0\\0&9&0&1&0\\0&0&9&0&0\\0&0&0&8&0\end{bmatrix}$$

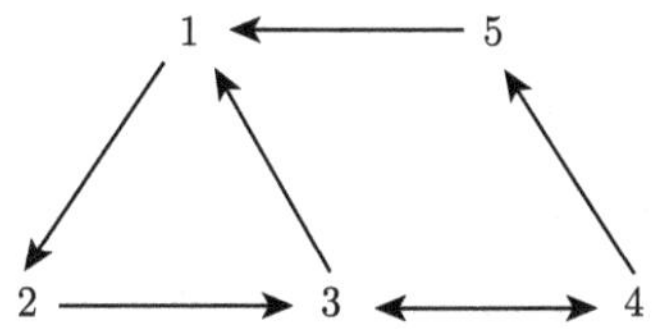

1 5
2 3 4

图 6.1 拓扑结构

根据式 (6.14)∼ 式 (6.51), 我们有 $\varrho_1=0.01$, $\varrho_2=\varrho_3=0.1$, $\kappa_1=800$, $\kappa_2=50$. 然后, 我们选择设计参数 $\mu_{i1}=0.0005$. 仿真结果如图 6.2∼ 图 6.5 所示. 由图 6.2 可知, 分布式协调器生成的信号 y_1^r、y_2^r、y_3^r、y_4^r、y_5^r 分别收敛于 y^*. 由图 6.3 可知, 系统输出 y_1、y_2、y_3、y_4 和 y_5 分别收敛于 y^*. 从图 6.4 和图 6.5 可以明显看出, 辅助状态 q_1、q_2、q_3、q_4、q_5 和动态增益 μ_1、μ_2、μ_3、μ_4、μ_5 是全局有界的.

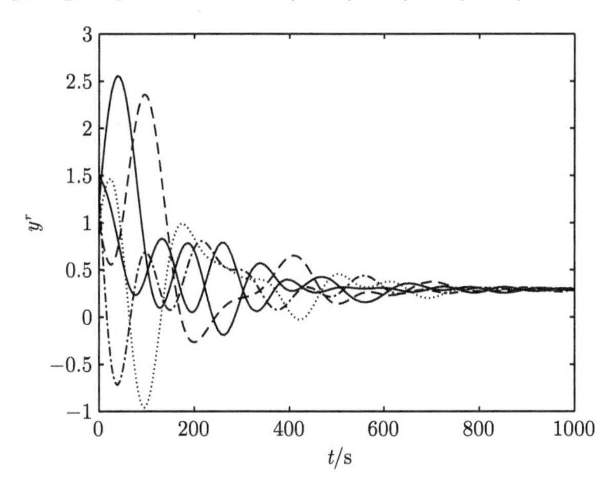

图 6.2 y_i^r $(i=1,2,3,4,5)$ 的轨迹 (一)

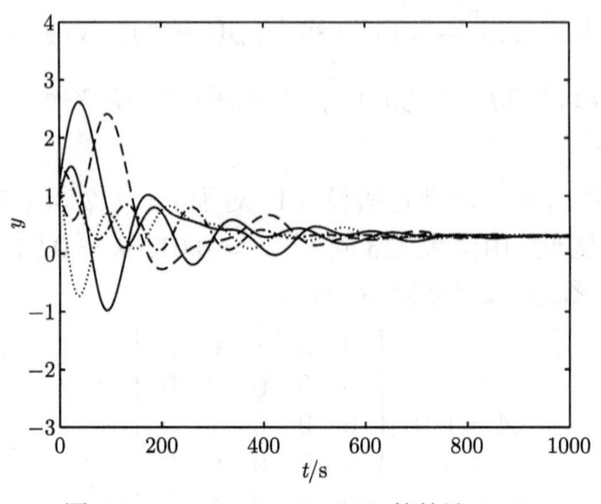

图 6.3　y_i $(i = 1, 2, 3, 4, 5)$ 的轨迹 (一)

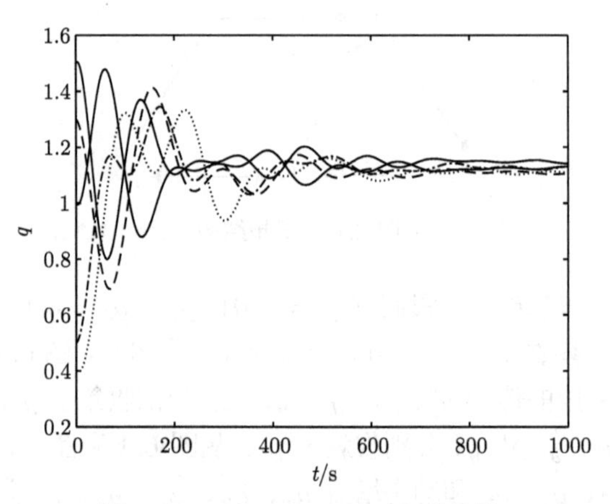

图 6.4　q_i $(i = 1, 2, 3, 4, 5)$ 的轨迹

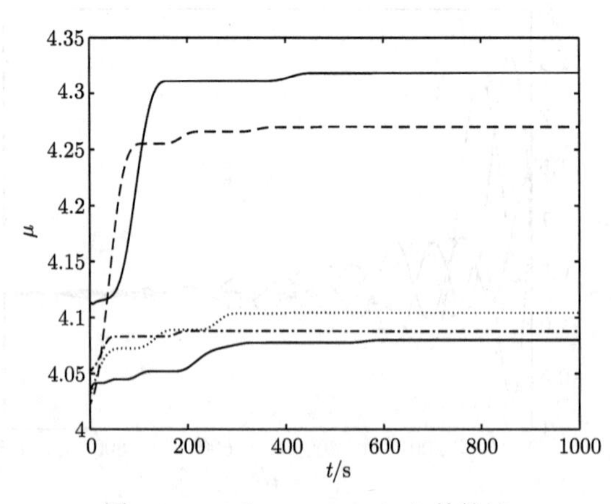

图 6.5　μ_i $(i = 1, 2, 3, 4, 5)$ 的轨迹

例 6.2 考虑如下非线性上三角多智能体系统:

$$\begin{aligned}\dot{x}_{i,1} &= x_{i,2} + \chi_{i,1}(x_{i,3}, x_{i,3}(t-\tau)) \\ \dot{x}_{i,2} &= x_{i,3} \\ \dot{x}_{i,3} &= u_i \\ y_i &= x_{i,1}\end{aligned} \tag{6.84}$$

其中, $\chi_{i,1}(x_{i,3}, x_{i,3}(t-\tau))$ 为非线性函数; $\tau > 0$ 为时滞. 智能体的拓扑结构如图 6.1 所示. 构造局部目标函数为

$$g_i(r) = 0.015(r-3i)^2, \quad i = 1,2,3,4,5 \tag{6.85}$$

这样, 可以计算得 $\nu = 0.03$ 和 $\vartheta = 0.03$. 图 6.6~ 图 6.8 表明了该控制方案的有效性.

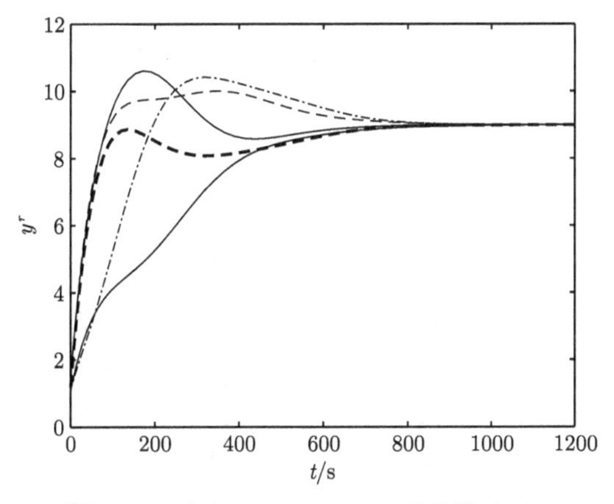

图 6.6 y_i^r $(i = 1,2,3,4,5)$ 的轨迹 (二)

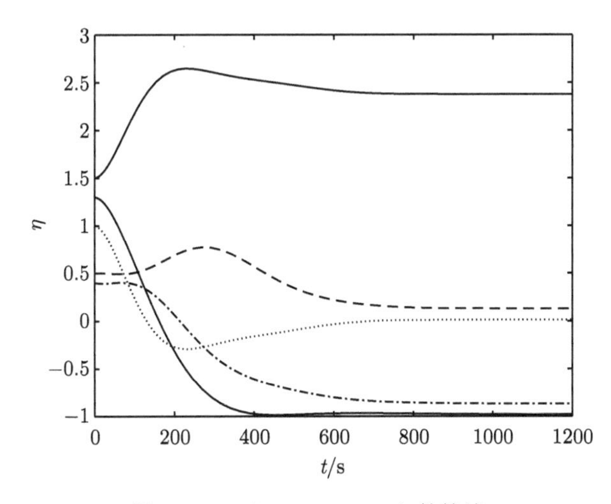

图 6.7 η_i $(i = 1,2,3,4,5)$ 的轨迹

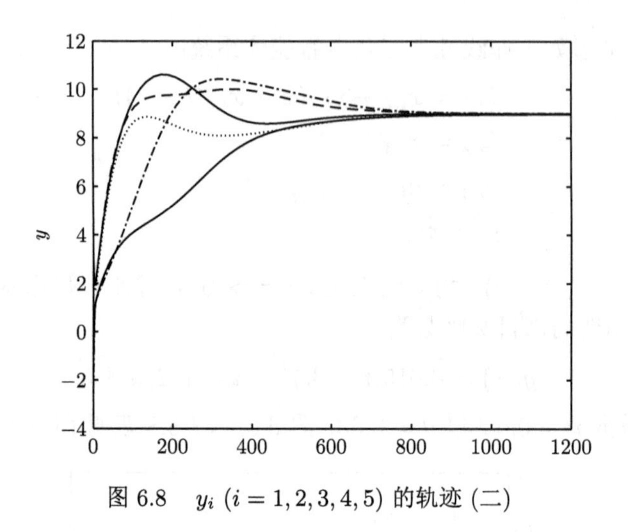

图 6.8 y_i $(i = 1, 2, 3, 4, 5)$ 的轨迹 (二)

6.5 小 结

本章研究了高阶非线性多智能体的分布式优化问题. 首先针对具有不确定高阶非线性动力学的多智能体系统, 基于动态增益思想抵消了未知最优解带来的影响. 利用反推技术, 设计了分布式协调器和动态跟踪控制器, 使得所有状态都是全局有界的, 并且系统输出可以在有限时间内收敛到最优解附近的小邻域内, 解决了其分布式优化问题. 进一步考虑了上三角形式的非线性智能体的分布优化问题, 通过提出一种嵌入低增益参数设计分布式协调器和分布式跟踪控制器的两步法框架, 使系统输出接近最优解.

参考文献

[1] Olfati-Saber R, Shamma J S. Consensus filters for sensor networks and distributed sensor fusion. Proceedings of the 44th IEEE Conference on Decision and Control, Seville, 2005: 6698-6703.

[2] Giulietti F, Pollini L, Innocenti M. Autonomous formation flight. IEEE Control Systems, 2000, 20(6): 34-44.

[3] Balch T, Arkin R C. Behavior-based formation control for multirobot teams. IEEE Transactions on Robotics and Automation, 1998, 14(6): 926-939.

[4] Reynolds C W. Flocks, herds, and schools: A distributed behavioral model. ACM SIGGRAPH Computer Graphics, 1987, 21(4): 25-34.

[5] Vicsek T, Czirók A, Ben-Jacob E, et al. Novel type of phase transition in a system of self-driven particles. Physical Review Letters, 1995, 75(6): 1226-1229.

[6] Jadbabaie A, Lin J, Morse A S. Coordination of groups of mobile autonomous agents using nearest neighbor rules. IEEE Transactions on Automatic Control, 2003, 48(6): 988-1001.

[7] Olfati-Saber R, Murray R M. Consensus problems in networks of agents with switching topology and time-delays. IEEE Transactions on Automatic Control, 2004, 49(9): 1520-1533.

[8] Ren W, Beard R W. Consensus seeking in multiagent systems under dynamically changing interaction topologies. IEEE Transactions on Automatic Control, 2005, 50(5): 655-661.

[9] Rabbat M, Nowak R. Distributed optimization in sensor networks. Proceedings of the 3rd International Symposium on Information Processing in Sensor Networks, NewYork, 2004: 20-27.

[10] Nedic A, Ozdaglar A. Distributed subgradient methods for multi-agent optimization. IEEE Transactions on Automatic Control, 2009, 54(1): 48-61.

[11] 陈为胜. 分布式优化、学习理论与方法. 北京: 科学出版社, 2019.

[12] Khalil H K. Nonlinear Systems. 3rd ed. Englewood Cliffs: Prentice-Hall, 2002.

[13] Ioannou P A, Sun J. Robust Adaptive Control. Englewood Cliffs: Prentice-Hall, 1996.

[14] Bhat S P, Bernstein D S. Finite-time stability of continuous autonomous systems. SIAM Journal on Control and Optimization, 2000, 38(3): 751-766.

[15] Polyakov A. Nonlinear feedback design for fixed-time stabilization of linear control systems. IEEE Transactions on Automatic Control, 2012, 57(8): 2106-2110.

[16] Hardy G H. Inequalities. Cambridge: Cambridge University Press, 1952.

[17] Qian C J, Lin W. Non-Lipschitz continuous stabilizers for nonlinear systems with uncontrollable unstable linearization. Systems & Control Letters, 2001, 42(3): 185-200.

[18] Lin W, Qian C J. Adding one power integrator: A tool for global stabilization of high-order lower-triangular systems. Systems & Control Letters, 2000,39(5): 339-351.

[19] Zuo Z Y, Tian B L. Defoort M, et al. Fixed-time consensus tracking for multiagent systems with high-order integrator dynamics. IEEE Transactions on Automatic Control, 2018, 63(2): 563-570.

[20] Qian C J, Lin W. A continuous feedback approach to global strong stabilization of nonlinear systems. IEEE Transactions on Automatic Control, 2001, 46 (7): 1061-1079.

[21] Boyd S, Vandenberghe L. Convex Optimization. Cambridge: Cambridge University Press, 2004.

[22] Liu H Y, Xie G M, Wang L. Necessary and sufficient conditions for solving consensus problems of double-integrator dynamics via sampled control. International Journal of Robust and Nonlinear Control, 2010, 20(15): 1706-1722.

[23] Xie G M, Liu H Y, Wang L, et al. Consensus in networked multi-agent systems via sampled control: Fixed topology case. Preceedings of 2009 American Control Conference, St. Louis, 2009: 3902-3907.

[24] Cao Y C, Ren W. Multi-vehicle coordination for double-integrator dynamics under fixed undirected/ directed interaction in a sampled-data setting. International Journal of Robust and Nonlinear Control, 2010, 20(9): 987-1000.

[25] Ren W, Cao Y C. Convergence of sampled-data consensus algorithms for double-integrator dynamics. Proceedings of the 47th IEEE Conference on Decision and Control, Cancun, 2008: 3965-3970.

[26] Qin J H, Gao H J, Zheng W X. Consensus strategy for a class of multi-agents with discrete second-order dynamics. International Journal of Robust and Nonlinear Control, 2012, 22(4): 437-452.

[27] Gao Y P, Wang L. Sampled-data based consensus of continuous-time multi-agent systems with time-varying topology. IEEE Transactions on Automatic Control, 2011, 56(5): 1226-1231.

[28] Zhang Y, Tian Y P. Consensus of data-sampled multi-agent systems with random communication delay and packet loss. IEEE Transactions on Automatic Control, 2010, 55(4): 939-943.

[29] Yu W W, Zheng W X, Chen G R, et al. Second-order consensus in multi-agnet dynamical systems with sampled position data. Automatica, 2011, 47(7): 1496-1053.

[30] Gao Y, Wang L. Consensus of multiple dynamic agents with sampled information. IET Control Theory and Applications, 2010, 4(6): 945-956.

[31] Gao Y, Wang L, Xie G, et al. Consensus of multi-agent systems based on sampled-data control. International Journal of Control, 2009, 82(12): 2193-2205.

[32] Gantmacher F R. Applications of the Theory of Matrices. New York: Interscience, 1959.

[33] Liu K E, Xie G M, Wang L. Consensus for multi-agent systems under double integrator dynamics with time-varying communication delays. International Journal of Robust and Nonlinear Control, 2012, 22(17): 1881-1898.

[34] Gu K. An integral inequality in the stability problem of time-delay systems. Preceedings of the 39th IEEE Conference on Decision and Control, Sydney, 2010: 2805-2810.

[35] Boyd S, El Ghaoui L, Feron E, et al. Linear Matrix Inequalities in System and Control Theory. Singapore: SIAM Press, 1994.

[36] Lu J Q, Ho D W C, Cao J D, et al. Exponential synchronization of linearly coupled neural networks with impulsive disturbances. IEEE Transactions on Neural Networks, 2011, 22(2): 329-336.

[37] Lu J Q, Ho D W C. Globally exponential synchronization and synchronizability for general dynamical networks. IEEE Transactions on Systems, Man, and Cybernetics B, 2010, 40(2): 350-361.

[38] Tian Y P, Liu C L. Consensus of multi-agent systems with diverse input and communication delays. IEEE Transactions on Automatic Control, 2008, 53(9): 2122-2128.

[39] Bliman P A, Ferrari-Trecate G. Average consensus problems in networks of agents with delayed communications. Automatica, 2008, 44(8): 1985-1995.

[40] Zhou B, Lin Z L. Consensus of high-order multi-agent systems with large input and communication delays. Automatica, 2014, 50(2): 452-464.

[41] Meng Z Y, Ren W, Cao Y C, et al. Leaderless and leader-following consensus with communication and input delays under a directed network topology. IEEE Transactions on Systems, Man, and Cybernetics: Cybernetics, 2011, 41(1): 75-88.

[42] Münz U, Papachristodoulou A, Allgöwer F. Delay robustness in consensus problems. Automatica(Jaurnal of IFAC), 2010, 46: 1252-1265.

[43] Munz U, Papachristodoulou A, Allgower F. Delay robustness in non-identical multi-agent systems. IEEE Transactions on Automatic Control, 2012, 57(6): 1597-1603.

[44] Olfati-Saber R, Murray R M. Consensus problems in networks of agents with switching topology and time-delays. IEEE Transactions on Automatic Control, 2004, 49(9): 1520-1533.

[45] Qi T, Qiu L, Chen J. MAS consensus and delay limits under delayed output feedback. IEEE Transactions on Automatic Control, 2017, 62(9): 4660-4666.

[46] Xu J, Zhang H, Xie L. Input delay margin for consensuability of multi-agent systems. Automatica, 2013, 49: 1816-1820.

[47] Tian Y P, Liu C L. Robust consensus of multi-agent systems with diverse input delays and asymmetric interconnection perturbations. Automatica, 2009, 45: 1347-1353.

[48] Yu W W, Chen G R, Cao M. Some necessary and sufficient conditions for second-order consensus in multi-agent dynamical systems. Automatica, 2010, 46: 1089-1095.

[49] Ren W, Atkins E. Second-order consensus protocols in multiple vehicle systems with local interactions. Proceedings of the AIAA Guidance, Navigation, and Control Conference and Exhibit, San Francisco, 2005.

[50] Parks P, Hahn V. Stability Theory. Englewood Cliffs: Prentice-Hall, 1993.

[51] Gu K Q, Naghnaeian M. Stability crossing set for systems with three delays. IEEE Transactions on Automatic Control, 2011, 56(1): 11-26.

[52] Cooke K L, Grossman Z. Discrete delay, distributed delay and stability switches. Journal of Mathematical Analysis and Applications, 1982, 86(2): 592-627.

[53] Li Z K, Liu X D, Lin P, et al. Consensus of linear multi-agent systems with reduced-order observer-based protocols. Systems & Control Letters, 2011, 60(7): 510-516.

[54] Ma Q, Gu K Q, Choubedar N. Strong stability of a class of difference equations of continuous time and structured singular value problem. Automatica, 2018, 87: 32-39.

[55] Gu K Q, Kharitonov V L, Chen J. Stability of Time-Delay Systems. Boston: Bitkhäuser, 2003.

[56] Gu K Q, Niculescu S I, Chen J. On stability crossing curves for general systems with two delays. Journal of Mathematical Analysis and Applications, 2005, 311(1): 231-253.

[57] Yang X R, Liu G P. Necessary and sufficient consensus conditions of descriptor multi-agent systems. IEEE Transactions on Circuits and Systems I: Regular Papers, 2012, 59(11): 2669-2677.

[58] Xi J X, Meng F L, Shi Z Y, et al. Delay-dependent admissible consensualization for singular time-delayed swarm systems. Systems & Control Letters, 2012, 61(11): 1089-1096.

[59] Nussbaum R D. Some remarks on a conjecture in parameter adaptive control. Systems & Control Letters, 1983, 3(5): 243-246.

[60] Peng J M, Ye X D. Cooperative control of multiple heterogeneous agents with unknown high-frequency-gain signs. Systems & Control Letters, 2014, 68: 51-56.

[61] Chen W S, Li X B, Ren W, et al. Adaptive consensus of multi-agent systems with unknown identical control directions based on a novel Nussbaum-type function. IEEE Transactions on Automatic Control, 2014, 59(7): 1887-1892.

[62] Liu Y Y, Wang Z S. Optimal output synchronization of heterogeneous multi-agent systems using measured input-output data. Information Sciences, 2022, 582: 462-479.

[63] Jiao J J, Trentelman H L, Camlibel M K. H_2 suboptimal output synchronization of heterogeneous multi-agent systems. Systems & Control Letters, 2021, 149: 104872.

[64] Qin J H, Li M, Shi Y, et al. Optimal synchronization control of multiagent systems with input saturation via off-policy reinforcement learning. IEEE Transactions on Neural Networks and Learning Systems, 2019, 30(1): 85-96.

[65] Li Q, Xia L N. Song R Z, et al. Output event-triggered tracking synchronization of heterogeneous systems on directed digraph via model-free reinforcement learning. Information Sciences, 2021, 559: 171-190.

[66] Peng Z N, Zhao Y Y, Hu J P, et al. Data-driven optimal tracking control of discrete-time multi-agent systems with two-stage policy iteration algorithm. Information Sciences, 2019, 481: 189-202.

[67] Gao W N, Jiang Z P. Adaptive dynamic programming and adaptive optimall output regulation of linear systems. IEEE Transactions on Automatic Control, 2016, 61(12): 4164-4169.

[68] Wieland P, Sepulchre R, Allgöwer F. An internal model principle is necessary and sufficient for linear output synchronization. Automatica, 2011, 47(5): 1068-1074.

[69] Liu H Y, Xie G M, Wang L. Containment of linear multi-agent systems under general interaction topologies. Systems & Control Letters, 2012, 61(4): 528-534.

[70] Tuna S. LQR-based coupling gain for synchronization of linear systems. http://arxiv.org/abs/0801.3390, 2008.

[71] Zhang H W, Lewis F L, Das A. Optimal design for synchronization of cooperative systems: state feedback, observer and output feedback. IEEE Transactions on Automatic Control, 2011, 56(8): 1948-1952.

[72] Su Y F, Huang J. Cooperative output regulation of linear multi-agent systems. IEEE Transactions on Automatic Control, 2012, 57(4): 1062-1066.

[73] Su Y F, Huang J. Cooperative output regulation of linear multi-agent systems by output feedback. Systems & Control Letters, 2012, 61(12): 1248-1253.

[74] Wieland P, Sepulchre R, Allgöwer F. An internal model principle is necessary and sufficient for linear output synchronization. Automatica, 2011, 47(5): 1068-1074.

[75] Huang J. Nonlinear Output Regulation: Theory and Applications. Philadelphia: SIAM, 2004.

[76] Yoo S J. Distributed adaptive containment control of uncertain nonlinear multi-agent systems in strict-feedback form. Automatica, 2013, 49(7): 2145-2153.

[77] Li W Q, Zhang J F. Distributed practical output tracking of high-order stochastic multi-agent systems with inherent nonlinear drift and diffusion terms. Automatica, 2014, 50(12): 3231-3238.

[78] Peng J M, Ye X D. Distributed adaptive controller for the output-synchronization of networked systems in semi-strict feedback form. Journal of the Franklin Institute, 2014, 351(1): 412-428.

[79] Jiang Y, Jiang Z P. Computational adaptive optimal control for continuous-time linear systems with completely unknown dynamics. Automatica, 2012, 48(10): 2699-2704.

[80] Kleinman D. On an iterative technique for Riccati equation computations. IEEE Transactions on Automatic Control, 1968, 13(1): 114-115.

[81] Chen C, Lewis F L, Xie K, et al. Distributed output data-driven optimal robust synchronization of heterogeneous multi-agent systems. Automatica, 2023, 153: 111030.

[82] Chen C, Lewis F L, Li B. Homotopic policy iteration-based learning design for unknown linear continuous-time systems. Automatica, 2022, 138: 110153.

[83] Kiumarsi B, Lewis F L, Jiang Z P. H_∞ control of linear discrete-time systems: Off-policy reinforcement learning. Automatica, 2017, 78: 144-152.

[84] Hong H F, Yu W W, Fu J J, et al. Finite-time connectivity-preserving consensus for second-order nonlinear multi-agent systems. IEEE Transactions on Control of Network Systems, 2019, 6(1): 236-248.

[85] Ning B D, Han Q L. Prescribed finite-time consensus tracking for multiagent systems with nonholonomic chained-form dynamics. IEEE Transactions on Automatic Control, 2019, 64(4): 1686-1693.

[86] Wang Y J, Song Y D. Leader-following control of high-order multi-agent systems under directed graphs: Pre-specified finite time approach. Automatica, 2018, 87: 113-120.

[87] Zou A M, de Ruiter A H J , Kumar K D. Distributed finite-time velocity-free attitude coordination control for spacecraft formations. Automatica, 2016, 67: 46-53.

[88] Parsegov S E, Polyakov A E, Shcherbakov P S. Fixed-time consensus algorithm for multi-agent systems with integrator dynamics. IFAC Proceedings Volumes, 2013, 46(27): 110-115.

[89] Ning B, Han Q, Zuo Z. Practical fixed-time consensus for integrator-type multi-agent systems: A time base generator approach. Automatica, 2019, 105: 406-414.

[90] Ni J K, Shi P, Zhao Y, et al. Fixed-time event-triggered output consensus tracking of high-order multiagent systems under directed interaction graphs. IEEE Transactions on Cybernetics, 2022, 52(7): 6391-6405.

[91] Tian B L, Lu H C, Zuo Z Y, et al. Fixed-time leader-follower output feedback consensus for second-order multiagent systems. IEEE Transactions on Cybernetics, 2019, 49(4): 1545-1550.

[92] Du H, Wen G, Wu D, et al. Distributed fixed-time consensus for nonlinear heterogeneous multi-agent systems. Automatica, 2020, 113: 108797.

[93] Hong H F, Yu W W, Wen G H, et al. Distributed robust fixed-time consensus for nonlinear and disturbed multiagent systems. IEEE Transactions on Systems, Man, and Cybernetics: Systems, 2017, 47(7): 1464-1473.

[94] Li Z K, Ren W, Liu X D, et al. Distributed consensus of linear multi-agent systems with adaptive dynamic protocols. Automatica, 2013, 49(7): 1986-1995.

[95] Li Z K, Ren W, Liu X D, et al. Consensus of multi-agent systems with general linear and Lipschitz nonlinear dynamics using distributed adaptive protocols. IEEE Transactions on Automatic Control, 2013, 58(7): 1786-1791.

[96] Zhao H, Meng X, Wu S. Distributed edge-based event-triggered coordination control for multi-agent systems. Automatica, 2021, 132: 109797.

[97] Qian Y Y, Liu L, Feng G. Output consensus of heterogeneous linear multi-agent systems with adaptive event-triggered control. IEEE Transactions on Automatic Control, 2019, 64(6): 2606-2613.

[98] Cheng B, Li Z K. Fully distributed event-triggered protocols for linear multiagent networks. IEEE Transactions on Automatic Control, 2019, 64(4): 1655-1662.

[99] Li X W, Tang Y, Karimi H R. Consensus of multi-agent systems via fully distributed event-triggered control. Automatica, 2020, 116: 108898.

[100] Yu W W, Ren W, Zheng W X, et al. Distributed control gains design for consensus in multi-agent systems with second-order nonlinear dynamics. Automatica, 2013, 49(7): 2107-2115.

[101] Hua C C, You X P, Guan X P. Adaptive leader-following consensus for second-order time-varying nonlinear multiagent systems. IEEE Transactions on Cybernetics, 2017, 47(6): 1532-1539.

[102] Nan X Y, Lv Y Z, Duan Z S. Fully distributed observer-based protocols for bipartite consensus of directed nonlinear multi-agent systems: Aproportional-integral-gain perspective. International Journal of Robust and Nonlinear Control, 2022, 32(18): 9696-9709.

[103] Sun H J, Xia R, Yu A L. Fully distributed event-triggered consensus for a class of second-order nonlinear multi-agent systems. Circuits, Systems, and Signal Processing, 2020, 65(12): 5510-5516.

[104] Wang H, Yu W, Yao L, et al. Fully-distributed finite-time consensus of second-order multi-agent systems on a directed network. 2018 IEEE International Symposium on Circuits and Systems, 2018: 1-4.

[105] You X, Hua C C, Li K, et al. Fixed-time leader-following consensus for high-order time-varying nonlinear multiagent systems. IEEE Transactions on Automatic Control, 2020, 65(12): 5510-5516.

[106] Nedic A, Ozdaglar A. Distributed subgradient methods for multi-agent optimization. IEEE Transactions on Automatic Control, 2009, 54(1): 48-61.

[107] Yuan D M, Xu S Y, Zhao H Y. Distributed primal-dual subgradient method for multiagent optimization via consensus algorithms. IEEE Transactions on Automatic Control, 2011, 41(6): 1715-1724.

[108] Nedic A, Ozdaglar A, Parrilo P A. Constrained consensus and optimization in multi-agent networks. IEEE Transactions on Automatic Control, 2010, 55(4): 922-938.

[109] Wei E M, Ozdaglar A, Jadbabaie A. A distributed Newton method for network utility maximization-I: Algorithm. IEEE Transactions on Automatic Control, 2013, 58(9): 2162-2175.

[110] Li H Q, Lu Q G, Huang T W. Convergence analysis of a distributed optimization algorithm with a general unbalanced directed communication network. IEEE Transactions on Network Science and Engineering, 2019, 6(3): 237-248.

[111] Lu J, Tang C Y, Regier P R, et al. Gossip algorithms for convex consensus optimization over networks. IEEE Transactions on Automatic Control, 2011, 56(12): 2917-2923.

[112] Gharesifard B, Cortés J. Distributed continuous-time convex optimization on weight-balanced digraphs. IEEE Transactions on Automatic Control, 2014, 59(3): 781-786.

[113] Kia S S, Cortes J, Martínez S. Distributed convex optimization via continuous-time coordination algorithms with discrete-time communication. Automatica, 2015, 55: 254-264.

[114] Li Z H, Ding Z T, Sun J Y, et al. Distributed adaptive convex optimization on directed graphs via continuous-time algorithms. IEEE Transactions on Automatic Control, 2018, 63(5): 1434-1441.

[115] Lu J, Tang C Y. Zero-gradient-sum algorithms for distributed convex optimization: The continuous-time case. IEEE Transactions on Automatic Control, 2012, 57(9): 2348-2354.

[116] Wang J, Elia N. A control perspective for centralized and distributed convex optimization. Proceedings of the 50th IEEE Conference on Decision and Control and European Control Conference, Orlando, 2011: 3800-3805.

[117] Yang S F, Liu Q S, Wang J. Distributed optimization based on a multiagent system in the presence of communication delays. IEEE Transactions on Systems, Man, and Cybernetics: Systems, 2017, 47(5): 717-728.

[118] Zhang Y Q, Hong Y G. Distributed optimization design for second-order multi-agent systems. Proceedings of the 33rd Chinese Control Conference, Nanjing, 2014: 1755-1760.

[119] Xie Y J, Lin Z L. Global optimal consensus for higher-order multi-agent systems with bounded controls. Automatica, 2019, 99: 301-307.

[120] Tang Y T, Deng Z H, Hong Y G. Optimal output consensus of high-order multiagent systems with embedded technique. IEEE Transactions on Cybernetics, 2019, 49(5): 1768-1779.

[121] Zou Y, Meng Z Y, Hong Y G. Adaptive distributed optimization algorithms for Euler-Lagrange systems. Automatica, 2020, 119: 109060.

[122] Zhang Y Q, Deng Z H, Hong Y G. Distributed optimal coordination for multiple heterogeneous Euler-Lagrangian systems. Automatica, 2017, 79: 207-213.

[123] Tang Y T. Distributed optimization for a class of high-order nonlinear multiagent systems with unknown dynamics. International Journal of Robust and Nonlinear Control, 2018, 28(17): 5545-5556.

[124] Tang Y T, Wang X H. Optimal output consensus for nonlinear multiagent systems with both static and dynamic uncertainties. IEEE Transactions on Automatic Control, 2021, 66 (4): 1733-1740.

[125] Li R, Yang G H. Distributed optimization for a class of uncertain MIMO nonlinear multi-agent systems with arbitrary relative degree. Information Science, 2020, 506: 58-77.

[126] Liu T F, Qin Z Y, Hong Y G, et al. Distributed optimization of nonlinear multi-agent systems: A small-gain approach. IEEE Transactions on Automatic Control, 2021, 67(2): 676-691.

[127] Mazenc F, Bowong S. Tracking trajectories of the cart-pendulum system. Automatica, 2003, 39(4): 677-684.

[128] Teel A R. A nonlinear small gain theorem for the analysis of control systems with saturation. IEEE Transactions on Automatic Control, 1996, 41(9): 1256-1270.

[129] Wang X H, Hong Y G, Ji H B. Distributed optimization for a class of nonlinear multiagent systems with disturbance rejection. IEEE Transactions on Cybernetics, 2016, 46(7): 1655-1666.

[130] Gong Q, Qian C J. Global practical tracking of a class of nonlinear systems by output feedback. Automatica, 2007, 43(1): 184-189.

[131] Li H Y, Zhao S Y, He W, et al. Adaptive finite-time tracking control of full state constrained nonlinear systems with dead-zone. Automatica, 2019, 100: 99-107.

[132] Li W Q, Liu L, Feng G. Distributed containment tracking of multiple stochastic nonlinear systems. Automatica, 2016, 69: 214-221.

[133] Li W Q, Zhang J F. Distributed practical output tracking of high-order stochastic multi-agent systems with inherent nonlinear drift and diffusion terms. Automatica, 2014, 50(12): 3231-3238.

[134] Oliveira T R, Peixoto A J, Hsu L. Sliding mode control of uncertain multivariable nonlinear systems with unknown control direction via switching and monitoring function. IEEE Transactions on Automatic Control, 2010, 55(4): 1028-1034.

[135] Wang C L, Wen C Y, Lin Y, et al. Decentralized adaptive tracking control for a class of interconnected nonlinear systems with input quantization. Automatica, 2017, 81: 359-368.

[136] Xue L R, Zhang T L, Zhang W H, et al. Global adaptive stabilization and tracking control for high-order stochastic nonlinear systems with time-varying delays. IEEE Transactions on Automatic Control, 2018, 63(9): 2928-2943.

[137] Lei H, Lin W. Adaptive regulation of uncertain nonlinear systems by output feedback: A universal control approach. Systems & Control Letters, 2007, 56(7/8): 529-537.

[138] Tsinias J. A theorem on global stabilization of nonlinear systems by linear feedback. Systems & Control Letters, 1991, 17 (5): 357-362.

[139] Li W, Yao X, Krstic M. Adaptive-gain observer-based stabilization of stochastic strict-feedback systems with sensor uncertainty. Automatica, 2020, 120: 109112.

[140] Yan X, Liu Y, Zheng W. Global adaptive output-feedback stabilization for a class of uncertain nonlinear systems with unknown growth rate and unknown output function. Automatica, 2019, 104: 173-181.

[141] Meng Q T, Ma Q, Xu S Y. Global stabilization for uncertain nonlinear time-delay systems with saturated input. IEEE Transactions on Systems, Man, and Cybernetics: Systems, 2023, 53(1): 555-562.

[142] Min H F, Xu S Y, Zhang B Y, et al. Output-feedback control for stochastic nonlinear systems subject to input saturation and time-varying delay. IEEE Transactions on Automatic Control, 2019, 64(1): 359-364.